装备科技译著出版基金

网络安全中的大数据分析

Big Data Analytics in Cybersecurity

[美] Onur Savas（奥努尔·萨瓦斯）
Julia Deng（朱丽亚·邓） 主编

舒红平 罗 静 王亚强 译

国防工業出版社

·北京·

著作权合同登记 图字：军-2021-008 号

图书在版编目（CIP）数据

网络安全中的大数据分析 /（美）奥努尔·萨瓦斯（Onur Savas），（美）朱丽亚·邓（Julia Deng）主编；舒红平，罗静，王亚强译. —北京：国防工业出版社，2023.4

书名原文：Big Data Analytics in Cybersecurity

ISBN 978-7-118-12856-7

Ⅰ. ①网… Ⅱ. ①奥… ②朱… ③舒… ④罗… ⑤王… Ⅲ. ①计算机网络—网络安全—数据处理 Ⅳ.①TP393.08

中国国家版本馆 CIP 数据核字（2023）第 041673 号

（根据版权贸易合同著录原书版权声明等项目）

Big Data Analytics in Cybersecurity by Onur Savas and Julia Deng
ISBN 9781498772129

※

新时代出版社

国防工业出版社出版发行

（北京市海淀区紫竹院南路 23 号 邮政编码 100048）

北京虎彩文化传播有限公司印刷

新华书店经售

*

开本 710×1000 1/16 印张 17 字数 348 千字

2023 年 4 月第 1 版第 1 次印刷 印数 1—1500 册 定价 178.00 元

（本书如有印装错误，我社负责调换）

国防书店：（010）88540777 书店传真：（010）88540776

发行业务：（010）88540717 发行传真：（010）88540762

前 言

网络安全是保护信息系统，包括硬件和软件，免受盗窃、未经授权的访问和披露，以及有意或无意的伤害。它保护与互联网有关的所有端口，从网络本身到在网络上传输并存储在数据库中的信息，到各种应用程序，以及通过网络连接控制设备操作的设备。随着云计算、移动计算、雾计算、物联网（IoT）等新技术的出现，互联网变得更加无处不在。虽然这种无处不在的技术使我们的生活更加便利，但它也给网络安全带来了前所未有的挑战。如今，似乎每天都有关于网络安全的新闻，要么是信息泄露的安全事件，要么是新兴技术的滥用。比如自动驾驶汽车出现黑客，或者我们多年来一直使用的软件，由于新发现的安全漏洞，现在被认为是危险的。

那么，为什么不能被阻止这些网络攻击呢？原因非常复杂的，部分原因是对遗留系统的依赖、人为错误，或者只是不注意安全方面。此外，不断变化和日益复杂的威胁格局使传统的网络安全机制不足和无效。大数据使情况进一步恶化，给网络安全带来了额外的挑战。例如，根据思科的一份报告，到 2018 年，物联网每年将产生惊人的 400 ZB 数据。据英特尔称，自动驾驶汽车很快就会创造出比人多得多的数据——相当于 30 亿人的数据。一辆普通的汽车每天将产生 4000 GB 的数据，而这仅仅是每天行驶 1h 的数据。

大数据分析作为一种新兴的分析技术，提供了收集、存储、处理和可视化大数据的能力；因此，将大数据分析应用于网络安全是一个重要的新趋势。通过利用来自网络和计算机的数据，分析人员可以利用分析技术，从数据发现有用的信息。然后，决策者可以通过分析做出更具体的决策，包括需要执行哪些行动，以及对网络过程的政策、指导方针、程序、工具和其他方面的改进建议。

本书在网络安全方面的主题包括但不限于网络取证、威胁分析、漏洞评估、可视化和网络培训。此外，还对物联网、云计算、雾计算、移动计算、网络社交网络等新兴安全领域进行了研究。本书的读者包括新手和更有经验的安全专业人士，有数据分析经验但没有网络安全或互联网技术（IT）经验的读者，或者有网络安全经验但没有数据分析经验的读者，希望这本书能提供有益的信息。

本书共 14 章，分为“大数据在不同网络安全领域的应用”“大数据在新兴网络安全领域的应用”“网络安全工具和数据集”三个部分。第一部分包括第 1～第 7 章，重点介绍如何将大数据分析用于不同的网络安全方面。第二部分包括第 8～第 12 章，讨论新兴网络安全领域的大数据挑战和解决方案。最后一部分，第 13 章和第 14 章，介绍网络安全研究的工具和数据集。作者是各自领域的专家，来自学术界、政府实验室和工业界。

第 1 章，“大数据在网络安全中的重要作用”，作者是来自埃森哲技术实验室的宋洛、马雷克·本·塞勒姆和 E8 安全公司的翟燕。本章介绍了大数据分析，并强调了在网络安全中应用大数据分析来应对不断变化的威胁格局的需求和重要性。它还描述了大数据安全分析的典型用法，包括其解决方案域、架构、典型用例和挑战。大数据分析是一种新兴的分析技术，能够收集、存储、处理和可视化大数据，解决传统数据处理应用难以处理的大数据问题。与此同时，由于网络复杂性的快速增长（如虚拟化、智能设备、无线连接、物联网等）和日益复杂的威胁（如恶意软件，多级、高级持久威胁等），网络安全正面临着大数据挑战。因此，本章讨论了大数据分析技术如何发挥其优势，将大数据分析应用于网络安全是应对新兴威胁的必要手段。

第 2 章，“面向网络取证的大数据分析”，由智能自动化公司的科学家郑毅、董清阮、曾辉和朱丽亚·邓撰写。网络取证在网络管理和网络安全分析中起着至关重要的作用。最近，它正面临着大数据的新挑战。大数据分析显示出了从大量数据中挖掘出以前不可能发现的重要见解的希望，这引起了网络取证研究人员的注意，并启动了一系列的措施。本章介绍如何将大数据技术应用到网络取证中。首先描述了网络取证的术语和过程，介绍目前的实践和局限性，然后讨论了将大数据分析应用于网络取证的设计考虑和一些经验。

第 3 章，“动态分析驱动的漏洞和利用评估”，由美国陆军研究实验室的科学家哈桑凸轮和阿希洛门奥尼哈，以及麻省理工学院林肯实验室的科学家马格努斯永贝里和亚莉克希亚舒尔茨撰写。本章介绍网络安全的基本功能和要求之脆弱性评估，并强调了大数据分析如何潜在地利用漏洞评估和漏洞利用的因果分析来检测入侵和漏洞，从而使网络分析师能够更有效、更快地调查警报和漏洞。作者提出了新的模型和数据分析方法来动态构建和分析被检测到的漏洞、入侵检测警报和测量之间的关系、依赖性和因果推理。本章还详细描述了如何构建一个典型的可扩展数据分析系统，通过丰富、标记和索引所有观察、测量、漏洞、检测和监控的数据来实现所建议的模型和方法。

第 4 章，“网络安全根本原因分析”，作者是西北大学的基尔达和阿明·哈拉兹教授。近年来，从勒索软件到高级持续威胁，各种类型的网络攻击不断增多，给企业带来了严重的风险。虽然静态检测和基于特征码的工具在检测已经观察到的威胁方面仍然很有用，但它们在检测复杂的攻击时就落后了，因为这些攻击的对手具有适应性，可以逃避防御。本章将解释如何分析当前多维攻击的本质，以及如何识别此类安全事件的根源。本章还详细阐述了如何将获得的情报整合到一起，以尽量减少复杂威胁的影响，并执行快速事件响应。

第 5 章，“网络安全数据可视化”，作者是伍斯特理工学院的莱恩·哈里森教授。本章的动机为数据可视化是分析和通信不可或缺的手段，特别是在网络安全领域。在过去的十年中，出现了许多有前途的网络数据可视化技术和系统。应用范围从威胁和漏洞分析到取证和网络流量监控。在本章中，作者回顾了其中几个里程碑。除了叙述过去，作者揭示和说明了新的和正在进行的网络数据可视化研究的新兴主题；对于结合人类感知系统优势的原则性方法的需求，也利用分析技术（如异常检测）进行了探讨，例如日益紧迫的挑战，即对抗次优可视化设计（即浪费分析人员时间和组织资源的设计）。

第 6 章，“网络安全培训”，是由智能自动化公司的认知心理学家鲍勃·波科尼撰写的。本章介绍一些培训方法，其中包含一些通常不会纳入培训计划的原则，但在构建网络安全培训时应该应用这些原则。它帮助你理解培训不仅仅是①提供组织希望员工申请的信息；②假定最近获得网络安全学位或证书的新网络安全人员知道需要什么；③要求网络安全人员了解新的威胁。

第 7 章，“机器遗忘：在对抗环境中修复学习模型”，作者是里海大学的曹颖芝教授。现有系统会产生大量的数据，这些数据进一步派生出更多的数据，这就形成了一个复杂的数据传播网络，我们称为数据的沿袭。用户希望系统忘记某些数据的原因有很多，包括出于隐私、安全性和可用性的原因。在这一章中，作者介绍了一个新的概念“机器遗忘”，在学习模型上能够完全和快速地忘记某些数据和它们的路径。本章通过将系统使用的学习算法转换为求和形式，提出了一种通用的、有效的遗忘方法。

第 8 章，“移动应用安全的大数据分析”，由堪萨斯州立大学的杜娜·卡拉格教授和南佛罗里达大学的欧新明教授共同撰写。本章描述了移动应用的安全分析，这是随着移动设备在人们日常生活中的主导使用而带来的需求迅速增加的新出现的网络安全问题之一，并讨论了如何利用机器学习等大数据技术来分析安卓等移动应用程序的安全问题，特别是恶意软件检测。本章还展示了一些挑战对一些现有的基于机器学习［ML］方法的影响，并特别鼓励使用更好的评估策略和更好的设计未来基于机器学习的方法来检测安卓恶意软件。

第 9 章，“云计算中的安全、隐私和信任”，由李瑞文、蔡松杰、刘玉红教授、李瑞文、蔡松杰教授和罗德岛大学的孙艳教授共同撰写。云计算通过便利、按需分配的网络访问可快速配置的计算资源（如网络、服务器、存储、应用程序和服务）的大共享池，正在彻底改变网络空间。虽然云计算越来越流行，但各种安全、隐私和信任问题也在出现，阻碍了这种新的计算范式的快速采用。本章介绍云计算的重要概念、模型、关键技术和特点，帮助读者更好地理解当前云计算存在安全、隐私、信任等问题的根本原因。此外，对关键的安全、隐私和信任挑战以及相应的最新解决方案进行了分类和详细讨论，并提出了未来的研究方向。

第10章，“物联网中的网络安全”，作者是美国阿拉巴马大学的韩文林教授和杨晓教授。本章介绍物联网作为网络安全领域中发展最快的领域之一，所面临的大数据挑战，还有物联网中的各种安全需求和问题。物联网是一个巨大的网络，包含各种各样的应用程序和系统，具有异构的设备、数据源、协议、数据格式等。因此，物联网中的数据具有极大的异构性和大数据性，这就带来了异构的大数据安全和管理问题。本章描述了当前的解决方案，并概述了面对大数据时，大数据分析如何解决物联网的安全问题。

第11章，“面向雾计算安全的大数据分析”，作者是威廉玛丽学院的易善和李群教授。雾计算是一种新的计算范式，它可以在互联网的边缘提供弹性资源，以支持更多新的应用程序和服务。本章讨论了大数据分析如何走出云计算，进入雾计算，以及如何使用大数据分析解决雾计算中的安全问题。本章还讨论了每个问题所面临的挑战和潜在的解决方案，并通过对雾计算现有工作的考察，强调了一些机遇。

第12章，“使用基于社会网络分析和网络取证的方法分析异常社会技术行为”，作者是小石城阿肯色大学的萨默尔·哈提卜、穆罕默德·侯赛因，和尼廷·阿加瓦尔教授。在当今的信息技术时代，我们的思维和行为在很大程度上受到我们在网上看到的东西的影响。然而，现今社会错误信息泛滥。异常群体使用社交媒体来协调网络活动，以实现战略目标，影响大众思维，并加以引导行为或对事件的看法。本章采用计算社会网络分析和网络取证的方法来研究信息竞争对手，他们试图从主要事件中获取主动和战略信息，以推进自己的议程（通过误导、欺骗等）。

第13章，“安全工具”，由马修·马琴撰写。本章对网络安全采取了纯粹实用的方法。当人们准备好将网络安全思想和理论应用于现实世界的实际应用时，他们会装备自己的工具，以更好地实现他们为之努力的成功结果。然而，选择正确的工具一直是一个挑战。本章的重点是确定网络安全工具可用的功能领域，并在每个领域列举示例，为工具如何更适用在哪一个领域提出见解。

第14章，“网络安全分析的数据和研究倡议”，由 Onur Savas 和朱丽亚·邓撰写。基于大数据的网络安全分析是一种以数据为中心的方法，这一事实一直激励着我们。它的最终目标是利用现有的技术解决方案来理解相关网络数据的信息，并将其转化为可操作的见解，可以用来改善网络运营商和管理员的当前实践。因此，本章旨在介绍网络安全分析的相关数据源，如网络安全评估和测试的基准数据集，以及一些研究库，以找到现实世界的网络安全数据集、工具、模型和方法，支持网络安全研究人员的研究和开发。并对基于大数据的网络安全分析在数据共享方面的未来发展方向提出了一些见解。

目 录

第一部分 大数据在不同网络安全领域的应用

第二部分　大数据在新兴网络安全领域的应用

第三部分 网络安全工具和数据集

第一部分

大数据在不同网络安全领域的应用

第 1 章 大数据在网络安全中的重要作用

本章介绍大数据分析，并强调将大数据分析应用于网络安全以应对不断变化的威胁格局的需求和重要性。它还描述了大数据安全分析的典型用法，包括解决方案、体系结构、典型案例和挑战。大数据分析作为一种新兴的分析技术，提供了收集、存储、处理和可视化大数据的能力，这些大数据是如此庞大或复杂，以至于传统的数据处理应用程序不足以处理它们。同时，由于网络（如虚拟化、智能设备、无线连接、物联网等）日益复杂，网络安全正面临大数据挑战，以及越来越多的复杂威胁（如恶意软件、多级、高级持久威胁（APT）等）。因此，传统的网络安全工具在应对这些挑战方面变得无效和不足，大数据分析技术具有巨大优势，将大数据分析应用于网络安全变得至关重要的新的趋势。

1.1 大数据分析导论

1.1.1 什么是大数据分析?

大数据是一个术语，用于描述规模或类型超出传统关系数据库捕获、管理和处理能力的数据集。正如 Gartner[1]正式定义的那样，“大数据是海量、高速和/或多样化的信息资产，需要具有成本效益的、创新的信息处理形式，以增强洞察力、决策制定和流程自动化。”大数据的特点通常称为 3V：体积、速度和多样性。大数据分析是指利用大数据上的先进分析技术来揭示隐藏的模式、未知的相关性、市场趋势、客户偏好和其他有用的商业信息。高级分析技术包括文本分析、机器学习、预测分析、数据挖掘、统计、自然语言处理等。分析大数据可以让分析师、研究人员和业务用户使用以前无法访问或无法使用的数据做出更好、更快的决策。

1.1.2 传统分析与大数据分析的区别

大数据分析和以传统方式处理大量数据之间有很大的区别。虽然传统的数据仓库主要集中在依赖关系数据库的结构化数据上，并且可能无法很好地处理半结构化和非结构化数据，但大数据分析提供了使用非关系数据库处理非结构化数据的关键优势。此外，数据仓库可能无法处理集合提出的处理需求需要经常更新甚至持续更新的大数据。通过应用分布式存储和分布式内存处理，大数据分析能够很好地处理它们。

1.1.2.1 分布式存储

“体积”是 Gartner 对大数据定义的第一个“V”。大数据的一个关键特征是，它通常依赖分布式存储系统，因为数据是如此庞大（通常是在拍字节或更高级别），以至于单个节点无法存储或处理它。大数据还要求存储系统随着未来的增长而扩大规模。由谷歌、Facebook 和苹果等主要大数据公司使用的超尺度计算环境通过从大量具有直接附加存储（DAS）的商品服务器构建来满足大数据的存储需求）。

许多大数据从业者使用 Hadoop[2]集群构建他们的 hyberscale 计算环境。由 Google 发起，Apache Hadoop 是一个开源软件框架，用于分布式存储和分布式处理由商品硬件构建的计算机集群上的非常大的数据集。Hadoop 有两个关键组件：

（1）Hadoop（HDFS 分布式文件系统）：一个分布式文件系统，在多个节点上存储数据。

（2）MapReduce：一个并行处理数据的编程模型多个节点。

在 MapReduce 下，查询被分割并分布在并行节点上，且并行处理（Map 步骤）。然后收集并交付结果（减少步骤）。这种方法利用了数据局部性：节点操作，他们可以访问数据的处理速度和效率比传统的超级计算机体系结构[3]更快。

1.1.2.2 支持非结构化数据

非结构化数据本质上是异构和可变的，有多种格式，包括文本、文档、图像、视频等。以下列出了生成非结构化数据的几个来源：

（1）电子邮件等形式的电子通信。

（2）基于 Web 的内容，包括点击流和社交媒体相关的内容。

（3）数字化的音频和视频。

（4）机器生成的数据（如 RFID、GPS、传感器生成的数据、日志文件等）。

非结构化数据的增长速度快于结构化数据。根据 2011 年 IDC 研究[4]，它将占之后十年所有数据的 90%。非结构化数据分析作为一种新的、相对未开发的洞察力来源，可以揭示以前难以确定或不可能确定的重要相互关系。

然而，由于数据缺乏预定义的模式，关系数据库及其派生的技术（如数据仓库）不能很好地大规模地管理非结构化和半结构化数据。为了处理非结构化数据的多样性和复杂性，数据库正在从关系转移到非关系。在大数据实践中，没有 SQL（NoSQL）数据库被广泛使用，因为它们支持动态模式设计，与关系数据库相比，提供了增加灵活性、可伸缩性和定制的潜力。它们的设计考虑了“大数据”需求，通常非常好地支持分布式处理。

1.1.2.3 快速数据处理

大数据不仅仅是庞大的，也是快速的。大数据有时是由大量常量流创建的，这些流通常同时发送数据记录，并且大小很小（千字节的顺序）。流数据包括各种各样的数据，如单击流数据、金融交易数据、移动或 Web 应用程序生成的日志文件、物联网（IOT）设备的传感器数据、Ingame 播放器活动和连接设备的遥测。大数据分析的好处是有限的，如果它不能在数据到达时采取行动。大数据分析必须考虑速度以及体积和多样性，这是大数据与传统数据仓库的关键区别。按合同划分的数据仓库通常更能分析历史数据。

这些流数据需要在逐个记录的基础上或在滑动时间窗口上依次递增地处理，并用于各种分析，包括相关性、聚合、过滤和采样。大数据技术用新的工具和方法解锁快速数据处理中的价值。例如，ApacheStorm[5]和 ApacheKafka[6]是两种流行的流处理系统。Storm 最初是由 Twitter 的工程团队开发的，它可以每秒数百万条消息的速度可靠地处理无界的数据流。由工程团队在 LinkedIn 开发的 Kafka 是一个高通量的分布式消息队列系统。这两个流媒体系统都解决了提供快速数据的需要。

传统的关系数据库和 SQL 数据库都无法处理快速数据。传统的关系数据库性能有限，NoTSQL 系统缺乏对安全在线事务的支持。然而，内存中的新 SQL 解决方案可以满足性能和事务复杂性的需要。新 SQL 是一类现代关系数据库管理系统，它寻求为在线事务处理（OLTP）读写工作负载提供与 NoSQL 系统相同的可伸缩性能维护传统数据库系统[7]的 ACID（原子性、一致性、隔离性、耐久性）保证。一些新的 SQL 系统是用无共享聚类构建的。工作负载分布在集群节点之间以获得性能。为了安全和可用性，在集群节点之间复制数据。新节点可以公开地添加到集群中，以处理不断增加的工作负载。新 SQL 系统在在线事务处理中提供了高性能和可伸缩性。

1.1.3 大数据生态系统

市场上有很多大数据技术和产品，整个大数据生态系统一般可以分为三类基础设施、分析和应用，大数据图景如图 1.1 所示。

1. 基础设施

基础设施是大数据技术的基础部分。它存储、处理和有时分析数据。如前所述，大数据基础设施能够大量且快速处理结构化和非结构化数据。它支持各种各样的数据，并使在具有数千个节点的系统上运行应用程序成为可能。涉及数千兆字节的数据。关键的基础设施技术包括 Hadoop、NoSQL 和大规模并行处理（MPP）数据库。

图 1.1　大数据图景

2．分析

分析工具是在大数据基础设施上设计的，具有数据分析能力。一些基础设施技术也包括数据分析，但专门设计的分析工具更常见。大数据分析工具可以进一步分为以下子类[8]：

（1）分析平台：整合和分析数据以发现新见解，并帮助公司做出更明智的决策。该领域特别关注延迟，并以最及时的方式向最终用户提供见解。

（2）可视化平台：顾名思义，专门设计用于可视化数据；获取原始数据，并以复杂的、多维的可视格式呈现，以阐明信息。

（3）商业智能（BI）平台：用于集成和分析专门用于企业的数据。BI 平台分析来自多个来源的数据，以提供业务智能报告、仪表板和可视化等服务。

（4）机器学习：也属于这一类，但与其他不同。虽然分析平台向最终用户输入处理过的数据和输出分析或仪表板或可视化，但机器学习的输入是 算法“学习”的数据，输出取决于用例。最著名的例子之一是 IBM 的超级计算机 Watson，它“学会”扫描大量信息以找到特定的答案，并能在几分钟内梳理出 2 亿页结构化和非结构化数据。

3. 应用

大数据应用基于大数据基础设施和分析工具，通过分析业务特定数据向最终用户提供优化的洞察力。例如，一种应用程序是为零售公司分析客户在线行为，进行有效的营销活动，并增加客户保留。另一个例子是金融公司的欺诈检测。大数据分析帮助公司识别账户访问和交易中的不规则模式。虽然大数据基础设施和分析工具最近变得更加成熟，但大数据应用程序开始受到更多的关注。

1.2 网络安全中大数据分析的需要

虽然不断研究大数据分析并应用于不同的业务部门，但与此同时，由于网络，（如虚拟化、智能设备、无线连接、物联网等）复杂性的快速增长，网络安全也面临着大数据挑战，以及日益复杂的威胁（如恶意软件、多阶段、APTS 等）。人们普遍认为，网络安全是最重要（如果不是最关键）的领域之一，在这些领域，大数据可能会成为了解真正威胁形势的障碍。

1.2.1 传统安全机制的局限性

不断变化和日益增加的复杂威胁格局使传统的网络安全机制在保护组织和确保其业务在数字和连接背景下的连续性方面不足和无效。

许多传统的安全方法，如网络级和主机级防火墙，通常都侧重于防止攻击。他们采用以周边为基础的防御技术，模仿物理安全方法，主要集中在防止从外部进入和沿周边防御。可以围绕网络中最有价值的资产增加更多的防御层，以实施深度防御策略。然而，随着攻击变得更加先进和复杂，组织不能再假设他们只受到外部威胁，也不能假设他们的防御层可以有效地防止所有潜在的入侵。网络防御工作需要将重点从预防转向攻击检测和缓解。然后，传统的基于预防的安全方法将只构成更广泛的安全战略的一部分，其中包括探测方法和潜在的自动事件反应和恢复过程。

传统的入侵和恶意软件检测解决方案依赖已知的签名和模式来检测威胁。他们面临着检测新的和从未见过的攻击的挑战。更先进的检测技术正在寻求有效地区分正常和异常的情况、行为和活动，无论是在网络流量级别还是在主机活动级别，或是在用户行为级别。异常行为可以进一步作为恶意活动的指标来检测从未见过的攻击。安全公司测试实验室 2014 年的一份报告[9]指出，2014 年下半年，恶意软件的生成超过了安全进步，以至于在其每月的一些电子威胁自动恶意软件测试中，主要安全供应商的解决方案无法检测到他们所测试的任何恶意软件。

安全信息和事件管理解决方案提供安全事件的实时监控和关联以及日志管理和聚合能力。就其性质而言，这些工具用来确认可疑的违约行为，而不是主动发现。需要更先进的安全方法来监控网络、系统、应用程序和用户的行为，以便在网络攻击者可能造成任何损害之前检测到违约的早期迹象。

1.2.2 不断演变的威胁景观需要新的安全方法

新技术（如虚拟化技术）以及它们加快的变革步伐，正在推动组织面临的重大安全挑战。同样，组织软件操作的巨大规模也增加了网络维护者必须处理的复杂性。此外，扩展的攻击面和日益复杂的威胁景观对传统的网络安全工具构成了最重大的挑战。

例如，物联网的快速增长将大量脆弱的设备连接到互联网上，因此成倍地扩大了黑客的攻击面。全球物联网市场的 IDC 研究预测，物联网终端的安装基础以从 2014 年的 97 亿增长到 2019 年的 256 亿以上，在 2020 年[10]达到 300 亿。然而，物联网的快速增长也成倍地扩大了黑客的攻击面。惠普[11]最近发布的一项研究表明，70%的物联网设备存在严重的漏洞。物联网的规模和扩展的攻击面使得传统的基于网络的安全控制无法管理，无法保护由连接设备生成的所有通信。由物联网驱动的信息技术和操作技术的融合进一步复杂化了网络管理员的任务。

另一个例子是，高级持久威胁（APT）已经成为对商业的严重威胁，但传统的检测方法并不能有效地抵御它。APT 的特点是在使用复杂的恶意软件来探索系统漏洞方面是“先进的”，在使用外部命令和控制系统来持续监视和提取特定目标的数据方面是“持久的”。传统的安全性对 APT 无效，因为：

（1）APT 经常使用零日漏洞来破坏目标。传统的基于签名的防御对这些攻击无效。

（2）APT 使用的恶意软件通常启动与命令的通信从内部控制服务器，这使得基于周界的防御无效。

（3）APT 通信通常使用 SSL 隧道加密，这使得传统的入侵检测系统（IDS）/防火墙无法检查其内容。

（4）APT 攻击通常在网络中隐藏很长一段时间，并以隐身方式进行。传统的安全性缺乏在很长一段时间内保留和关联来自不同来源的事件的能力，不足以检测它们。

总之，新的网络安全挑战使传统的安全机制在许多情况下变得不那么有效，特别是当涉及大数据时。

1.2.3 大数据分析为网络安全提供了新的机遇

大数据分析提供了收集、存储和处理巨大网络安全数据的机会。这意味着安全分析不再局限于分析防火墙、代理服务器、IDS 和 Web 应用程序防火墙（WAFS）生成的警报和日志。相反，安全分析人员可以在很长一段时间内分析一系列新的数据集，从而使他们更多地了解网络上发生的事情。例如，它们可以分析网络流量和完整的数据包捕获，用于网络流量监测。他们可以使用通信数据（包括电子邮件、语音和社交网络活动）、用户身份上下文数据以及用于高级用户行为分析的 Web 应用程序日志和文件访问日志。

此外，业务流程数据、威胁情报和网络上资产的配置信息可以一起用于风险评估。恶意软件信息和外部威胁源（包括黑名单和监视列表）、GeoIP 数据以及系统和审计跟踪可能有助于网络调查。这些不同类型数据的聚合和相关性提供了更多的上下文信息，有助于拓宽态势感知，最小化网络风险，并改善事件响应。新的案例是通过大数据的能力来实现的，通过分布式处理和负担得起的存储和计算资源来执行全面的分析。

1.3 将大数据分析应用于网络安全

1.3.1 当前解决方案的类别

大数据分析应用于网络安全的现有努力可分为以下三大类[12]：

1．增强现有安全系统的准确性和智能化

此类别中的安全分析解决方案使用现成的分析，使现有系统更智能和更少噪声，以便在队列中突出显示和优先排序最恶劣的事件，同时减少警报量。这个解决方案领域的大数据方面处于一个更高级的部署阶段，其中来自不同系统的数据和警报，例如数据丢失预防（DLP）、安全信息和事件管理（SIEM）、身份和访问管理（IAM）或端点保护平台（EPP），通过使用罐装分析组合和关联，丰富了上下文信息。这使企业对其组织中的安全事件有一个更智能和更全面的看法。

2．结合数据和相关活动使用自定义或临时分析

企业使用大数据分析解决方案或服务整合内部和外部数据、结构化和非结构化的数据，并针对这些大数据集应用自己的定制或临时分析来发现安全或欺诈事件。

3．外部网络威胁和欺诈情报

安全分析解决方案将大数据分析应用于威胁和不良行为者的外部数据，在某些情况下，将外部数据与其他相关数据源（如供应链、供应商排名和社交媒体）结合起来。这些解决方案的大多数供应商还创建和支持感兴趣的社区，其中威胁情报和分析在客户之间共享。该类别中的供应商积极从互联网上发现恶意

活动和威胁，将这些信息转化为可操作的数据，如已知的坏服务器的 IP 地址或恶意软件签名，并与客户共享。

1.3.2 大数据安全分析平台架构

一般来说，大数据安全分析平台有 5 个核心组件，如图 1.2 所示

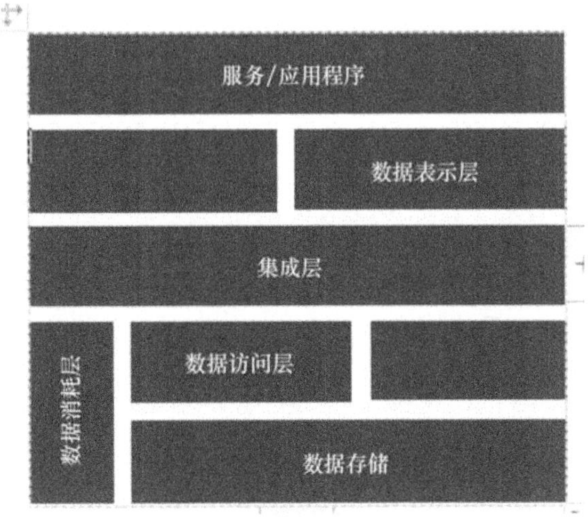

图 1.2 大数据安全分析平台

（1）基础数据存储平台，支持长期日志数据保留和批量处理作业。市场上有一些产品跳过这一层，使用单个 NoSQL 数据库来支持所有数据保留、调查访问和分析。然而，考虑到 Hadoop 生态系统中所有可用的开源应用程序，基于 Hadoop 的平台仍然为更大的数据集提供了更经济、可靠和灵活的数据解决方案。

（2）具有快速查询响应性能的数据访问层，支持 inves 导航查询和钻取。因为 Hadoop 内部的数据访问是基于批处理的，这一层是支持分析师调查所必需的。这一层可以是一个独立的大型并行数据库（MPD），如 Vertica[13]和 GreenPlum[14]，和一个 NoSQL 数据库，如 Solr[15]、Cassandra[16]和 Elastic Search[17]，和一些集成产品，如 Impala[18]和 Spark，直接来自流行的 Hadoop 发行版。

（3）数据消耗层，用于直接从日志源，或通过日志集中器，如 syslog-ng、流收集器和 SIEM 工具，来接收来自各种数据源的数据。

（4）集成层，由要集成的 API 集合组成其他安全操作工具，如安全信息与事件管理（SIEM）、企业治理、风险与合规（EGRC）和票务系统。同时，良好的应用程序接口（API）层不仅支持与其他解决方案的集成，而且为内部分析模块提供了灵活性和更清洁的设计。由于我们预计未来几年分析的需求和复杂性将有巨大增

长，因此强烈推荐基于 API 的分析作为服务体系结构。

（5）数据表示层，一个可选的数据表示层允许用户更有效地使用分析结果。这通常意味着一个或多个可视化平台来可视化高维数据和关系图。

（6）安全分析服务和应用程序可以建立在集成层的上层和数据表示层，取决于用户应用程序是否需要可视化。

1.3.3 用例

用例是解决特定业务挑战的一组解决方案。重要的是要理解挑战或要求首先出现，然后我们设计解决方案。当谈论网络安全分析用例时，一个常见的错误是从可用的数据开始，并考虑如何使用这些数据。相反，组织应该在查找数据之前先从问题（威胁）开始，然后用可用数据设计解决方案。

下面，我们描述大数据安全解决方案的三个用例：数据保留/访问、上下文丰富和异常检测。前两种情况比较直截了当，比较容易实施和衡量。因此，我们将花费更多的时间讨论异常检测用例。但应该指出的是，在实践中，前两项可能会为大多数组织带来更好的投资回报。

1.3.3.1 数据保留/访问

从本质上讲，大数据解决方案满足的第一个需求是数据可用性。基于 Hadoop 的体系结构允许存储大量的数据高可用性，并使它们相对容易访问（与磁带相比）。映射到安全操作中，一个基本要求是分析人员需要访问其日常操作的安全数据和信息。这包括提供对原始日志和提取的元数据的托管访问、高级数据过滤和查询访问以及可视化接口。

在实践中，有许多因素需要考虑。请记住，Hadoop 系统不提供最佳的查询响应时间。还有许多其他数据库系统可以用来提供更快的查询性能，并作为分析人员的数据缓存。然而，还有额外的成本、可伸缩性问题，有时还需要考虑与这些系统的准确性权衡。

处理这个设计问题的最好方法是从对数据访问和保留的最低要求开始：

（1）各类数据的最小保留期是多少？

（2）查询性能的最低要求是什么？

（3）查询会有多复杂？

由此，我们将提出进一步的问题，如：在快速访问平台中，各种数据的首选保留期是什么？学习一种新的查询语言是一种选择，还是我们拘泥于 SQL？在确定需求之后，我们可以调查技术市场，找到能够支持这些需求的技术解决方案，并为该倡议设计适当的体系结构。

1.3.3.2 上下文丰富（背景充实）

由于大数据平台拥有大量源自不同类型的数据，因此利用丰富的异构数据以提供额外的上下文具有很大的价值。这种充实的目的是自动预加载安全相关数据，以便分析人员不需要手动检查那些充实的数据源。以下是这些丰富的一些例子：

（1）从 DHCP 日志中丰富基于 IP 的数据（如防火墙日志和网络流）。

（2）从 IAM 日志（如活动目录（Active Directory））中使用用户身份丰富基于主机的数据。

（3）利用人力资源环境（如工作角色、团队成员、主管）丰富基于账户的数据。

（4）用包含所访问链接的电子邮件元数据丰富代理日志。

（5）利用端点数据中的进程/服务信息丰富内部网络流数据。

（6）利用外部威胁情报（如病毒）充实内部调查结果。

（7）用历史上类似的警报及其证词丰富警报调查结果。

从业者应该注意到，数据富集解决方案的关键性能约束是底层数据解析和链接作业。由于这种类型的解决方案涉及分析人员的密切交互，所以在这里具有较低的延迟是理想的。

1.3.3.3 异常检测

异常检测是一种通过将当前活动与活动实体的学习“正常”配置文件进行比较来检测恶意行为的技术，这些配置文件可以是用户账户、主机、网络或应用程序。作为一种入侵检测技术，从提出异常检测到研究已有 20 多年，但它的精度仍然很低。具体来说，虽然它能够检测到一些新的攻击行为，但它往往会给出过量的假阳性，因此该技术不切实际。然而，现在企业正在重新考虑实施异常检测技术作为其安全监测措施的一部分的想法，原因如下：

（1）高级持续威胁（APT）的对许多组织来说已经变得非常重要。传统的基于签名的监测不能有效地应对这种攻击。

（2）大数据技术的进步使组织能够在大量数据、长时间和高维建模中对实体行为进行配置。这可以大大提高异常检测的准确性。

在异常检测用例方面有很多可能。根据威胁的来源和目标，异常检测用例可以大致分为以下几类：

（1）外部访问异常，如浏览活动监视。

（2）远程访问异常，如虚拟专用网（VPN）访问监控。

（3）横向移动异常，如内部资源访问监测。

（4）端点异常，例如休息监测中的数据。

（5）面向外部的（Web）服务异常，如拒绝服务（DoS）攻击的早期预警。

（6）数据移动异常，如内部敏感数据跟踪和数据过滤。

实际用例可以是上述情况的组合。例如，为监视用户网页浏览活动中的呼叫行为而建立的模型可以与端点异常相结合，形成恶意软件监视用例。内部横向运动模型可以与数据过滤模型相结合，建立数据损失预防监测案例。

为了建立这些案例，数据科学家需要首先与企业主合作，找出分析需要填补的控制空白，然后与工程师合作，确定可用的数据来建立模型。在考虑可用数据集时，人们应该始终记住，互联网上公开提供了一些巨大的资源，如地理 IP 数据，可以用来跟踪远程访问的源地点、世卫组织信息[20]和各种威胁情报数据，这些数据可以相互参照，以评估远程站点的可信度。

在这里，我们简要讨论两个示例，以展示构建异常检测用例的关键组件。

1．示例 1：远程 VPN 访问监控

（1）威胁情景：

① 未经授权的一方窃取（或给予）用户证书，远程登录公司 VPN 进入公司内部网络。

② 两个用户共享相同的 VPN 证书，这违反了公司的远程访问策略。

（2）控制间隙：目前，对 VPN 的唯一控制是用户的凭据。一旦用户通过认证，就没有额外的控制。

（3）数据源：VPN 日志、用户办公室标记数据和 Geo-IP 数据。

（4）数据探索：

① VPN 日志包含时间戳、用户 ID、外部源 IP 地址和分配给 VPN 连接的 DHCP 地址。

② 标记数据包含时间戳、员工 ID 和操作（标记进出）。

③ 这里的 Geo-IP 数据是一个免费的 MaxMind 数据集-为了更准确，这里也可以使用商业数据集。进一步的调查表明，据报告，这类数据集有大约 5%的机会离实际地点超过 1000 英里（1 英里≈1.6×10^3m）

（5）特点：外部 IP 地址与地理 IP 数据转换为地理位置；VPN 用户 ID 映射到实际员工 ID。

（6）检测模型：

① 测量用户最后两次访问之间的距离（例如，注销的办公位置和 VPN 登录，或两个 VPN 登录之间的距离）。

② 测量这些事件之间的时间。

③ 导出用户在两次访问之间的最小旅行速度。

④ 将其与预先设定的最大旅行速度阈值（例如 400 英里/h）进行比较，看看它是否超过了该阈值。

（7）模型的进一步改进：

① 地理 IP 数据的固有错误：这种错误通常发生在全国范围的大型 ISP 中，特别是在移动连接中。训练会话中的 whois 检查和白名单通常会最小化此类错误。

② 对于提供用户商务旅行议程的旅行门户网站的公司来说，这些数据可以提供额外的检测机会/准确性。

2. 示例 2：异常或敏感数据收集

（1）威胁场景：恶意内幕或被泄露的账户收集敏感数据，为过滤做准备。

（2）控制差距：虽然企业确实在端点和网络中部署了 DLP 解决方案，但 DLP 的覆盖范围并不完整。最重要的差距是主机 DLP 不跟踪系统级别的依赖关系，因此无法控制转换（压缩、加密）文件。网络 DLP 仅通过电子邮件、http 和 ftp 通道部署。检查不足以满足其他协议，如 SSL 或 sftp。因此，基于行为的分析模型将是这里的一个很好的缓解控制。

（3）数据源：客户信息 DB 的 SQL 审计日志、内部 netflows、含敏感数据的文件共享的库存。

（4）数据探索：

① SQL 审计日志包含大量噪声，但它提供了查询和返回记录数量的详细信息。

② 内部 NetfLow 显示源/目的地 IP 地址、端口和上传/下载卷。

③ 文件共享库存每天由自定义数据扫描器更新。它标识主机名、IP 地址、文件共享的共享名称、数据内容的敏感性以及对共享的安全控制级别（可公开访问或共享给特定用户/组）。

（5）特征：

①（潜在）敏感数据下载量——端口 445（Windows fileshare）和 1433（SQL）从托管敏感数据的 fileshares/DB 中积累下载量。

② 从 SQL 审计日志直接识别下载的敏感数据记录的数量。

（6）模型：配置文件用户的每日敏感数据下载量，并检测显著的尖峰与时间序列模型。

（7）模型的进一步改进：

① 根据团队/组/主管数据识别每个用户的对等点可以帮助识别对等组敏感数据使用的上下文，这可以用来提高检测精度。也就是说，如果一个用户的对等组被发现定期下载大量敏感数据，那么对于不使用该数据的用户来说冲击就不会很严重。

② 可以与数据过滤异常相关，如可疑上传到文件共享站点/未分类站点。

③ 可以与恶意软件异常相关，如 C2 信标行为。

④ 也可以与远程访问异常相关。

1.4 网络安全大数据分析面临的挑战

大数据分析作为一项关键的赋能技术，将其力量带入网络安全领域。工业和政府的最佳做法表明，如果以适当的方式使用，大数据分析将大大提高一个组织的网络安全能力，而传统的安全机制是不可行的。

虽然值得注意的是，将大数据分析应用于网络安全领域仍处于起步阶段，面临着许多来自更“传统”网络安全领域或其他大数据领域的数据科学家可能不知道的一些独特挑战。在下面，我们列出这些挑战，并讨论它们如何影响使用大数据的网络安全解决方案的设计和实现。它们也可以被认为是大数据分析用于网络安全的潜在未来方向。

1. 缺少标注数据

大数据的工作方式是从数据中学习，用数据讲述故事。然而，标记数据的数量和正常数据的质量都对安全分析提出了巨大的挑战。进行网络安全分析的目的是检测攻击、破坏和妥协。然而，对于个别组织来说，此类事件通常很少。尽管有一些政府和商业平台供组织分享关于攻击和破坏的情报，但共享数据中通常没有足够的细节。除了一些非常特殊的问题（如恶意软件分析）外，用于网络安全的标记数据非常有限。在这种情况下，传统的监督学习技术是不适用的。学习将严重依赖于无监督学习和启发式。

2. 数据质量

在所有可用于网络安全分析的数据中，一种重要的数据源是来自各种安全工具的警报，如 IDS/IPS、防火墙和代理。这种安全警报数据通常充斥着虚假警报和对真实攻击的缺失检测。新的签名和规则也可以为警报流添加重要的问题。这种情况，连同假阳性和阴性，都应该考虑到分析程序。

3. 高复杂性

大型企业 IT 环境的复杂性通常极高。典型的此类环境可能涉及数百个逻辑或物理区域、数千个应用程序、数万个用户以及数十万个服务器和工作站。在如此庞大的实体集合中发生的各种活动、访问和连接可能非常复杂。由于安全威胁无处不在，因此正确建模和减少这样一个高维问题是非常困难的。

4. 动态环境

现代 IT 环境是高度动态和不断变化的。为一个组织工作的模型可能不适用于另一个组织，或同一组织六个月后。重要的是要在分析项目中认识到 IT 环境的这种动态性质，并预先规划分析解决方案的大量灵活性。

5. 跟上不断发展的技术

大数据是一个快速发展的技术领域。每周都在开发新的改进或突破性技术。如何跟上这场技术革命，对技术引进做出正确的决定，可能是一个艰巨的问题。这需要深入理解数据技术和业务需求的。

6. 操作

分析只是大数据网络安全程序的功能之一。通常，该程序还需要为安全分析师和调查人员提供数据保留和数据访问。因此，在数据平台、数据管理和分析模型的数据可用性、及时性、准确性、查询性能、工作流集成、访问控制甚至灾难恢复方面，将有很多操作需求。

7. 隐私

大数据时代将对隐私的关注提高到一个新的水平。通过结合大量数据源，分析师可以获得前所未有的用户或客户行为洞察力。如何在为网络安全操作提供必要信息的同时保护和控制用户隐私的暴露并不是一个微不足道的问题。数据加密、数据掩蔽和访问控制技术需要仔细设计和集成，以根据组织的要求实现适当的保护。

8. 监管和合规

大数据也对组织满足监管和合规要求提出了新的挑战。挑战主要在分类上和保护数据，因为结合多个数据源可以揭示额外的隐藏信息，可能受到更高的分类。由于这个原因，在一些高度监管的情况下，很难应用大数据分析。

9. 数据加密

我们享受着拥有大量数据和从中提取有用信息的好处。但好处是有责任的。收集和保留数据将规定保护数据的责任。在许多情况下，数据在传输和存储过程中需要加密。然而，当乘以大量数据时，这可能意味着显著的性能和管理开销。

10. 假阴性不成比例的成本

在传统的大数据领域，如网络广告，假阴性的成本通常处于可接受的水平，与假阳性的成本相当。例如，失去一个潜在的买家不会对公司的利润产生太大的影响。然而，在网络安全方面，虚假负面的代价过高。错过一次攻击可能会导致灾难性的损失和损害。

11. 聪明的对手

网络安全分析的另一个独特挑战是，调查对象通常不是静态的“东西”。大数据网络安全涉及高度智能的人类对手，如果他们知道检测，就会故意避免检测和改变策略。它要求网络安全分析迅速适应新的安全威胁和背景，并根据需要适当调整其目标和程序。

参考文献

1. http://www.gartner.com/it-glossary/big-data/.
2. https://en.wikipedia.org/wiki/Apache_Hadoop.
3. https://en.wikipedia.org/wiki/MapReduce.
4. IDC IView, "Extracting Value from Chaos" (June 2011).
5. http://hortonworks.com/apache/storm/.
6. http://hortonworks.com/apache/kafka/.
7. Aslett, Matthew (2011). "How Will The Database Incumbents Respond To NoSQL And NewSQL?". https://cs.brown.edu/courses/cs227/archives/2012/papers/newsql/aslett-newsql.pdf.
8. http://dataconomy.com/understanding-big-data-ecosystem/.
9. http://www.cso.com.au/article/563978/security-tools-missing-up-100-malware-ethreatz-testing-shows/.
10. IDC, Worldwide Internet of Things Forecast Update: 2015–2019, February 2016.
11. HP, Internet of things research study, 2015 report.
12. Gartner, "Reality check on big data analytics for cybersecurity and fraud," 2014.
13. https://my.vertica.com/get-started-vertica/architecture/.
14. http://greenplum.org/.
15. http://lucene.apache.org/solr/.
16. http://cassandra.apache.org/.
17. https://www.elastic.co/.
18. http://impala.incubator.apache.org/.
19. http://spark.apache.org/.
20. https://www.whois.net/.

第 2 章　面向网络取证的大数据分析

网络取证在网络管理和网络安全分析中起着关键作用。最近，它面临着大数据的新挑战。大数据分析已经显示出从以前无法找到的海量数据中挖掘重要见解的前景，这引起了网络取证研究人员的注意，并已启动了多项研究。本章概述了如何将大数据技术应用于网络前沿。首先描述了网络取证的术语和流程，介绍了当前的做法及其局限性，然后讨论了将大数据分析应用于网络取证的设计考虑和一些经验。

数字取证[1-4]通常是指对有犯罪或可疑行为的计算机（数字）或电子证据的情况进行调查，但犯罪或行为可能是任何类型的，很可能不涉及计算机。网络取证[3,5-10]作为其分支之一，遵循同样的原则，但处理的是基于网络的数字证据。网络取证也与计算机取证（也称为网络取证）密切相关。传统上，计算机取证与计算机存储介质上的数据相关联，而网络取证与通过网络的数据相关联。随着互联网的快速发展，这两门学科的范围扩大了，更加交织在一起。网络取证正在导致对计算机系统和网络中的各种数据进行调查，以便更准确地估计问题并做出更有信息量的决策，而网络取证也超越了传统的计算机系统，涵盖了新兴的网络和计算范式，如移动计算、物联网（IoT）、社会技术网络。

通常，将网络数据的捕获、记录和分析定义为网络取证，将发现的安全攻击或其他问题事件的来源作为证据。网络取证的基本部分是来自网络和计算机的数据，目的是利用分析技术和过程从数据中发现有用的信息。因此，网络取证有时只是指网络数据分析，强调数据科学方面，削弱[3,8-9]维护数据和证据完整性的必要行动。本章也遵循同样的原则，交替使用网络取证和网络分析。

网络取证对于支持安全分析和网络管理至关重要。对于安全分析，它提供网络和系统级别的网络数据跟踪、收集、处理和分析，以支持一组安全分析需求，如漏洞评估、入侵或异常检测、风险分析、信息泄漏、数据盗窃、损坏评估、影响缓解和网络态势感知。对于网络管理，它提供必要的分析信息，以帮助网络运营商或管理员更好地了解预期网络的状态，并迅速确定潜在的问题（如故障、攻击等）与网络设备服务有关。通过支持配置管理、性能管理、故障管理和安全管理，确保网络本身不会成为网络服务和用户应用的瓶颈。

在过去十年中，网络取证得到了广泛的研究，并开发了大量的技术和工具。近年来，网络取证面临着大数据的新挑战。典型的企业网络每天可以生成单位为 TB 的相关数据，包括流量数据包、系统日志和事件，以及第三方网络监视器或管理工具生成的安全警报或报告等其他相关数据。网络取证正在利用大量数据向前推进和更新工具和技术。大数据分析显示，它有望从以前无法找到的大量数据中挖掘出重要的见解；因此，它吸引了网络取证研究人员的注意，并启动了一些研究和开发工作。然而，目前大数据工具还不成熟，基于大数据的网络取证还处于早期阶段。

2.1 网络取证：术语和过程

2.1.1 网络取证术语

有几个不同但密切相关的术语。有时，这些术语在文学中交替使用，也会造成混乱。

1. 网络安全与网络取证

网络安全是为了保护下行系统。它最常涉及监测、保护和保护网络免受非法访问、滥用、攻击者、数据窃取和恶意软件爆发等威胁。网络取证就是要弄清楚网络安全失败时到底发生了什么。这是在发生攻击或犯罪后[1]调查所有可能的证据的过程。这意味着这两个重点（“前”和“后”）是具有重叠任务的网络破坏的不同阶段，网络监测使用自己的方法，两者都经常从共享的知识和经验基础上运作。还值得注意的是，网络安全通常用作一个更广泛的术语，指的是在公开写作中几乎与网络有关的任何问题。从这个意义上说，网络取证属于网络安全的一部分。

2. 网络取证与异常检测

网络取证使用多种分析方法来了解和发现网络中发生的事情，网络事件的原因是什么，以及解决问题的潜在建议。异常检测是指对网络中的异常进行精确定位的过程，因此分析员或网络管理员可以将这些异常（也称为警报）与其他证据联系起来，以便进一步分析。可以很容易地看出，异常检测是网络取证的一部分，其输出警报通常用作网络取证的重要输入。

2.1.2 网络取证过程

网络取证通常在以下四个阶段进行：数据收集、数据检查、数据分析以及可视化和报告，如图 2.1 所示。

图 2.1 网络取证过程

2.1.2.1 第一阶段：数据收集

网络取证过程的第一步是确定潜在的数据来源并从这些来源获取数据。在收集过程中，与特定网络事件相关的数据被识别、捕获、时间戳、标记和记录。

2.1.2.2 第二阶段：数据检查

在收集数据之后，数据审查对数据进行审查，包括评估、识别、从收集的数据中提取相关信息，然后进行一系列预处理（如数据丰富、元数据生成、汇总等）准备数据进行分析。

2.1.2.3 第三阶段：数据分析

一旦提取了相关信息，数据分析就会采用一组选定的方法来研究数据。这个步骤通常涉及多个相关源之间的关联数据。例如，网络入侵检测系统（IDS）（如 Snort）的输出可以将检测到的事件与具有 IP 地址的特定主机连接起来。特定主机的系统日志可以进一步将事件链接到特定的用户账户或特定的应用程序。通过将从 IDS 和系统日志中收集的数据关联起来，数据分析可以提供更有用的信息来更好地理解事件。

2.1.2.4 第四阶段：可视化和报告

最后阶段涉及使用可视化显示和文档（如电子邮件警报、消息、报告等）向最终用户（如网络运营商、分析师和/或管理员）提交报告数据、提取的信息以及分析结果。分析的结果还可以包括所采取的行动、需要采取的其他行动以及对政策、准则、程序、工具和法医过程的其他方面的改进建议。

随着这些步骤，网络法医过程将原始数据转化为证据，并将其呈现给网络运营商、分析师和管理员，以帮助他们更好地理解网络，并快速识别和响应各种网络问题。

2.2 网络取证：当前实践

2.2.1 网络取证数据来源

网络取证通常会从不同的网络层查看各种数据源，来发现安全攻击或其他问题事件的来源。网络取证中使用的典型数据类型如下。

1. 全包捕获（PCAP）

完整地捕获和记录所有网络数据包，包括头和有效负载。它通常占用很大的空间。例如，饱和 1Gbit/s 链路的完整分组捕获将产生 6TB/天。

2. 流量数据

网络上对话的记录。它只存储数据包。报头信息，如时间、持续时间、数据包数、总字节、源 IP、目标 IP 等，但没有有效负载。与全包捕获相比，它通常节省了大量的空间；它有利于理解数据如何快速地在网络中流动，但也丢失了数据包的细节。网络流量是思科开发的，广泛用于流量数据的收集和分析。由 NetFlow 收集的信息包括源和目的设备和端口、时间戳、流量中的字节数、服务数据类型和路由信息。其他流量数据也可用于网络监控和取证，例如 sFlow[11]、SNMP[12]和数据包嗅探器收集的本地流量信息（如 snoop[13]、tcpdump[14]和 Wireshark[15]）。

3. 日志

日志文件是包含所有操作的记录的文本文件，例如用户访问或数据操作，在一段时间内在计算机、网站或程序上完成，作为审计线索或安全措施[16]。日志文件通常包含有关系统的消息，包括运行在系统上的内核、服务和应用程序。不同信息有不同的日志文件。例如，Web 服务器为向服务器发出的每个请求维护日志文件。借助日志文件分析工具，您可以很好地了解访问者来自哪里、他们返回的频率以及他们如何在站点中导航。通过日志文件，系统管理员可以方便地确定用户访问的网站，了解电子邮件的收发细节，下载历史记录等。

4. 警报

设计了一个入侵检测系统（IDS）来监视所有的人入站和出站网络流量或活动，以识别可能指示网络攻击的可疑模式，例如试图闯入或破坏系统[17]。当 IDS 识别可疑活动时，将生成警报及时提供有关已识别的安全问题、漏洞或漏洞的信息。IDS 专门查找可能是病毒、蠕虫或黑客造成的可疑活动和事件。这是通过寻找具有不同蠕虫或病毒特征的已知入侵签名或攻击签名，以及跟踪与常规系统活动不同的一般差异来完成的。IDS 能够只提供已知攻击的通知。

2.2.2 最流行的网络取证工具

有许多工具可以支持网络取证分析，来自商业或开源社区。下面列出了一些常见的网络取证分析工具。

2.2.2.1 数据包捕获工具

（1）Tcpdump[14]：一种通用的数据包分析器，它使用 libpcap 库来进行低级网络嗅探。Tcpdump 捕获通过网络传输或接收的传输控制协议/互联网协议（TCP/IP）和其他包。它在 Unix 类和其他操作系统（OS）上工作，如 Solaris、BSD、MacOSX、HP-UX 和 AIX。Windows 的 tcpdump 端口是 WinDump，它使用 libcap 的端口（称为 WinPcap）。Tcpdump 运行在一个标准的命令行上，并输出到一个通用的文本文件以供进一步分析。它使用标准的 libpcap 库作为应用程序编程接口来捕获用户级的数据包。虽然所有的数据包嗅探器都可以实时检查流量，但处理开销也更高，因此可能导致数据包下降。因此，建议输出原始数据包，稍后再做一些分析。由于性能问题，tcpdump 只作为流量捕获工具。它只捕获数据包并将它们保存在原始文件中。然而，由于 tcpdump 的特性，有许多分析工具为其构建。例如，tcpdump2ascii[18]是一个 Perl 脚本，用于将 tcpdump 原始文件的输出转换为 ASCII 格式。tcpshow[19]是以人类可读的形式打印原始 tcpdump 输出文件的实用工具。tcptrace[20]是 tcpdump 的一种免费的强大分析工具，它可以产生不同类型的输出，如经过的时间、发送/接收的字节/段、往返时间、窗口广告和吞吐量。

（2）Wireshark[15]：作为一个免费的数据包嗅探器，Wireshark 提供了一个用户友好的界面，具有排序和过滤功能。Wireshark 支持从实时网络和保存的捕获文件捕获数据包。捕获文件格式是 libpcap 格式，就像 tcpdump 中的格式一样。Wireshark 支持各种操作系统，如 Linux 、 Solaris 、 Free BSD 、 Net BSD 、 Open BSD、Mac OS X、其他类似 Unix 的系统和 Windows。它还可以组装 TCP 会话中的所有数据包，并在该会话中显示 ASCII（或 EBCDIC 或十六进制）数据。数据包捕获使用 pcap 库执行。Wireshark 是一种流行的交互式网络数据包捕获和协议分析工具，可用于网络故障排除、分析和协议开发。它可以提供对数百个协议的深入检查，并在大多数现有平台上运行。

（3）TShark[21]：一种能够从数据包中捕获数据的网络协议分析器实时网络，或从先前保存的捕获文件读取数据包，或者将这些数据包的解码形式打印到标准输出，或者将数据包写入文件。与 tcpdump 类似，TShark 的本机捕获文件格式是 pcap 格式。没有设置任何选项，TShark 的工作就像 tcpdump 一样。它使用 pcap 库从第一个可用的网络接口捕获流量，并在 stdout 上显示每个接收数据包的摘要行。TShark 可以检测、读取和写入 Wireshark 支持的相同捕获文件。输入文件不需要特定的文件扩展名，文件格式和可选的 gzip 压缩将自动检测。压缩文件支持使用（因此需要）zlib 库。如果 zlib 库不存在，则 TShark 将编译，但无法读取压缩文件。

（4）RSA 网络[22]：使用日志数据的网络监控系统检测和防止网络威胁。RSA Netwitness 分为三个部分：集中器（基于 Linux 的网络设备）、解码器（可配置的网络记录设备）和调查员（交互式威胁分析应用程序）。它可以捕获由有线和无线接口通过网络传输的数据包，为用户生成有组织的报告，并允许用户实现数据包的风险评估。

2.2.2.2 流捕获和分析工具

（1）网络流量[23]：由思科 IOS、NXOS、Juniper 路由器、Enterasys 交换机和许

多其他设备支持的流量监控行业标准。网络流量数据可以帮助分析师了解一些问题：谁、什么时候、哪里以及网络流量是如何流动的。基于网络流量的分析器包括Cisco IOS 网络流量[24]、Ntop[25]、太阳能风能网络流量分析仪[26]等。

（2）基于 Cisco IOS NetFlow 的分析仪[24]：一种使用 Cisco NetFlow 技术的基于 Web 的带宽监控工具。它为监控基于 Android 的环境（如路由器、交换机、无线局域网控制器（WLC）和防火墙）提供广泛支持，以执行网络流量监控和安全分析。具体而言，它可以提供流量监控，网络带宽监控，网络故障排除，容量计划，IPSLA 监控，基于阈值的警报，应用程序性能优化，应用程序性能优化等。

（3）太阳风净流流量分析仪[26]：一种开源的净流分析器，可以通过捕获流量数据来监视网络流量，包括 NetFlow、J-Flow、IPFIX 和 sFlow。它可以识别消耗最多网络带宽的用户、应用程序或协议，映射来自指定端口、IP 和协议的流量，执行基于类的服务质量（CBQoS）监控，使用户能够快速地钻入特定网络元素上的流量，生成网络流量报告，并促进故障、性能和配置问题的调查。

（4）Ntop 或 Ntopng[25]：Ntopng 是最流行的开源流量分析之一。它是一种基于 Web 的工具，可以提供数据包捕获、流量记录、网络探测和流量分析。Ntopng 支持基于流的分析的 flow 和 IPFIX。它传输流量数据，提供基于 Web 的高速流量分析，并以 RRD 格式存储持久流量统计信息。

2.2.2.3 入侵检测系统

（1）嗅探[27]：一种自由开放的网络入侵检测系统（IDS），具有在 Internet 协议（IP）网络上进行实时流量分析和分组日志记录的能力。Snort 可以执行协议分析、内容搜索和匹配。还可用于探测探针或攻击，如 OS 指纹尝试，公共网关接口，缓冲区溢出，服务器消息块探针和隐形端口扫描。事实上，Snort 可以配置三种主要模式：嗅探器、数据包记录器和网络入侵检测。在嗅探器模式下，它可以读取网络数据包并显示在控制台上。在数据包记录器模式下，它可以将数据包记录到磁盘。在入侵检测模式下，它可以监控网络流量，并根据用户定义的规则集进行分析，甚至可以根据已识别的内容执行特定的操作。

（2）Bro[28]：一个基于 Unix 的开源网络监控框架可用于构建网络级 IDS。Bro 还可用于收集网络测量数据、进行法医调查、打击交通等。将 Bro 与 tcpdump、Snort、netflow 和 Perl（或任何其他脚本语言）进行了比较。它是根据 BSD 许可证发布的。Bro 事件引擎可以分为两层：①Bro 事件引擎，它分析实时或记录的网络流量或跟踪文件以生成中性事件；②Bro 策略脚本，它分析事件以创建操作策略。Bro 事件引擎在发生“某事”时生成事件，由 Bro 进程或网络上发生的事情触发。事件在 Bro 策略脚本中处理。Bro 使用公共端口和动态协议检测（签名和行为分析）来对解释网络协议进行最佳猜测。Bro 会产生类似 Net Flow 的输出和应用程序事件信息，并且可以从外部文件（如黑名单）读取数据。

（3）开放源码（OSSEC）[29]：一个免费的、基于主机的入侵检测系统（HIDS），它执行日志分析、完整性检查、Windows Regis-尝试监控、rootkit 检测、基于时间的警报和主动响应。OSSEC 为大多数 OS 提供入侵检测，包括 Linux、Open BSD、Free BSD、OS X、Solaris 和 Windows。开放源码软件具有一个集中的跨平台架构，可以方便地监视和管理多个系统。OSSEC 将警报和日志传送到集中服务器，即使主机系统离线或受到破坏，也可以在那里进行分析和通知。OSSEC 体系结构的另一个优点是能够从单个服务器集中管理代理。安装 OSSEC 极轻。由于安装程序在 1MB 以下，并且大多数分析实际上发生在服务器上，所以 OSSEC 在主机上消耗的 CPU 很少。OSSEC 还能够将 OS 日志发送到服务器进行分析和存储，这对于没有本机或跨平台日志机制的 Windows 机器特别有用。

2.2.2.4 网络监控和管理工具

在过去几十年中，已经开发了用于网络流量监测和分析的商业工具，包括但不限于 OrionNPM 组合和 Netcordia Net MRI[31]。开源工具也可以使用，如 Open NMS[32]、GNetWatch[33]、地面工作[34]和 Nagios[35]。

（1）OrionNPM[30]通过互联网控制报文协议（ICMP）、简单邮件传输协议（SNMP）和 Syslog 通信数据连续监视网络。它将收集到的信息存储在 SQL 数据库中，并提供一个用户友好的网络控制台来查看网络状态。

（2）Netcordia NetMRI[31]自动进行网络更改和配置管理（NCCM）通过分析网络配置、通过 SNMP 和 ICMP 协议收集的系统/事件，提供日常可操作的问题。

（3）Open NMS[32]是一个开源企业网络管理平台，从单个实例扩展到数千个托管节点，以提供服务可用性管理、性能数据收集、事件管理和重复删除、灵活的通知。

（4）GNet Watch[33]是一个提供实时服务的开源 Java 应用程序，使用流量生成器和 SNMP 探针对网络性能进行图形监控和分析。它可以监视变化的事件，如吞吐量，另外，每秒用户可以看到一个动态图形窗口。

（5）地面工作（Ground Work）[34]结合了几个开源项目，如 Nagios[35]、Nmap、Sendpage 和 My SQL，在一个软件包中具有自定义仪表板，用于监视 Linux、Unix 和 Windows 平台或设备。

（6）Nagios[35]是一种强大的网络监控工具，提供警报，关键系统、应用程序和服务的事件处理和报告。Nagios 核心包含核心监控引擎和基本的 Web UI。在 Nagios 核心之上，可以使用或可以实现插件来监视服务、应用程序和性能度量，以及用于数据可视化、图表、负载分布和 MySQL 数据库支持的插件。

除了上述用于一般流量监测和分析的工具外，许多其他工具还专门设计用于网络安全分析，使用基于知识或基于签名的简能决策支持系统（IDSS）或基于行为的异常检测技术[36]。前一种方法主要使用已知漏洞和入侵的签名来识别攻击流量或活动[37]，而后一种方法主要[38]将当前活动与预定义的正常行为模型进行比较，并将异常标记为异常。

例如，文献[39]介绍了一种有效的异常检测方法来识别集中式僵尸网络命令和控制（C&C）通道，基于它们的时空相关性。宾克利、辛格[40]、戈贝尔和霍尔茨[41]将互联网中继聊天（IRC）网格检测组件与 TCP 扫描检测启发式结合起来。戈贝尔和霍尔兹[41]依靠 IRC 昵称匹配来识别异常。Karasaridis、Rexroad 和 Hoeflin[42]通过流聚集和特征分析来检测僵尸网络控制器。Livadas 等人[43]、Strayer 等人[44]和 Porras、Saidi 和 Yegneswaran[45]利用监督机器学习对网络数据包进行分类，以识别基于 IRC 的僵尸网络的 C&C 通信量。Porras 等[45]试图通过构建其对话生命周期模型和识别与此模型匹配的流量来检测 Stormbot。机器人矿工系统根据恶意软件活动模式和 C&C 模式[46]对恶意软件进行分类。TAMD 通过找到共享共同和不寻常网络通信的主机来检测受感染的主机。Bailey 等[48]使用包级检查，这取决于基于网络的信息，用于与协议和结构无关的僵尸网络检测。

机器学习方法也被开发用于网络安全分析[43,49]。例如，贝叶斯网络分类器用于区分非 IRC 流量、僵尸网络 IRC 流量和非 Botnet IRC 流量[43]。Gianvecchio 等[49]使用熵分类器和机器学习分类器来检测聊天机器人。还开发了统计交通异常检测技术来识别类似僵尸网络的活动。例如，exPose 系统使用统计规则挖掘技术来提取重要的通信模式，并识别时间相关的流，如蠕虫[50]。阈值随机游走使用假设检验来识别端口扫描仪和互联网蠕虫[51]。

2.2.2.5 传统技术的局限性

请注意，从现有的网络测量或监控工具中获得的当前性能可见性只是当今网络中应该存在的一小部分。虽然有许多来自不同供应商的网络监测和分析工具试图解决这一需求，但现有工具有以下局限性：

（1）它们大多数提供基本的网络性能监控和简单的分析，例如带宽使用、网络吞吐量和流量类别，并使复杂的网络问题保持开放或不变。

（2）通常与一种特定类型的网络测量工具/数据集相关联。例如，SolarWinds NetFlow 流量分析器从 NetFlow 获取输入并执行基于 NetFlow 的流量分析。很少有人支持用多种来源和类型的测量数据集成来实现更好和更高水平的数据分析。

（3）虽然目前的工具和服务能够识别一些存在的故障和异常或者攻击，详细了解和确定故障/异常/攻击的根本原因仍然是一个悬而未决的问题。

（4）实时生成大量的网络数据，但由于缺乏自动化检测和分析工具，只有一小部分收集到的数据（约 5%）被检查或分析。

这些关键问题损害了网络运营商准确、快速地了解网络状态和有效维护网络的能力，导致成本增加，网络运营效率降低。此外，对于大规模的企业网络，传统的安全分析机制是无效的。例如，由于缺乏及时处理大量数据的有效方法，它们无法有效地检测分布式攻击（如分布式拒绝服务）、高级持久威胁（APT）、恶意软件（如蠕虫、僵尸网络）或零天攻击。

2.3 应用大数据分析进行网络取证

大多数传统系统部署在单一服务器上，这是不可伸缩的。主要问题是它不能满足用户在处理能力和数据存储方面极高的需求。例如，根据 2011 年的一份报告[52]，谷歌正在运行的服务器大约有 90 万台，根本没有单一的服务器解决方案可以存储和分析从中收集的网络数据。即使在中型企业中，随着计算设备成本的降低，网络通常也有数百个节点。

除了可伸缩性外，使大数据解决方案可行的原因还有很多，如高可用性、可靠性、抗故障等。对于单一的服务器解决方案，它本质上有一个单点故障。在维护、故障或更新过程中，将中断服务。通过在 HPC（分布式）环境中开发和部署系统，可以解决处理大型数据集的可用性和能力。然而，这种解决方案不具有成本效益（由于高资本性支出 CAPEX）和可扩展性。大数据解决方案本质上是部署在云环境中的分布式服务或系统。由于云中的虚拟化和分布式技术，上述问题可以得到解决，但也有代价。第一，由于基于大数据的解决方案对大多数现有用户来说是新的，他们需要时间来学习、适应和使用这些新工具。此外，大数据还处于早期和快速发展阶段，有大量的软件工具可用。对于用户来说，确定哪些工具最适合他们的情况或需求是非常具有挑战性的。第二，有了大数据，人们需要更多的资源来存储和处理它。数据不能再像传统情况那样由单一服务器来容纳。通常，当提到大数据时，它意味着一个分布式系统，它提出了自己的挑战，如同步、容错、命名、数据局部性等。

2.3.1 可用的大数据软件工具

大数据分析很重要，因为它提供了前所未有的机会来理解商业，以及推进科学发现和研究。在我们的上文（网络取证）中，系统可以学习或分析丰富的历史数据集，并试图防止类似的未来攻击，在实时中提高可靠的警报（低假阳性和假阴性）。大型网络数据集还可以使管理员能够查找/分析故障的根本原因。一般来说，有许多可用的软件工具（而不是网络法医分析）来处理从编程模型到资源管理器到编程框架和应用程序的大数据。这些软件和类别的一些例子如下。

2.3.1.1 编 程模型：地图减少（MapReduce）[53]

MapReduce 是一种编程模型和相关的实现，用于在集群上处理和生成具有并行分布式算法的大型数据集。MapReduce 程序由 Map 和 Reduce 方法组成。Map 方法执行过滤和排序，Reduce 方法执行摘要操作。MapReduce 系统通过编组分布式服务器、并行运行各种任务、管理系统各部分之间的所有通信和数据传输以及提供冗余和容错来协调处理。MapReduce 库已经用许多编程语言编写，具有不同的优化级别。支持分布式洗牌的流行开源实现是 Apache Hadoop 的一部分。

2.3.1.2 计算引擎：Spark[54]，Hadoop[55]

Apache Spark 是一个基于速度、易用性和复杂分析的开源大数据处理框架。与 Hadoop 和 Storm 等其他大数据和 MapReduce 技术相比，Spark 具有多个优势。例如，它提供了一个全面、统一的框架来管理各种数据集和数据源的大数据处理需求。Spark 使 Hadoop 集群中的应用程序在内存中的运行速度达到 100 倍，即使在磁盘上运行也快 10 倍。Spark 允许用户快速编写 Java、Scala 或 Python 中的应用程序。

Apache Hadoop[55]是一种开源软件框架，用于分布式存储和处理非常大的数据集。它由商品硬件构建的计算机集群组成。Hadoop 中的所有模块的设计都有一个基本假设，即硬件故障是常见的情况，应该由框架自动处理。Hadoop 的核心由存储部分组成，称为 Hadoop 分布式文件系统（HDFS）和 MapReduce 处理部分。Hadoop 将文件分成大块并分发它们跨越集群中的节点。然后，它将打包的代码传输到节点中，并行处理数据。这种方法利用了数据的局部性，并允许比传统的超级计算机体系结构更快、更有效地处理数据集。

2.3.1.3 资源管理器：Yarn[56]，Mesos[57]

Apache Hadoop Yarn 是一种集群管理技术。Yarn 是 Apache 软件基金会开源分布式处理框架的第二代 Hadoop2 版本的关键特性之一。最初由 Apache 描述为重新设计的资源管理器，Yarn 现在被描述为用于大数据应用的大规模分布式操作系统。

Apache Mesos[57]是一种开源的集群管理器，其开发目的是提供跨分布式应用程序或框架的高效资源隔离和共享。它允许以细粒度的方式共享资源，提高了集群的利用率。几家大型软件公司采用了 Mesos，包括 Twitter、Airbnb 和苹果。

2.3.1.4 流处理：Storm[58]，Spark Streamin[54]，ApacheFlink[59]，Beam[60]

Storm 是一个分布式流处理计算框架。它使用自定义的“喷口”和“螺栓”来定义信息源和操作，以允许批量、分布式地处理流数据[58]。风暴应用程序设计为一个“拓扑”形状的有向无环图（DAG），喷口和螺栓作为图顶点。图上的边缘被命名为流和从一个节点到另一个节点的直接数据。此拓扑作为数据转换管道。

Spark Streamin[54]利用 SparkCore 的快速调度能力来执行流分析。它在小批次中摄取数据，并在这些小批次数据上执行弹性分布式数据集（RDD）转换。这种设计使为批处理分析编写的应用程序代码能用于流分析，从而方便了 lambda 体系结构的实现。

Apache Flink[59]是一个社区驱动的分布式大数据分析开源框架，如 Hadoop 和 Spark。Flink 的核心是用 Java 和 Scala 编写的分布式流数据流引擎。它旨在弥合在 MapReduce 类系统和共享无并行数据库系统之间的差距。

ApacheBeam[60]是一种开源的统一编程模型，用于定义和执行数据处理管道，包括数据仓库技术（ETL）、批处理和流（连续）处理。波束管道是使用提供的软件开发包（SDK）之一定义的，并在 Beam 支持的跑步者（分布式处理后端）中执行，包括 ApacheFlink、ApacheSpark 和 GoogleCloudDataflow。

2.3.1.5 实时内存处理：Apache Ignite[61]，Hazelcast[62]

Apache Ignite 是一个高性能、集成和分布式的内存中平台，用于实时计算和在大规模数据集上进行处理，比传统的基于磁盘或基于闪存的技术[61]要快几个数量级。除了 Spark 和 Hadoop 之外，Ignite 还集成了多种其他技术和产品。它的目的是简化应用程序或服务中使用的 Apache Ignite 和其他技术的耦合，以便顺利地向 Apache Ignite 进行转换，或者通过将 Ignite 插入其中来促进现有的解决方案。

Hazelcast[62]是一种基于 Java 的开源内存数据网格。在 Hazelcast 网格中，数据均匀地分布在计算机集群的节点之间，允许横向缩放处理和利用存储。备份也分布在节点之间，以防止任何单个节点的故障。Hazelcast 通过在内存中访问频繁使用的数据和跨越弹性可伸缩的数据网格，提供了应用程序的中心、可预测的缩放。这些技术减少了数据库的查询负载，提高了速度。

2.3.1.6 快速 SQL 分析（OLAP）：Apache Drill[63]，Kylin[64]

Apache Drill 是一个开源软件框架，它支持数据密集型分布式应用程序，用于大型数据集[63]的交互分析。Drill 能够扩展到 10000 台或更多的服务器，并且能够在几秒内处理千兆字节的数据和万亿次记录。Drill 支持各种 NoSQL 数据库和文件系统，如 HBase、MongoDB、HDFS、MapR-FS 和本地文件。单个查询可以连接来自多个数据存储的数据。Drill 的数据存储感知优化器自动重新构造查询计划，以利用数据存储的内部处理能力。此外，Drill 支持数据局部性，因此在同一节点上对 Drill 和数据存储进行共定位是一个好主意。

ApacheKylin[64]是一个开源的分布式分析引擎，旨在提供支持超大数据集的 Hadoop 上的 SQL 接口和多维分析（OLAP）。ApacheKylin 最初由 eBay 开发，现在是 Apache 软件基金会的一个项目。

2.3.1.7 NOSQL（非关系）数据库：HBase[65]，Accumulo[66]，MongoDB[67]，Cassandra[68]，Voldmort[69]

HBase 是一个开源的、非关系的分布式数据库，以谷歌的 BigTable[65]为模型。

提供了一种存储大量稀疏数据的容错方式。HBase 具有压缩、内存操作和 Bloom 过滤器的每列特性。HBase 是一个面向列的键值数据存储拥有 Hadoop 和 HDFS 功能而广泛应用。HBase 运行在 HDFS 之上，非常适合在高吞吐量和低输入/输出延迟的大型数据集上进行更快的读写操作。

Apache Accumulo[66]是一个计算机软件项目，它基于大表技术开发了一个排序的、分布式的密钥/值存储。它是一个建立在 Apache Hadoop、Apache Zoo Keeper 和 Apache Thrift 之上的系统。用 Java 编写的，累加器具有单元级访问标签和服务器端编程机制。根据 DB-Engines 的排名，Accumulo 是最受欢迎的 NoSQL 宽列存储之一，如 ApacheCassandra 和 Hbase。

MongoDB[67]是一个免费的开源跨平台文档导向数据库程序。MongoDB 被归类为 NoSQL 数据库程序，它使用具有模式的 JSON 类文档。MongoDB 由 MongoDB，Inc.开发，是免费和开源的，根据 GNU Affero 通用公共许可证和 Apache 许可证的组合发布。Apache Cassandra[68]是一个免费的开源分布式数据库管理系统，旨在处理许多商品服务器上的大量数据，提供高可用性，没有单点故障。

Cassandra 为跨越多个数据中心的集群提供了强大的支持，异步无主复制允许所有客户端的低延迟操作。卡桑德拉对性能具有很高的价值，并且可以高写入和读取延迟的价格实现最大节点数量的最高吞吐量。

Voldemort[69]是一个分布式数据存储，被设计为一个键值存储，由 Linked In 用于高可伸缩性存储。它既不是对象数据库，也不是关系数据库，也不满足任意关系和原子性、一致性、隔离性和耐久性（ACID）属性，是一个大的、分布式的、容错的、持久的哈希表。与 Voldemort，Cassandra 和 Hbase 相比，Voldemort 具有最低的延迟。

2.3.1.8 NoSQL 查询引擎：Pheonix[70]，Pig[71]

ApachePhoenix 是一个开源的、大规模并行的关系型数据库引擎，支持使用 ApacheHBase 作为支持存储[70]的 Hadoop 的 OLTP，它提供了一个 Java 数据库链接（JDBC）驱动程序，隐藏了 NoSQL 存储的复杂性，使用户能够创建、删除和更改 SQL 表、视图、索引和序列；单独和批量插入和删除行；以及通过 SQL 查询数据。Phoenix 将查询和其他语句编译成本机 NoSQL 存储 API，而不是使用 Map Reduce 在 NoSQL 存储之上启用低延迟应用程序的构建。

Apache Pig[71]是一个创建运行在 Apache Hadoop 上的程序的高级平台。这个平台的语言称为 Pig-Latin。Pig 可以在 Map Reduce、Apache Tez 或 Apach Spark 中执行 Hadoop 作业。将 Java MapReduce 习惯用法中的编程转换为一种符号，该符号使 MapReduce 编程具有很高的水准，类似于 RDBMS 的 SQL。Pig Latin 可以使用用户定义的函数（UDF）进行扩展，用户可以使用 Java，Python，JavaScript，Ruby 或 Groovy 编写这些函数，然后直接从该语言进行调用。

2.3.2 设计注意事项

在本节中，我们提供有关如何选择适合特定用户需求的大数据软件工具的想法，或者在用户要设计新系统时应考虑的内容。在开发有益的应用程序之前，大数据采用者必须做出许多决定和选择。选择开源或专有解决方案是一个很受欢迎的示例决策。在开源情况下，优点是它是免费的，并且可以通过直接修改源代码来轻松地适应特定于用户的情况。缺点是开放源代码软件通常缺乏支持并且没有充分的文档记录。在专有情况下，尽管软件得到了很好的支持，但用户可能会担心成本和供应商锁定。

另一个重要的考虑因素是采用新的相关技术的高门槛。例如，系统架构师必须了解许多可用的技术，它们之间的关键差异（针对哪种情况设计或使用了哪些工具），并不断对其进行更新，以便为设计其软件的体系结构做出正确的决定。另外，许多工具使用的不是很流行的语言，例如 Scala（Spark）和 Clojure（Storm），使代码修改更具挑战性。

为了阐明这一决策过程，我们将根据当前的流行程度比较顶级特定 NoSQL 数据库和大数据计算框架的特征，并推导决策图以指导选择要使用的数据库/计算框架。选择这两个类别（数据库和计算）来指导设计，因为它们几乎是任何基于大数据的解决方案的关键组成部分。

2.3.2.1 NoSQL 数据库

1. HBase/Accumulo

HBase 和 Accumulo 都是面向列的数据库和基于模式的数据库[72,73]。它们共享相似的体系结构，并且最适合处理多个行查询和行扫描。HBase 和 Accumulo 支持范围查询，因此，如果基于范围查询信息（如查找特定价格范围内的所有商品），这些数据库可能会帮助解决问题。此外，Accumulo 和 HBase 建立在 HDFS 之上，因此它们可以本地集成到现有的 Hadoop 集群中。

Accumulo 具有比 MongoDB 甚至 HBase 和 Cassandra[74]更高的可伸缩性。它是唯一具有单元级安全性功能的 NoSQL 数据库，该数据库允许用户根据行查看不同的值。Accumulo 还具有另一个称为 Iterator 的独特功能，这是一种流行的服务器端编程机制，可实现各种实时聚合和分析。

2. Cassandra

Cassandra 是另一个面向列的数据库，始终优于流行的 NoSQL 替代方案[75,76]。但是，只有在数据库设计阶段预先明确知道查询数据的方式时，才能实现高性能。经过适当设计，就写入操作的性能而言，Cassandra 可能是最快的数据库，因为它是经过精心设计有效地存储磁盘上的数据。因此，对于大量写入的数据库而言，这将是正确的选择。例如，可以使用 Cassandra 来存储日志数据，因为它具有大量的写入操作。

如果数据对于 MongoDB 来说太大，则 Cassandra 可能是一个很好的选择。除了性能之外，它还可以支持多数据中心复制，从而使系统能够在区域性故障中幸免。尽管最初并不是为在 Hadoop 集群上本地运行而设计的，但 Cassandra 最近已与 MapReduce，Pig 和 Hive 集成在一起。只是它没有细粒度的安全控制。

3. MongoDB

MongoDB 与以前的数据库不同，因为它是面向文档的。当要存储的数据字段在不同元素之间变化时，面向关系列的数据库可能不是最佳选择，因为会有很多空列。尽管有很多空列不一定很坏，但是 MongoDB 提供了一种仅存储文档必需字段的方法。例如，该设计将适合访谈/问卷数据，其中根据当前问题的答案（如男性/女性），可能需要填写某些字段（怀孕）或应询问哪些后续问题。

MongoDB 是一种很好的易于使用的文档存储，由于其无模式功能（像其他 NoSQL 数据库一样），因此被广泛选择用作 SQL 数据库的替代候选对象。但是，它不能扩展到非常大的数据集（大约超过 100 TB），不能与 Hadoop 群集一起使用，并且最近才具有细粒度的安全控件[73,77]。

图 2.2 所示的决策图总结了 MongoDB、Cassandra、HBase 和 Acumulo 之间的特征差异。值得注意的是，我们所说的“数据不太大”是指数据集的大小小于 100 TB。

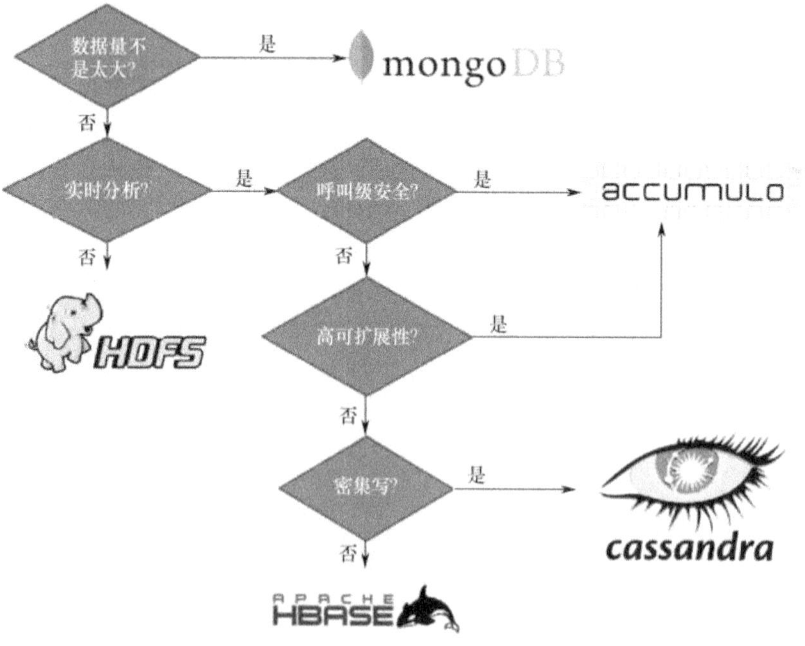

图 2.2　大数据存储决策图

2.3.2.2 计算框架

与 NoSQL 数据库不同，大数据计算框架没有太多选择。基本上，大数据处理有批处理和实时处理两种类型。

1. 批处理

批处理通常会处理非常大的，有界的（有限的数据集合）和持久的（存储在永久性存储中）数据集。计算完成后（通常在一段时间后）返回结果。批处理适用于需要访问整个记录集的应用程序。数据集的状态应在计算期间保持不变。批处理系统还非常适合需要大量数据的任务，因为它们在开发时就考虑到了数量庞大的问题。因此，它们经常与持久性历史数据一起使用。

在处理超大型数据集的能力上的权衡是较长的计算时间，这使得批处理不适用于需要快速响应的应用程序。

2. 流处理

流处理系统通常处理“无界”数据集。数据总量未知且不受限制。与批处理范例不同的是，每个单独的数据项在进入系统时都会执行而不是作为一个整体进行处理。处理通常是基于事件的，并且一直运行直到明确停止为止。由于数据大小通常很小，因此在新数据到达后不久应可得到结果。流处理系统一次仅执行一个（严格流处理）或很少（微批处理）数据项，并且在两次计算之间保持很少或没有状态。

流处理模型非常适合于近实时分析，服务器或应用程序错误日志记录以及其他基于时间的指标，在这些指标中，对更改或峰值做出响应至关重要。它也非常适合需要关注随时间变化趋势的数据。带有 MapReduce 的 Hadoop 被视为批处理计算框架。它适用于大型数据集的后端处理（数据挖掘，数据仓库）。Apache Storm 或 Samza 属于实时处理类别。可以将 Apache Spark[54]或 Flink 视为混合类型，因为它们可以通过微批量处理来模仿实时处理。图 2.3 显示了大数据计算框架的决策图。

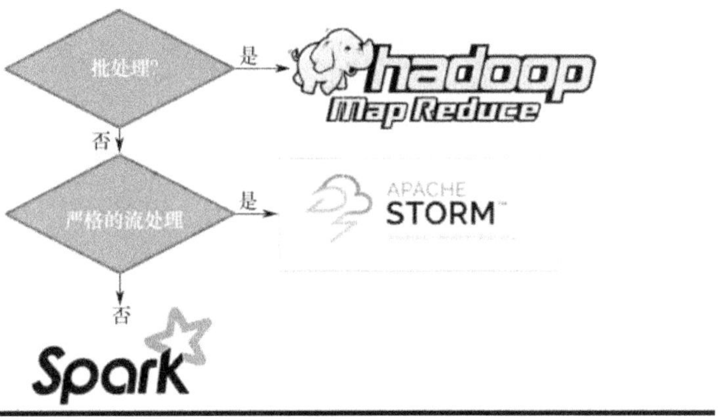

图 2.3 大数据计算框架的决策图

2.3.3 基于最新大数据的网络分析解决方案

2.3.3.1 Cisco OpenSOC[78,79]

OpenSOC 是一个开源开发项目，致力于提供可扩展和可扩展的高级安全分析工具。它提供了一个大数据安全分析框架，旨在使用和监视网络数据中心的流量和机器排气数据。OpenSOC 被设计为可扩展的，并且可以大规模地工作。该框架提供以下功能：

（1）任何遥测数据流扩展充实框架；

（2）以异常检测和现实规则为基础的实时警报任何遥测数据流；

（3）Hadoop 支持的遥测流存储，保留时间可自定义；

（4）Elastic 由 Elasticsearch 支持的遥测流的自动实时索引；

（5）遥测相关性和 SQL 查询功能，用于 Hive 支持的 Hadoop 中存储的数据；

（6）ODBC/JDBC 兼容性以及与现有分析工具的集成。

OpenSOC 旨在进行扩展以每秒消耗数百万条消息，对其进行充实，通过异常检测算法运行它们并发出实时警报。如图 2.4 所示，OpenSOC 集成了 Hadoop 生态系统的许多元素，例如 Storm，Kafka 和 E lasticsearch。OpenSOC 提供了一个可扩展的平台，其中包含诸如完整数据包捕获索引、存储、数据充实、流处理、批处理、实时搜索和遥测聚合之类的功能。

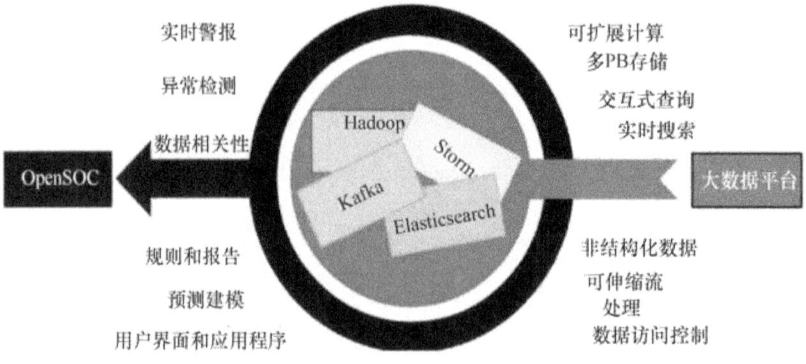

图 2.4 OpenSOC 功能（摘自 http://www.slideshare.net/JamesSirota/cisco-opensoc）

2.3.3.2 Sqrrl 企业[80]

Sqrrl 企业由 Sqrrl Data，Inc.开发，旨在提供一种用于检测和响应高级网络威胁的安全分析解决方案。它使组织能够通过自动发现数据中的隐藏连接离子来查明异常事件并对其做出反应。它还为分析师提供了一种直观地研究这些联系的方式，以便他们可以了解周围的环境并采取行动。

Sqrrl 基于大数据技术构建包括 Hadoop、链接分析、机器学习、以数据为中心的安全性和高级可视化。

Sqrrl 的构建是为了简化狩猎体验，它是一个功能强大的威胁狩猎平台。图 2.5 显示了 Sqrrl 的威胁搜寻循环。安全分析师具有可能要猎取的领域知识，但没有直接操作和过滤大数据的高级数据科学技能集。理解大数据并非易事，因此高级分析技术至关重要。Sqrrl 会摄取大量不同的数据集，并通过功能强大的链接数据分析技术来动态地可视化该数据，这使在上下文中直观地探索数据成为可能。作为最佳的狩猎平台，Sqrrl 使猎人能够过滤和优先处理大数据，同时迭代地询问数据问题并阐明数据中的关系。Sqrrl 提供可伸缩性，可视化和分析功能，可帮助分析师通过更高级的搜索技术来跟踪高级威胁，从而将数据收集器转变为数据搜索器。使用 Sqrrl，用户可以检测并响应高级数据泄露，内部威胁和其他难以检测的攻击。

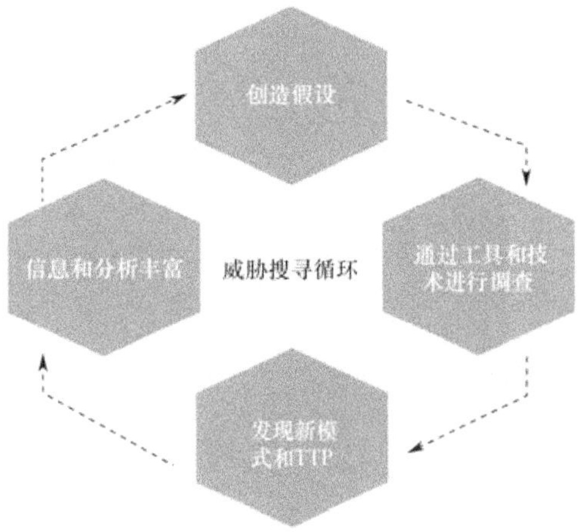

图 2.5　Sqrrl 网络威胁搜寻过程。

在 Sqrrl 中，狩猎是一个循环进行的迭代过程，不断寻找隐藏在庞大数据集中的对手[80]，并从假设开始。Sqrrl 的威胁搜寻框架定义了三种类型的假设。

（1）情报驱动：根据威胁情报报告、威胁情报源、恶意软件分析和漏洞扫描创建。

（2）情景意识驱动：皇冠上的珠宝分析是企业风险评估、公司或员工级别的趋势。

（3）分析驱动：机器学习以及用户和实体行为分析，用于制定汇总的风险评分，这些评分也可以用作狩猎假设。

狩猎旅行的结果将被存储并用于丰富自动检测系统和分析，形成未来狩猎的基础。对于大数据分析，企业需要存储尽可能多的数据，例如流数据、代理日志、主机身份验证尝试、IDS 警报甚至非安全性信息。为了理解大数据，先进的分析技术至关重要。Sqrrl 可以摄取大量不同的数据集，并通过功能强大的链接数据分析功能动态地可视化该数据，从而使在上下文中直观地探索数据成为可能。

2.4 实践分析

在本节中将介绍名为 Cerberus 的构建基于大数据的网络取证解决方案的经验。Cerberus 旨在帮助网络运营商和安全分析师更好地了解网络，并以更少的时间和精力更快地发现问题和威胁。它将网络数据作为来自各种数据收集器（部署在不同网络级别）的输入，解释网络性能和状态，进行分析以检测和识别潜在的网络安全问题（例如攻击、异常、本地化、原因），并提出通过图形界面将分析结果提供给网络运营商。它支持数据的实时处理和批处理，并处理对历史数据和近实时检测统计的查询。

2.4.1 软件架构

Cerberus 的软件架构包括大数据存储、批处理和流处理、Web 服务、消息传递、可视化以及用户界面/分析仪表板，如图 2.6 所示。

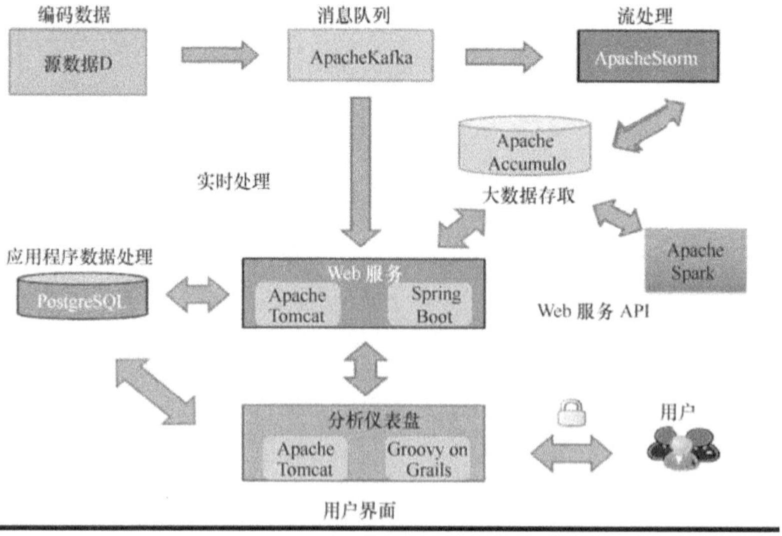

图 2.6　基于云的解决方案的说明性软件架构

（1）Message Queue：Message Queue 负责将网络数据有效地传输到基于云的处理引擎中。

（2）流处理：流处理引擎用于预处理数据（即转换数据格式并将数据转储回数据库）或执行复杂的流处理（如事件检测或某些实时处理）。

（3）大数据数据库/存储：数据库或数据存储用于保存预处理的数据。

（4）Web 服务 API：Web 服务 API 负责与后端系统进行交互并向仪表板提供数据。

（5）应用程序数据的数据库/存储：用户界面使用数据库存储来存储 Web 前端应用程序所需的系统数据。

（6）用户界面：提供用户界面以支持用户友好的分析数据可视化。

如前所述，我们需要为此类系统做出许多决策和选择。对于每个组件，都选择了特定的支持工具来满足设计考虑和要求：

（1）消息队列：选择 Apache Kafka[81]支持消息队列。Apache Kafka 是一个分布式消息传递系统，它支持高吞吐量并执行自动负载平衡。

（2）流处理：Apache Storm[58]和 Spark[54]均用于为系统提供分布式流处理引擎（即框架）。

（3）大数据数据库/存储：Apache Accumulo[66]被用作后端数据库。Apache Accumulo 是在 Hadoop 和 Hadoop 分布式文件系统（HDFS）上实现的分布式数据库管理系统。Apache Accumulo 支持基于表的数据库，并提供对表的查询接口。

（4）Web 服务 API：Spring Boot[82]用于 Apache Tomcat 7[83]，为支持的分析数据提供接口。Spring Boot 是一种使 Spring 框架应用程序以更少的配置更快启动的方法。它提供对用户所需功能和组件的访问，而不需要额外的配置。Spring 框架拥有大量用户社区，有许多支持途径，适合使用 Accumulo 进行实时应用的需求。

（5）应用数据库/存储：提供界面设计（UI）功能的 Web 应用程序框架需要一个 SQL 数据存储以用于其运行时处理。PostgreSQL 用于解决此需求[84]。

（6）用户界面：名为 Grails[85]的 Web 应用程序框架用于用户界面，也称为“Analytics Dashboard”。

2.4.2 服务组件

2.4.2.1 数据处理使用 Accumulo

Accumulo 为第三方开发额外的数据处理算法提供了一套灵活的处理算法。将 Accumulo 与 Hadoop[55]或其他分布式处理框架相结合，可以进一步扩展 Accumulo 为处理复杂的数据的处理算法。在此体系结构中，所有持久性数据（包括网络数据）都存储在 Accumulo 中。因此，Accumulo 在我们的系统设计和实施中起着关键作用。具体来说，由于我们设计了系统以使大多数分析都将在服务器端运行以支持瘦客户端，因此我们在 Accumulo 中开发了许多实用程序“迭代器”来查询数据并提高分析性能。表的行 ID 经过精心设计，以便数据在 Accumulo 主机之间均匀分布。这将利用聚合带宽和并行性来提高查询性能。

2.4.2.2 使用 Kafka 的日志服务（消息系统）

Kafka 提交日志服务是分布式的、分区的、重复的。它提供消息传递系统的功能，但它具有独特的设计。Kafka 为“主题类别”维护消息馈送。将消息发布到 Kafka 主题的过程是生产者。订阅主题并处理已发布消息的提要的过程是使用者。因此，从总体维度来看，生产者通过网络向 Kafka 集群发送消息，然后将其提供给消费。Kafka 在我们的系统中简单地用作传感器（生产者）和数据处理及分析（消费者）之间的缓冲区。排队系统通常用于平衡数据处理能力和数据生成速率。

2.4.2.3 使用 Storm 进行流处理

Storm 只是一个实时处理引擎。它的用户需要创建作业/拓扑并将其提交给 Storm 框架以执行。Storm 拓扑类似于 MapReduce 批处理作业。不同之处在于，MapReduce 批处理作业最终将完成，而 Storm 拓扑将永远运行。在这个说明性的系统中，我们的团队开发了 Storm 拓扑（由 Kafka 喷口和 Accumulo 螺栓组成），以处理来自 Kafka 的数据，然后将其输入 Accumulo 中。具体来说，我们的 Storm 拓扑可以检测实时异常并针对不同类型的网络事件和攻击生成警报。它还可以连接到其他数据输入，例如 IDS、OpenVAS、http 日志，以获取尽可能多的信息以馈送相关引擎来检测各种网络威胁和攻击。

2.4.3 键功能

Cerberus 的主要功能包括：

（1）集成多个数据源，以更好地实时了解网络情况。Cerberus 支持在网络中的选定点跨不同类型的数据进行集成，例如来自网络监视工具（如 NetFlow，sFlow）的测量数据，安全警报和来自现有 IDS 的日志（如 Snort），http / DNS 在关键服务器上的日志，SIEM 数据和网络配置上的数据。

（2）针对复杂的网络问题：Cerberus 不仅可以识别故障，而且还可以查明故障的根本原因。为了支持这一点，它应用了基于可伸缩图的根本原因分析，其计算复杂度与故障和症状总数大致呈线性关系，因此可实现更好的可伸缩性和计算效率。

（3）检测隐身和复杂的攻击：Cerberus 能够检测来自不同数据源的各种类型的安全事件，并将它们关联起来，以识别和理解更多隐身和复杂的攻击。

（4）大数据处理：它使用最先进的大数据技术来实现可扩展的数据存储和处理，包括 Kafka、Storm、Spark、Accumulo、Spring Boot、SQL 或 noSQL 和 Grails。

2.5 小　结

本章概述了如何将大数据技术应用于网络取证，因为网络取证在当今的企业网络监视、管理和安全分析中起着关键作用。大数据分析显示了从大量数据中挖掘重要见解的希望，因此吸引了研究人员和网络分析师的关注。在本章中，我们简要介绍了网络取证、术语和过程、当前解决方案及其局限性。我们还讨论了如何将大数据分析应用于网络取证，并分享了我们在构建基于大数据的网络取证解决方案方面的经验。

参考文献

1. Computer and Digital Forensics Blog, Cyber Security and Digital Forensics: Two Sides of the Same Coin. http://computerforensicsblog.champlain.edu/2014/10/22/cyber-security-digital-forensics-two-sides-coin/ (visited October 10, 2016).
2. G. Kessler. Online Education in Computer and Digital Forensics, Proceedings of the 40th Hawaii International Conference on System Sciences, 2007.
3. G. M. Mohay. *Computer and Intrusion Forensics*, Artech House Inc, Boston, 2003.
4. G. Palmer. A Road Map for Digital Forensic Research, Report from DFRWS 2001, First Digital Forensic Research Workshop, Utica, NY, August 7–8, 2001, pp. 27–30.
5. T. Grance, S. Chevalier, K. Kent, and H. Dang. Guide to Computer and Network Data Analysis: Applying Forensic Techniques to Incident Response, NIST Special Publication 800-86, 2005.
6. K. Sisaat and D. Miyamoto. Source Address Validation Support for Network Forensics, Proceedings of the 1st Joint Workshop on Information Security, Sept. 2006.
7. Network Security and Cyber Security—What Is the Difference. https://www.ecpi.edu/blog/whats-difference-between-network-security-cyber-security.
8. http://searchsecurity.techtarget.com/definition/network-forensics.
9. S. Davidoff and J. Ham. *Network Forensics: Tracking Hackers Through Cyberspace*, Pearson Education, Inc. Prentice Hall, NJ, ISBN 9780132564717, 2012.
10. opensecuritytraining.info/NetworkForensics_files/NetworkForensics.pptx.
11. sFlow, Traffic Monitoring using sFlow, http://www.sflow.org/, 2003.
12. SNMP, https://en.wikipedia.org/wiki/Simple_Network_Management_Protocol.
13. Snoop, http://docs.sun.com/app/docs/doc/816-5166/6mbb1kqh9?a=view.
14. Tcpdump, http://www.tcpdump.org/.
15. Wireshark, http://www.wireshark.org/.
16. Log File, http://www.remosoftware.com/glossary/log-file.
17. Intrusion Detection System, https://en.wikipedia.org/wiki/Intrusion_detection_system.
18. tcpdump2ASCII, http://www.Linux.org/apps/AppId_2072.html.
19. tcpshow, Network Security Tools, http://www.tcpshow.org/.
20. tcptrace, http://jarok.cs.ohiou.edu/software/tcptrace/tcptrace.html.

21. tshark, https://www.wireshark.org/docs/man-pages/tshark.html.
22. RSA NetWitness suite, https://www.rsa.com/en-us/products/threat-detection-and-response.
23. Cisco IOS® NetFlow, http://www.cisco.com/go/netflow.
24. Cisco NetFlow Analyzer, http://www.cisco.com/c/en/us/products/ios-nx-os-software/ios-netflow/networking_solutions_products_genericcontent0900aecd805ff728.html.
25. Ntop, http://www.ntop.org/.
26. SolarWinds NetFlow Traffic Analyzer, http://www.solarwinds.com/netflow-traffic-analyzer.
27. M. Krishnamurthy et al., Introducing Intrusion Detection and Snort. In: *How to Cheat at Securing Linux*. Burlington, MA: Syngress Publishing, Inc., 2008.
28. Bro, https://en.wikipedia.org/wiki/Bro_(software).
29. OSSEC, https://en.wikipedia.org/wiki/OSSEC.
30. Orion NPM, http://www.solarwinds.com/products/orion/.
31. Netcordia NetMRI, http://www.netcordia.com/products/index.asp.
32. OpenNMS, http://www.opennms.org/.
33. GNetWatch, http://gnetwatch.sourceforge.net/.
34. GroundWork, http://www.groundworkopensource.com/.
35. Nagios, IT Infrastructure Monitoring, https://www.nagios.org/.
36. H. Debar. An Introduction to Intrusion Detection Systems. *Proc. of Connect*, 2000.
37. M. Roesch. The SNORT Network Intrusion Detection System. http://www.snort org.
38. H. Javitz and A. Valdes. The SRI IDES Statistical Anomaly Detector. *Proc. of IEEE Symposium on Research in Security and Privacy*, 1991.
39. G. Gu, J. Zhang, and W. Lee. Botsniffer: Detecting Botnet Command and Control Channels in Network Traffic. *Proc. of NDSS'08*, 2008.
40. J. R. Binkley and S. Singh. An Algorithm for Anomaly-Based Botnet Detection. *Proc. of USENIX SRUTI Workshop*, pp. 43–48, 2006.
41. J. Goebel and T. Holz. Rishi: Identify Bot Contaminated Hosts by IRC Nickname Evaluation. In: *Hot Topics in Understanding Botnets (HotBots)*, Cambridge, MA, 2007.
42. A. Karasaridis, B. Rexroad, and D. Hoeflin. Wide-Scale Botnet Detection and Characterization. *Proc. of the 1st Conference on First Workshop on Hot Topics in Understanding Botnets*, 2007.
43. C. Livadas, R. Walsh, D. Lapsley, and W. T. Strayer. Using Machine Learning Techniques to Identify Botnet Traffic. *2nd IEEE LCN WoNS*, 2006.
44. W. T. Strayer, R. Walsh, C. Livadas, and D. Lapsley. Detecting Botnets with Tight Command and Control. *Proc. of the 31st IEEE Conference on LCN06*, 2006.
45. P. Porras, H. Saidi, and V. Yegneswaran. A Multi-Perspective Analysis of the Storm (Peacomm) Worm. Computer Science Laboratory, SRI International, Tech. Rep., 2007.
46. G. Gu, R. Perdisci, J. Zhang, and W. Lee. Botminer: Clustering Analysis of Network Traffic for Protocol- and Structure-Independent Botnet Detection. *Proc. of the 17th USENIX Security Symposium*, 2008.
47. T. F. Yen and M. K. Reiter. Traffic Aggregation for Malware Detection. In: Zamboni D. (eds) *Detection of Intrusions and Malware, and Vulnerability Assessment. (DIMVA)*. Lecture Notes in Computer Science, vol 5137, Springer, Berlin, Heidelberg, 2008.
48. M. Bailey et al., Automated Classification and Analysis of Internet Malware. *Recent*

Advances in Intrusion Detection (RAID), 2007.
49. S. Gianvecchio, M. Xie, Z. Wu, and H. Wang. Measurement and Classification of Humans and Bots in Internet. *USENIX Security*, 2008.
50. S. Kandula, R. Chandra, and D. Katabi. What's Going On? Learning Communication Rules in Edge Networks. *Sigcomm*, 2008.
51. J. Jung, V. Paxson, A. Berger, and H. Balakrishnan. Fast Port Scan Detection Using Sequential Hypothesis Testing. *Proc. of the IEEE Symposium on Security and Privacy*, 2004.
52. http://www.datacenterknowledge.com/archives/2011/08/01/report-google-uses-about-900000-servers/.
53. MapReduce, https://en.wikipedia.org/wiki/MapReduce.
54. Apache Spark, https://spark.apache.org/.
55. Apache Hadoop, https://en.wikipedia.org/wiki/Apache_Hadoop.
56. Apache Haddop Yarn, http://searchdatamanagement.techtarget.com/definition/Apache Hadoop-YARN-Yet-Another-Resource-Negotiator.
57. Apache Mesos, https://en.wikipedia.org/wiki/Apache_Mesos.
58. Apache Storm, https://en.wikipedia.org/wiki/Storm_(event_processor).
59. Apache Flink, https://en.wikipedia.org/wiki/Apache_Flink.
60. Apache Beam, https://en.wikipedia.org/wiki/Apache_Beam.
61. What Is Ignite, http://apacheignite.gridgain.org/.
62. Hazelcast, https://en.wikipedia.org/wiki/Hazelcast.
63. Apache Drill, https://en.wikipedia.org/wiki/Apache_Drill.
64. Apache Kylin, https://en.wikipedia.org/wiki/Apache_Kylin.
65. Apache HBase, https://en.wikipedia.org/wiki/Apache_HBase.
66. Apache Accumulo, https://en.wikipedia.org/wiki/Apache_Accumulo.
67. MongoDB, https://en.wikipedia.org/wiki/MongoDB.
68. Apache Cassandra, https://en.wikipedia.org/wiki/Apache_Cassandra.
69. Voldemort, https://en.wikipedia.org/wiki/Voldemort_(distributed_data_store).
70. Apache Phoenix, https://en.wikipedia.org/wiki/Apache_Phoenix.
71. Apache Pig, https://en.wikipedia.org/wiki/Pig_(programming_tool).
72. http://bigdata-guide.blogspot.com/2014/01/hbase-versus-cassandra-versus-accumulo.html.
73. http://www.ippon.tech/blog/use-cassandra-mongodb-hbase-accumulo-mysql.
74. https://sqrrl.com/how-to-choose-a-nosql-database/.
75. T. Rabl, S. Gómez-Villamor, M. Sadoghi, V. Muntés-Mulero, H.-A. Jacobsen, and S. Mankovskii. Solving big data challenges for enterprise application performance management. *Proc. VLDB Endow.* 5, 12 (August 2012), 1724–1735.
76. http://blog.markedup.com/2013/02/cassandra-hive-and-hadoop-how-we-picked-our-analytics-stack/.
77. https://kkovacs.eu/cassandra-vs-mongodb-vs-couchdb-vs-redis.
78. http://opensoc.github.io/.
79. http://www.slideshare.net/JamesSirota/cisco-opensoc.
80. Sqrrl, Cyber Threat Hunting. https://sqrrl.com/solutions/cyber-threat-hunting/.
81. Apache Kafka, http://kafka.apache.org/.
82. Spring Boot, http://projects.spring.io/spring-boot/.
83. Apache Tomcat 7, https://tomcat.apache.org/.
84. PostgreSQL, http://www.postgresql.org/.
85. Grails, https://grails.org/.

第3章　动态分析驱动的漏洞和利用评估

本章介绍了漏洞评估，这是基本的网络安全功能和要求之一，并重点介绍了大数据分析如何潜在地利用漏洞评估和因果分析来检测入侵和漏洞，以便网络分析人员能够更有效、更快地调查警报和漏洞。脆弱性评估已成为支持特派团行动的关键国家需要，因为它能切实评估攻击者获取现有漏洞的情况，并提高特派团领导和规划者对哪些系统漏洞进行分类的能力，以免对任务保证构成最大风险。随着资产的漏洞和攻击面的复杂性和大小增加，威胁和恶意软件也变得更加普遍，网络传感器生成更多要分析的数据。因此，需要一种全面的网络安全方法，不仅要考虑观察和检测攻击者、入侵和漏洞的所有事件，而且还要实时分析它们的相互作用、因果关系以及时间和空间顺序。

为了准确评估网络安全环境中漏洞利用的可能性和影响，需要深入分析网络安全事件和资产之间的相互作用和因果关系推理，并结合其特定上下文的服务和参数进行分析。然而，要掌握网络中网络安全事件和活动的所有必要知识以实时评估其网络风险似乎极其困难，这主要是由于网络流量的不确定或无法解释的模式，不完整或有噪声的攻击测量和观察，以及关于漏洞和网络资产的信息不足。因此，加强和提取所有可用的网络安全数据的质量信息，以最大限度地提高其效用。

本章介绍了新颖的模型和数据分析方法，可动态构建和分析检测到的漏洞，入侵检测警报和度量之间的关系，依存关系和因果关系推理。结果分析导致检测到零日漏洞和隐匿的恶意软件活动。此外，由于存在有关漏洞和利用可能性的定量和定性知识，因此它可以提供更准确的动态风险评估。本章还详细描述了如何构建一个典型的可扩展数据分析系统，通过丰富、标记和索引所有观察和测量、漏洞、检测和监控的数据来实现所建议的模型和方法。

3.1 引　　言

3.1.1 需求与挑战

大多数为现代社会提供基础的部门已经严重依赖计算机和计算机网络来正常运转。这些部门包括公共卫生、金融和银行、商业和零售、媒体和电信以及国防，另外还有更基本的关键基础设施，例如电力，水务和食品分配。我们对这些部门的高度依赖使它们成为攻击的极具吸引力的目标[1]。攻击者可以利用计算机或网络漏洞来干扰美国社会的正常运转[2-6]。

美国国防部（DoD）、执法部门和情报界（LE/IC）以及无数的商业和工业企业（BIE）都使用可信网络来提供关键信息和服务，这些信息和服务对完成各自的任务至关重要。我们将 DoD、LE/IC 和 BIE 统称为可信网络用户群（TNUB）。这些可信网络上的漏洞为 TNUB 的对手提供了干扰任务执行的机会。敌人可以利用漏洞获得对可信网络的未经授权访问，或阻止授权用户访问，这两种情况都可能对 TNUB 的任务产生负面影响。敌人利用可信网络漏洞的动机可以大致分为五类：①间谍和情报收集；②拒绝服务；③数据损坏和错误信息；④动力学和信息物理效应；⑤资产控制劫持。一个特定的漏洞可以启用一个或多个此类对手操作。对手利用漏洞干扰任务成功的程度取决于①漏洞可能使这五类中的哪一类成为可能；②任务执行在每一类中能够承受对手活动的程度。因此，脆弱性所带来的固有风险是特定于受影响的每个任务的。

支持 TNUB 任务的国家关键需求是增强漏洞评估工具的当前功能，以切实评估攻击者对现有漏洞的访问，并提高任务负责人和计划人员进行分类的能力，以区分是哪些系统漏洞对任务造成最高风险保证。这需要动态的漏洞评估方法，而不是静态的方法，因为攻击者的状态和漏洞访问以及利用可信网络完成任务的方式在时间上都存在很大的可变性[7]。满足这种国家需求的内在挑战是，可用的数据仅限于数量有限的可观察到的有利位置：漏洞在主机位置集中，并且对网络流量的观察仅限于少数集中式抽头位置，而攻击者访问的非本地问题在更大程度上取决于网络拓扑。有必要根据不完整的信息（从在战略位置部署的多种传感器类型中收集）来估计漏洞和由此产生的任务风险。对于满足这一国家需求而言，有几种关键技术至关重要，而目前尚未部署或存在。首先是动态推断网络拓扑和主机互连的技术。其次是能够结合现有扫描和其他观察结果（如网络流量捕获）使用此信息，根据漏洞对特定任务或一组任务的特定影响来评估漏洞的严重性。为此，还需要技术来评估每个特派团作为时间函数利用的资产。

随着资产的漏洞和攻击面的复杂性和规模越来越大，威胁和恶意软件也越来越普遍，网络传感器会生成更多要分析的数据。入侵通常被混淆到一定程度，以至于其踪迹和指纹被隐藏在所涉及的不同类型的数据中（例如入侵检测系统[IDS]警报、防火墙日志、侦察扫描，网络流量模式和其他计算机监视数据），具有广泛的资产和时间点。但是，即使是小型组织的安全运营中心，最终也可能要处理日益庞大的日常数据量。

3.1.2 本章的目的和方法

鉴于在分析此类数据时的时间限制，服务水平协议以及计算和存储资源限制，我们的目标是首先识别和提取从原始数据中描述网络事件的高质量数据产品。只需较少的时间和计算资源，就可以更快、更动态地对这些高质量数据产品进行分析和评估。需要解决以下问题：①如何能够近乎实时地大幅减少网络事件的原始数据大小；②可以使用哪些有效方法来检测和分析入侵和漏洞检测与利用的噪声数据。为此，我们将通过调查如何检测，交叉关联，分析网络事件以及入侵和漏洞的过程，来考虑入侵数据的大小和分析，以及对漏洞数据和利用的分析，从而采取整体方法，并进行评估。

在回答以上两个问题时，本章介绍了为什么数据分析，机器学习和时间因果关系分析被视为必不可少的组成部分，并且展示了它们如何在非常重要的角色中交互作用。通过查明与入侵有关的特定资产和时间实例，可以从原始网络数据中提取高质量的数据产品。建议对主要网络传感器的观察和事件进行时间因果分析，包括入侵警报、漏洞、攻击者活动、防火墙和 HBSS 日志数据以及网络流量。前提是，如果知道系统中存在哪些漏洞以及如何通过入侵利用这些漏洞，那么可以为网络事件、漏洞、入侵和攻击者活动的观察建立因果关系分析图。这种因果关系分析缩小了要搜索和分析的网络数据的范围，从而大大减小了原始网络数据的大小和范围。这样可以加快数据分析速度，减少计算资源，并可能获得更准确的结果。本章介绍了数据分析如何在检测入侵和漏洞时潜在地利用漏洞评估和漏洞利用的因果关系分析，以便网络分析人员可以更有效，更快速地调查警报和漏洞。

本章的其余部分安排如下。3.2 节提供了有关漏洞评估、归因和利用的背景信息，以及一个应用案例。3.3 节介绍了最新的漏洞评估工具、数据源和分析。3.4 节首先提供一些安全信息和事件管理（SIEM）工具的比较，然后介绍我们的时间和因果关系分析，以增强对漏洞、利用和入侵警报的分析和管理。

3.2 漏洞评估、归因和利用

本节介绍了有关漏洞评估，评分和属性的基本背景信息，然后讨论了在网络分析环境中识别归因和利用情况的案例。

3.2.1 漏洞评估

通常，漏洞指的是信息技术、资产或网络物理或控制系统的任何弱点，可以被对手利用发起攻击。漏洞的识别，检测和评估对于网络安全（尤其是风险评估）至关重要。安全渗透测试和审核，道德黑客和漏洞扫描程序的任意组合都可以用于检测网络安全环境中系统的信息、通信和系统操作的各个处理层的漏洞。识别出漏洞后，就安全性和风险评分对它们进行排名。这有助于确定修补程序或恢复过程中优先漏洞的处理顺序，以减轻系统风险，同时将系统功能保持在可接受的水平。为了对漏洞进行合理的评估，应该通过考虑系统和环境条件以及它与时空领域中其他相关漏洞的关系来动态确定和量化其有意义的属性。

漏洞的最小软件属性可以列出为身份验证、访问复杂度和访问向量。在利用漏洞的情况下，需要考虑的最小影响因素是机密性影响、完整性影响和可用性影响。通常，攻击（如拒绝服务攻击）可以利用各种网络层的漏洞，包括物理层（如无线干扰攻击），介质访问控制层（MAC）（如攻击伪造的地址解析协议），网络和传输层（如使信息的路由和传递性能下降的攻击）和应用程序层（如提出密集请求以淹没计算机资源的攻击）。动态准确地评估与漏洞相关的检测能力，利用可能性和利用影响，有助于网络防御者和决策者改善对态势感知和系统风险的评估。实现这种准确评估的方法不仅是动态确定各个漏洞的属性和特征，而且还要动态确定漏洞之间的依存关系、交互作用和概率相关性，然后利用大数据分析的力量来确定漏洞之间的相关性和时间因果关系和网络事件。资产的漏洞依赖性和相关性可以提供有关其攻击面严重性的线索。

鉴于零日漏洞和漏洞一直存在，因此及时检测漏洞、控制攻击、修复漏洞至关重要。为了控制和限制漏洞利用的破坏并提供任务保证，基本任务包括确定以下内容：资产的关键性（对动态变化的任务状况），资产的感染和利用状态，利用的移动和传播路径，利用可能性，攻击的影响和传播，对敌方策略和活动的认可以及任务保证要求。所有这些任务的总体目标都可以表示为对网络安全环境中的漏洞和攻击进行实时检测、遏制和控制，理想情况下至少支持以下五个功能：①使用终端企业网络系统中的端到端可见性和可观察性工具；②了解数据、用户和对手活动的背景和相关性；③进行实时分析；④通过监视网络并检测受到破坏的资产和攻击者活动来实施深度防御；⑤减少攻击者在网络中的损害和停留时间[2]。应该通过控制漏洞利用的传播并维持系统和操作的任务保证，将漏洞利用的不利影响降至最低。

漏洞的最小软件属性可以列为身份验证、访问复杂度和访问向量，如通用漏洞评分系统（CVSS）[8-11]中所述。CVSS 指出，在利用漏洞的情况下要考虑的最小影响因素是机密性影响、完整性影响和可用性影响。尽管使用专家知识精心设计了 CVSS 和类似类型系统中的漏洞评分，但它们本质上仍是临时性的，可能会错误地为某些漏洞分配分数。因此，对个人和集体资产进行客观和系统的安全评估是非常可取的[7]。CVSS 为每个新发现的软件漏洞提供了一个评分，这个评分优先考虑了漏洞的重要性。然而，现有的方法和默认标准，如 CVSS，没有考虑到不同的时间条件、环境因素、集体行为的漏洞和攻击影响，也没有作出不切实际的假设、网络漏洞、利用、观察和他们的模型。

在当前的 CVSS 中，基本评分是访问向量、访问复杂性、身份验证、机密性影响、完整性影响和可用性影响的函数，其中仅考虑原子攻击（即单阶段攻击），没有包括对资产的损害。在 CVSS 中，引入了理论和实验方法来增强对漏洞和漏洞利用的评估，首先从 CVSS 分数和漏洞依赖关系的贝叶斯网络开始，然后使用 Markov 模型来识别最可能被利用的漏洞。

漏洞评估的一个不足是，漏洞的严重程度仅与漏洞本身有关，而与攻击者的脆弱性无关。可以解决这个问题的技术机制是将漏洞的存在与对手行为的已知签名的发生进行关联。这些签名可以是系统上的事件日志，也可以是在给定时间范围内发生的事件日志的特定组合，也可以基于流量模式，例如出站数据量突然增加。漏洞与系统日志或流量模式异常的共同出现表明，应升级对该漏洞的重要性评估。此外，如果易受攻击的主机被埋在安全设备的多个层中，则重要的是要能够跟踪流量，直到它穿过各种代理和防火墙，到达互联网上攻击者的位置，以便评估网络的易受攻击的主机支持的程序或任务的风险。

在流量归因以及发现漏洞和系统或流量异常的同时发生方面，存在许多共同的挑战。由于安全设备中的不同层从不同的位置收集不同的数据，因此通常难以识别相关数据。通常，单独的数据集之间的资产重叠很少，甚至包括共享事件和资产。但在不同主机上生成的数据集也可能遭受关联观察之间的任意时序差异和延迟。网络地址转换通过混淆流记录的真实起点和终点，进一步使有效的互相关复杂化。

要克服这些挑战以改善漏洞评估，就需要一个集中的数据存储，再加上一个流程，该流程可以聚合来自多个传感器的数据流，对跨不同来源的数据进行规范化，以允许从一个位置收集的数据转到另一个位置收集的数据，并标记数据具有适当的知识工程，可为分析人员提供对数据的便捷访问，不同数据流的集中化可使自动化分析能够同时处理在多个位置收集的数据。

开发改进的漏洞评估工具可能是一个反复的过程，在此过程中，分析师将探索数据中的各种相关性和模式，形成假设，通过查询数据来检验假设，为所研究的攻击模式开发出更强大的签名，以及使用签名和数据存储中可用的数据，可自动将该攻击模式与已知漏洞关联。例如，这个过程的一部分，利用可伸缩网络分析处理环境（SCAPE）技术[6]，是在美国陆军研究实验室进行的。

3.2.2 漏洞利用的识别和归因

计算机网络防御服务提供商（CNDSP）是经授权的组织，负责向其用户提供保护，检测，响应和维持服务[12]。这样的组织通常会组装大型数据集，其中包括 IDS 警报，防火墙日志，侦察扫描，网络流量模式以及其他计算机监视数据。在此特定示例中，已将此类 CNDSP 收集的数据存储在 Accumulo 数据库中，该数据库已通过 SCAPE（以前称为 LLCySA[6]）供分析开发人员使用，以进行数据探索。这在图 3.1 中作为大数据网络分析系统架构进行了说明。

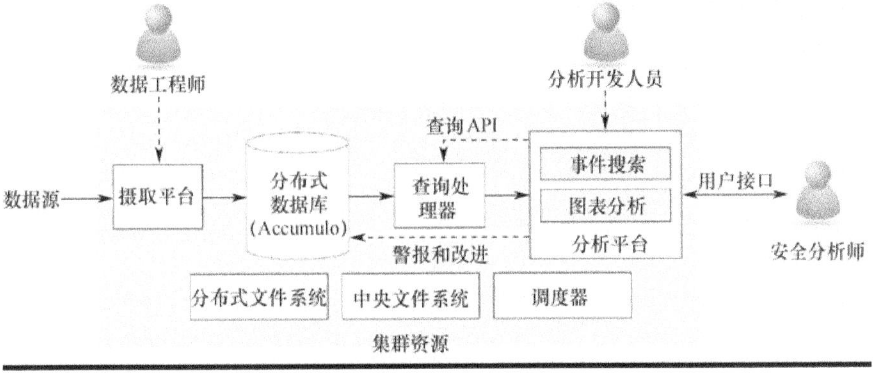

图 3.1　大数据网络分析架构（摘自 SM Sawyer，TH Yu，ML Hubbell 和 BD O'Gwynn。《林肯实验室杂志》，20（2），67-76，2014 年）

SCAPE 环境提供了知识工程，使分析开发人员可以访问数据而无需详细的先验技术知识，这些知识涉及收集数据的位置、已部署的传感器或数据存储格式和架构的知识。在此特定示例中，目标是识别 DoD 网络内部的攻击，并将网络流追溯到 Internet 上的攻击者。主机入侵数据用于提供初始提示。SCAPE 用于进行交互式调查，在不同的相关数据源之间进行转换以得出假设并确认非法活动。一个简单的汇总分析可识别主机入侵保护系统（HIPS）警报数量最多的主机子集。使用 SCAPE，分析开发人员转到与这些主机进行通信的关联 NetFlow 数据，并确定可疑流，该流揭示了其中一种 Internet 协议（IP）的服务器消息块（SMB）活动在深夜激增。此过程在图 3.2 的右侧进行了描述，该图还显示了与此时间段相关的 NetFlow 活动图。与前几天的流量比较表明，对于所讨论的主机，12 月 11 日的数据交换量可能是非典型的。

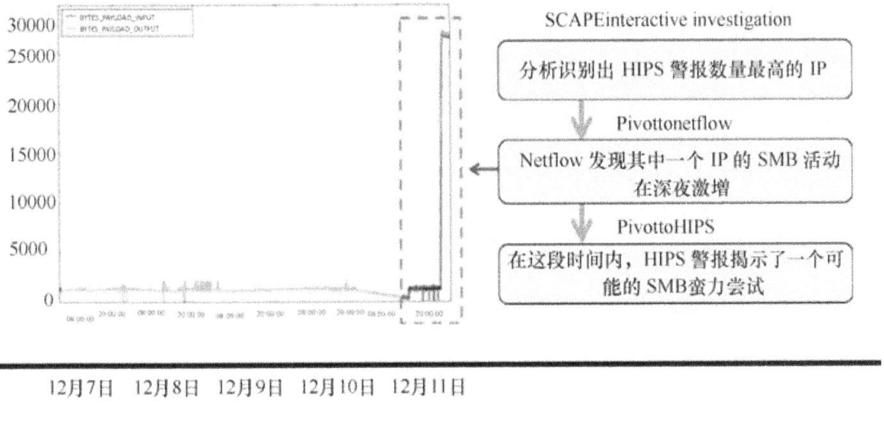

图 3.2　SCAPE 的工作流程和输出的图形结果

SCAPE 环境为多个网络数据源提供了易于访问的界面，使分析开发人员能够快速从主机入侵防护事件转向 NetFlow。HIPS 警报与可疑流量活动的相关性可能意味着，应将对相关漏洞的评估升级为更高的优先级。

在此期间，对主机上的 HIPS 数据进行更仔细的检查后发现了可能的 SMB 蛮力尝试的证据。此调查的下一步将是汇总来自介入开放式 Internet 上此主机与远程主机之间的各种防火墙和代理设备的网络地址转换日志。这样做可以使分析人员确定大量数据外流的目的地。

可以使用这种类型的分析来改进对与此主机以及其他类似主机相关的漏洞的现有评估。发现与此类违规相关的特定签名后，具有严重 HIPS 活动或网络流量发生重大变化的现有漏洞可用于升级漏洞的相关严重性，这表明应将此主机指定为更高的优先级，因为有迹象表明该主机可能会与对抗实体接触。

3.3 最先进的漏洞评估工具，数据源和分析

3.3.1 漏洞评估工具

漏洞被认为是三个要素的交集：系统易感性或缺陷，攻击者对缺陷的访问以及攻击者利用缺陷的能力[3]。工业界和 TNUB 内部都存在许多漏洞评估工具，用于检测此类漏洞的存在。这些工具通常利用已知软件漏洞的大量数据库，并逐项列出观察到的恶意软件和利用每种漏洞评估其严重性的其他攻击。基于网络的扫描仪对端点主机执行凭据扫描或非凭据扫描，以枚举打开的端口，识别安装的软件并检测丢失的补丁程序。Web 应用程序和数据库扫描程序检查数据验证中的缺陷以及其他用于命令注入或信息泄漏的机制。基于主机的扫描程序将查找已知问题，例如病毒或错误的操作系统配置，以识别安全漏洞。总之，这些工具存在弱点。扫描可以识别系统缺陷或易感性，数据库可以估计攻击者利用该缺陷的能力，但是没有一种工具可以量化攻击者可以访问该缺陷的程度。导致此弱点的根本原因是，所有当前的漏洞评估过程本质上都是每个主机本地的。评估攻击者对漏洞的访问本质上是一个非本地性的问题，不仅涉及给定系统上的漏洞，而且还涉及网络上与其连接的系统的漏洞。

3.3.2 数据源、评估和解析方法

确定用于漏洞评估和利用的数据源是一个简单的命题。实际上，有成百上千个安全工具和信息技术系统，即使不是成千上万个，其生成的数据也有助于增强或丰富组织的态势感知态势，并提供与漏洞评估和利用活动有关的内容。但是，挑战不是要找到数据源，而是要采用以有意义的方式汇总和关联数据的方法或工具。

为了说明这一点，逐步进行一个假设的数据收集练习，以准备进行漏洞评估。

为简单起见，在此示例中考虑三个数据源，尽管实际评估中可能有数十个数据源。第一个数据源是 Nessus，它是业界公认的漏洞评估扫描工具。Nessus 由 Tenable Network Security 商业开发和维护，并提供多种功能，包括以下功能：网络漏洞扫描，应用程序漏洞扫描，设备合规性评估和网络主机发现①。第二个数据源是 McAfee ePolicy Orchestrator（ePO），这是业界公认的基于主机的安全工具。由英特尔安防市场开发和维护的 ePO 包含了许多功能，其中包括：主机 INT rusion 预防、政策审核和反恶意软件②。第三个数据源 Snort 是开源网络入侵检测和入侵防御工具③。Martin Roesch 在 1998 年开发了供公众使用和传播的 Snort。Snort 可免费下载，并且有成千上万的社区成员在使用、维护该工具。Snort 通过网络流量分析和数据包捕获提供入侵检测和预防功能。

这些示例工具均独立提供一定程度的态势感知。进行漏洞评估的简单方法是单独考虑每个工具的输出。因此，Nessus 输出将用于应用程序漏洞评估，ePO 将用于主机策略合规性评估，Snort 将用于漏洞检测和评估。尽管这种方法可能易于理解并且易于实现，但是在不同数据源之间没有发生关联，从而在漏洞利用过程的分析中存在重大漏洞的可能性。

作为说明性示例，请设想一个场景，其中名为 Samantha 的 Snort 主题专家正在为一个小型组织提供入侵检测离子分析服务。在轮班期间，Samantha 会收到两个警报，用于标识在两个单独的网段（Alpha 和 Beta）上的未经授权的远程访问尝试。警报是相同的（即由相同的入侵检测签名触发），因此没有明确的方法来评估应该优先考虑哪个子网的优先级。萨曼莎可以根据通知的时间顺序评估警报，并首先调查子网 Alpha。但是，如果子网 Alpha 中所有资产的软件补丁都是最新的，而子网 Beta 已存在数月，该怎么办？Snort 无法检测到这一点，但是像 Nessus 这样的漏洞检测者可以检测到。此外，如果子网 Beta 中的资产在几周内没有收到更新的防病毒签名，但是子网 Alpha 在前一天晚上收到了最新的定义，该怎么办？同样，Snort 没有可见性，但是基于主机的安全系统（如 McAfee ePO）具有可见性。此外，如果警报具有因果关系怎么办？其他工具提供的见解可以建立这种关系，并提供分析人员具有检测未来攻击的手段。未能在各种工具和数据源之间建立甚至最基本的关联，最终增加了萨曼莎手表上更多利用漏洞的风险。

一种改进的方法是分析人员对分析人员或工具和资源的特别关联。有些人将其称为“转椅”方法，因为它涉及分析师将椅子摆在椅子上，以请求操作其他工具的同事的帮助。萨姆莎（Samantha）与她的同事团队合作时，转椅方法减轻了我们假设的情况中的一些担忧。转椅方法是对孤立地依赖工具的一种改进，因为多样化的数据

---

① http://www.tenable.com/products/nessus-vuLnerability-scanner.

② http://www.mcafee.com/us/products/epoLicy-orchestrator.aspx.

③ http://www.snort.org/.

增加了做出更明智的决策的可能性。但是，这种方法有其自身的缺点：即信息收集的及时性和分析的一致性。萨曼莎会问她的同事们什么问题？她的同事们会正确解释她的问题吗？她的同事们能够在与她正在调查的警报相同的时域内为她提供相关的响应吗？萨曼莎要花多长时间才能收到同事的回复？更重要的是，如果萨曼莎和她的同事错过了一些关键的事情，那么就没有数字化的转椅交换记录，也没有办法追踪哪些观察结果导致团队朝着他们最终进行调查的方向发展。人的疲劳也可能会增加错误发生的风险。此外，不同水平的教育和经验将产生不同的分析方法。结果，数据源的手动或临时关联也存在问题，并且可能无法产生一致而全面的结果。

对漏洞分析采用更正式和更具分析性的方法可以提高可靠性并产生可操作的结果。这种方法分阶段处理各种数据集，以支持各种接口和数据的可视表示。这种方法还可以确保在各种数据集之间建立的关系具有一致且唯一的键值是稳定的。该方法还是数据分析的基础。数据分析包括需要应用于各种数据源的概念性数据建模过程。此过程有助于理解单个数据集的基础属性和单个数据集的当前架构。数据集中的公共属性用于建立数据源之间的关系。在本书示例中，所有三个数据源共享 IP 地址信息。对这些数据建模时，在 IP 地址上键入密钥是一种允许比较数据源中元素的方法。另外，在数据建模过程中，应为感兴趣的数据元素建立通用分类法或数据字典。数据字典是在不同数据源中的实体之间建立适当关系的重要工具。这三个数据源在其架构中都有对 IP 地址的多个引用。McAfee ePO 通过多种方式引用 IP，包括以下几种：AnalyzerIPv4、SourceIPv4、TargetIPv4 和 IPAddress。Nessus 有多个参考，包括：IPS、主机 IP、扫描仪 IP 和 IP。Snort 也具有多个参考，包括：IPv4、IP 源和 IP 目标。如果没有通过分类法定义数据源中的各种 IP 元素，则使用 McAfee SourceIPv4 和 Snort IPv4 建立关系可能会产生错误的结果。的确，即使它们都是 IPv4 地址，它们也不一定代表相同的节点。

一旦数据建模过程完成，就需要提取在建模阶段识别的数据元素并以通用数据格式存储。此阶段包括开发解析器以提取、转换和加载（ETL）数据。每个数据源可能需要多个解析器，以说明不同的输入格式。在示例中，每个工具都有各种输出格式，包括以下格式：XML，JSON，CSV，CEF 和 PCAP。解析过程包括提取感兴趣的数据属性，用元数据和分类详细信息标记属性，并以通用格式输出数据以进行有效查询。此外，与转椅方法不同，分析方法可在对数据建模后自动执行大多数步骤。自动化确保相关数据的一致性流可用于支持漏洞事件，并为决策者提供更多时间采取适当的措施。在示例中，所有三个工具都具有应用程序编程接口（API），该接口允许以编程方式提取数据，以便在其他应用程序中使用。这种做法比较简单，因为审查每一个工具各自的 API 文档，并以提取所关注的属性编写脚本。这些 API 通常支持高级编程语言（即 Python、Java、Perl 等）。此外，这些软件制造商和支持社区中的许多人已经有了可以针对大多数目的进行调整的预配置脚本。

3.4 安全管理涉及漏洞和利用的网络事件

本节首先介绍三种著名的 SIEM 工具的基础知识和比较。然后，为了增强对网络事件的动态分析和管理，我们通过解决结构化查询语言（SQL）注入攻击，提出了时间因果分析背后的基本思想和方法。

3.4.1 当前 SIEM 工具的比较

SIEM 工具旨在关联各种日志事件，以增强组织的态势感知。SIEM 工具通过收集日志事件做到这一点的多个数据源，并在众多的主机，利用多种分析方法来建立不同事件之间的关系，并最终为安全分析人员提供一个中央控制台，以统一的方式管理和可视化事件。

每个 SIEM 产品都具有使其与竞争产品区分开来的功能。但是，每个 SIEM 至少必须提供三项基本功能：数据摄取机制，事件关联/分析机制以及报告和可视化机制。许多 SIEM 都提供附加功能，例如与通用日志和事件生成工具的本机集成，提供威胁情报源，通过可部署代理增强的日志记录以及可自动响应的功能。由于组织每天都会产生大量事件，因此 SIEM 工具是每个行业的重要组成部分。从根本上讲，安全分析人员不可能查看来自数十个来源的日志事件的页面，并期望以任何合理的准确性或及时性来查明威胁和漏洞。SIEM 工具的使用并不仅限于漏洞评估或网络安全领域的活动；但是，使用 SIEM 可以极大地受益于这些活动，主要有以下两个原因。

首先，SIEM 可以检测大量良性流量所掩盖的异常事件。通过关联来自各种来源的事件，攻击者越来越难以隐藏在“正常”业务操作期间不会发生的动作。操作系统日志、应用程序日志、防火墙日志和目录服务日志中的各个事件看似无害，但通过 SIEM 的视角，曾经可见的关系变得透明。例如，发生以下四个事件：

（1）用户在其工作站上下载电子邮件附件。

（2）工作站向多个未知域发出域名系统（DNS）请求。

（3）工作站尝试安装未签名的可执行文件。

（4）工作站在过渡控制协议（TCP）端口 443 上的出站网络流量激增。

这些事件是从不同的日志记录系统收集并进行独立评估的，它们可能会或可能不会引发危险信号。但是，将相关性和调查视为多个阶段中的一个统一事件，则可以将该活动视为高度异常、潜在的恶意行为，并需要进行进一步调查。

其次，SIEM 可以增强事件处理实践的功效。通过自动化网络事件的关联和汇总，提供报告和描述性统计信息，并在某些情况下支持自动化响应，SIEM 可以视为虚拟事件响应团队，可以帮助安全分析师确定噪声或良性风险的优先级、什么是可疑或恶意的。SIEM 使用各种统计和分析方法来长时间转换和关联事件。例如，很难检测到低速和缓慢的数据泄漏事件，因为它发生在延长的时间段（即几周，几个月或更长时间）中，并且在每个会话期间仅传输一小部分目标文件。在任何一天，记录 10 MB 网页数据传输到公共 Web 服务器的 Web 日志条目十分常见且不会引起人们的兴趣。另一方面，将 6 个月的 Web 日志关联起来并每天发现 10 MB 网页数据传输到同一 Web 服务器的 SIEM 是非常有趣且可疑的！

本节讨论三种 SIEM 工具：①开源工具；②传统工具；③非传统工具。广泛地关注它们在五个主要方面的优缺点：采用成本，关联功能，与常见日志记录的兼容性，威胁情报功能和可伸缩性。没有将可视化功能作为比较标准之一，是因为该主题非常主观。图 3.3 示出 SIEM 工具比较摘要。

3.4.1.1 开放源码工具 SIEM

AlienVault 开源安全信息和事件管理（OSSIM）是社区支持的开源 SIEM 工具，是 AlienVault 商业 SIEM 的“精简版”：统一安全管理（USM）[13-15]。OSSIM 项目始于 2003 年在西班牙马德里，它成为 2007 年成立的 Alien Vault Company 的基础。在本章介绍的三种工具中，OSSIM 是唯一可以免费下载和使用而不受限制的工具。但是，采用的成本不是免费的。使用和支持 OSSIM 需要花费时间

	关联能力	与常见日志格式的兼容性	威胁情报	可扩展性
OSSIM 卡	少数社区提交了相关规则。自定义引擎可创建新的和更复杂的规则	对各种日志记录格式的本地支持，包括服务器日志，漏洞评估工具和系统监视工具	外星人保险库公开威胁交换。社区有趣的供稿，免费和开源	仅限于单台服务器上的部署
惠普ArcSight ESM	惠普专有的相关系数函数（CORR）引擎可优化日志和事件关联，为外围和网络安全监视配置的数百个现成规则	智能连接器和Flex连接器用于将原始日志/事件数据解析为ArcSight的通用偶数格式（CEF）。转发用于将事件从企业安全管理（ESM）导出到CEF格式的其他工具的连接器	共享威胁情报的行业标准（STIX/TAXII） 兼容的威胁情报提供程序，例如Verisign iDef ense（需要单独订购）或HP Threat Central	高度可扩展，不必要的垂直缩放支持集群部署
斯普兰克	搜索处理语言（SPL）支持统计和分析相关性；基于时域或字段值的通用索引数据之间的手动关联；自动的具有相似字段值的事件的相关性	使用通用索引处理原始日志文件。自动将日志流分成可搜索的事件。支持对自定义提要进行手动索引	企业安全应用程序，用于获取外部威胁源并将危害指标与Splunk中现有的事件相关联	高度可扩展，垂直扩展不必要支持集群部署

图 3.3 SIEM 工具比较摘要

和精力来查看文档，在在线论坛上发布问题以及研究功能。OSSIM 有一个在线威胁情报门户网站，称为可执行测试序列描述格式（Open Threat Exchange，OTX），该门户网站收集每天的威胁事件，并带有危害指标（称为脉冲[15]）。门户以发布-订阅的方式配置，因此社区中的任何人都可以发布最新信息，社区中的任何人都可以订阅特定的发布者和兴趣点。威胁情报是脆弱性评估过程中一个重要但往往被低估的方面。这是一个至关重要的组成部分，因为这些指标可作为威胁的补充，因此组织应密切注意这些指标。例如，大多数威胁情报服务（包括 OTX）都托管已知的错误 IP 列表。SIEM 可以将该列表用作监视列表，并且源自或发往这些不良域之一的任何流量都应立即标记为可疑。

OSSIM 可以本地解析和提取各种常见的日志记录源，包括以下内容：Apache，IIS，OpenVAS，OSSEC，Nagios，Nessus，NMAP，Ntop，Snare，Snort 和 Syslog。OSSIM 利用正则表达式来解析数据，这有助于编写自定义解析器，并将其支持扩展到以文本格式输出的任何数据源。另外，OSSIM 配备了一个主机 IDS，如果在给定的环境中不存在首选的收集工具，则可以将其部署为用于收集系统和日志事件的代理[13]。

OSSIM 通过按顺序和时间方式关联事件来执行关联。OSSIM 附带了一些针对常见网络事件的内置指令，例如暴力攻击、DoS 攻击、枚举、指纹扫描等。除了少数预配置的模板之外，OSSIM 还具有允许创建自定义指令的关联引擎。图 3.4 展示了示例事件暴力攻击的相关逻辑顺序，可以将其构建为 OSSIM 中的自定义关联指令，以发现潜在的暴力攻击[14]。在每个级别，可以将警报发送给适当的参与者，以指示潜在的威胁。此外，时间可以将引入作为感兴趣的附加属性，以便如果失败登录以特定频率发生，则可以触发不同的警报或严重性级别。

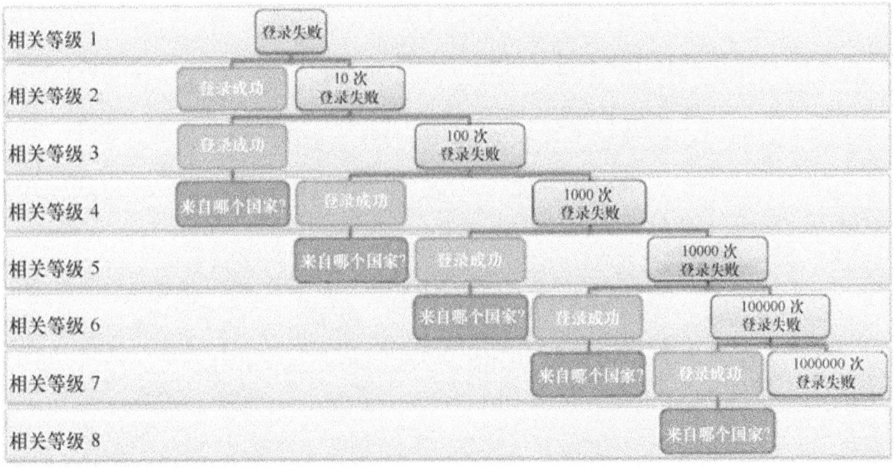

图 3.4 示例事件暴力攻击的相关逻辑顺序

OSSIM 不是企业级 SIEM，并且不能扩展到一台主机或一台服务器。如果需要进行大规模部署，则 OSSIM 的商业对口 USM 将提供对水平扩展的支持（添加更多服务器而不是购买更大的服务器），这也许是一个更好的选择。OSSIM 是最便宜的 USM 许可证[13]，其中包括数百个专业开发的关联指令和法务日志记录功能，而开源版本中未包含这些功能。OSSIM 不支持与诸如 Hadoop 之类的大数据技术集成，也不本地支持将事件导出到外部关系数据库。OSSIM 支持基本身份验证或集成到目录服务（如 LDAP 或 Active Directory）中。有关 OSSIM 的更多信息以及可免费下载其 SIEM 软件（ISO 格式）的信息，请访问其网站[16]。

3.4.1.2 传统的 SIEM 工具

自 2000 年以来，ArcSight 就一直在开发 SIEM 工具，并且是市场上最古老的公司之一。2010 年，惠普（HP）收购了 ArcSight USD[17]，并将其服务组合扩展到包括企业网络安全在内。如今，HP ArcSight 企业安全管理（ESM）[18-24]可以说是商业和政府组织采用最广泛的 SIEM 工具。ESM 对 SIEM 采用模块化方法。ESM 的独立配置在 SIEM 工具的三个基本要求（即摄取、关联和可视化）方面表现出色。可以订阅和单独部署其他功能，例如中央日志管理和威胁情报，以进一步增强 ESM 的功能。ESM 软件和专业支持的成本尚不清楚，并且似乎会根据部署配置、数据源数量和摄取量而有所波动。

ESM 具有数百个内置功能，所有这些功能都可以从 ESM 图形用户界面进行配置。如果配置正确，则这些内置功能可以大大提高事件处理程序的分辨率并减少其响应时间。其中一些功能包括：①通过用户、资产或关键地形信息来丰富数据；②事件的优先顺序和规范化[5]；③数据与威胁情报的“近实时”关联；④数据取证和历史趋势分析；⑤庞大的预定义安全性用例库，合规性自动化和报告工具库，旨在最大程度地减少创建合规性内容和自定义报告所花费的时间；⑥工作流自动化，它根据经过的时间生成警报并升级事件[18]。

ESM 具有丰富的功能，因此学习曲线比较陡峭。如图 3.5 所示，ESM 控制台加载了选项，并且可以说是最不友好的界面。ESM 通过身份验证和身份验证来保护其用户控制台和数据。通过目录服务（如 LDAP，Active Directory）集成和基于角色的访问控制进行授权。

对于威胁情报，ESM 采用基于标准的方法，可以接收 STIX 或 TAXII 格式的提要[25,26]。STIX 代表结构化威胁信息表示，TAXII 代表指示符信息的可信自动交换。这两个标准都是由国土安全部领导的网络安全信息共享工作的一部分。支持 STIX 和 TAXII 的威胁情报提供者名单（https://stixproject.github.io/supporters/）。此外，惠普还提供了一个社区情报门户网站“HP Threat Central”，该门户网站托管私人安全论坛，威胁数据库和匿名威胁指示器（IOC）[22]。

开箱即用的 ESM 智能连接器本身支持将数百种行业认可的技术解析，提取和转换为 ArcSight 的通用事件格式标准。一些技术示例包括：操作系统（Microsoft，Apple，Redhat Enterprise Linux，Oracle Solaris），反恶意软件工具（Kaspersky，McAfee，Symantec，趋势科技），应用程序安全性（Bit-9，RSA，McAfee），网络设备（Cisco，Juniper）和云（Amazon Web Service）[21]。

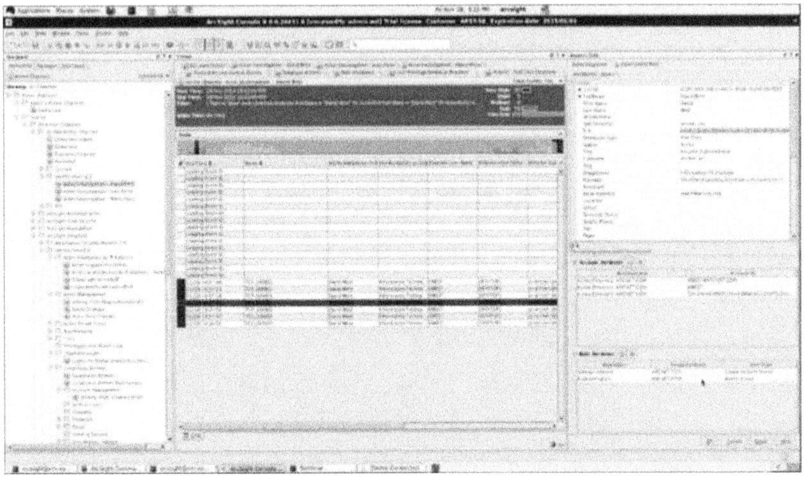

图 3.5 ArcSight ESM 6.8 控制台

如果智能连接器不支持特定的提要，则可以使用 ESM 柔性连接器编写自定义提要。柔性连接器框架是一个软件开发工具包（SDK），可用于创建针对特定事件数据格式定制的智能连接器[19]。

ESM 通过专有的 HP ArcSight 的“关联优化的保留和检索（CORR）”引擎执行日志关联。CORR 引擎是为读取性能而优化的平面文件系统。据 ArcSight 团队称，与以前的基于 SQL 的关联引擎相比，事件关联的效率高 5 倍，数据存储的效率高 10 倍[20]。

ESM 具有基于规则的、统计的或算法的相关性，以及其他方法，包括将不同的事件彼此关联以及将事件与上下文数据关联起来。此外，ESM 具有数百个用于高级关联的预配置规则，并且通过集成威胁情报源，关联引擎可以快速识别 IOC[21]。现成可用的一些示例规则包括：顶级攻击者和内部目标，顶级受感染系统，顶级警报源和目的地，带宽使用趋势以及登录活动趋势[22]。有关 HP ArcSight ESM 的更多信息，请参见其网站[18]。

3.4.1.3 非传统 SIEM 工具

2002 年，埃里克·斯旺（Eric Swan）和罗布·戴斯（Rob Das[27-30]）成立了 Splunk，前提是它可以用作企业日志数据的 Google（即搜索引擎）。Splunk 满足

SIEM 的基本要求（即数据摄取，关联和可视化），但它不是传统的 SIEM。传统的 SIEM 通常具有固定的属性架构，可以相互关联。数据被提取并存储到属性中，然后应用关联规则来建立关系和见解。Splunk 的设计方式更加灵活，可以提取任何类型的日志数据，自动对其进行索引并提取可搜索的事件。如果 Splunk 的自动索引功能不可行，则可以采取手动用户干预来调整特定数据源/类型的索引。一旦数据被索引和可搜索，Splunk 将提供多种与数据进行交互的方法，包括支持企业安全用例的方法。Splunk 最初通过每天 500 MB 的数据索引许可免费提供其产品。但是，当索引多个源时，可以在几分钟之内快速消耗 500 MB /天。Splunk 的成本模型基于每天索引的原始和未压缩数据量。与 ESM 和 OSSIM 相似，Splunk 通过目录服务集成和基于角色的访问控制通过身份验证和授权来保护其用户控制台和数据存储。

Splunk 包括用于企业安全性的应用程序[28]，该应用程序支持摄取外部威胁源以与日志事件相关联。Splunk 本身不提供任何威胁情报源或托管威胁情报门户。它依赖于外部提要，并且可以支持开源模型和基于订阅的模型。外部威胁情报源可以认为是由 Splunk 自动提取、索引和创建可搜索事件的附加数据源。

Splunk 不依赖预定义的关联规则。Splunk 致力于事件关联的一种方法是为最终用户提供强大的搜索处理语言（SPL），并向他或她展示一个统一的、可索引的、可搜索的事件数据库。SPL 旨在在统一搜索数据库中转换查询之间的统计相关方法[29]。也可以手动方式搜索该索引数据库，并且可以基于发生时间或感兴趣的属性来关联事件。Splunk 还可以基于具有相似值的事件属性执行自动关联。Splunk 与其他竞争产品相比的另一个优势是，Splunk 可以提取并关联其他 SIEM 工具处理的事件。

Splunk 具有高度的可扩展性，如图 3.6 所示[30]。根据使用情况，所有 Splunk 角色都可以在单个主机上运行，也可以分布在数百个主机上运行。

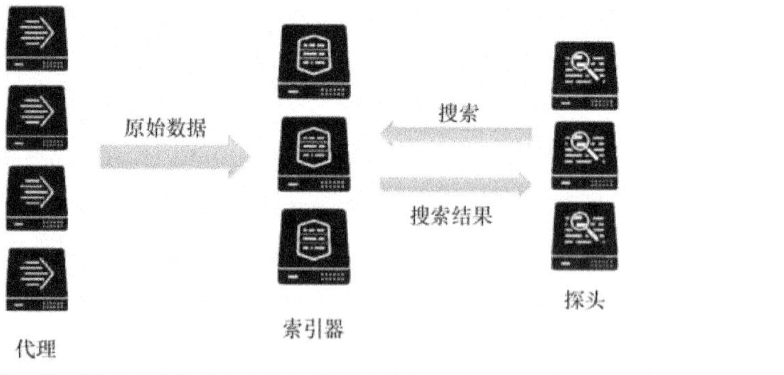

图 3.6　Splunk 三层架构

有关 Splunk 的更多信息以及 60 天免费试用版的软件企业版可以在其网站上找到[31]。

有各种记录在案的报告可以量化 SIEM 工具提供的投资回报。惠普（HP）进行了一项这样的调查，他们确定了各个组织的数百万时间和金钱节省[24]。节省的大部分资金似乎是 SIEM 工具将评估工作从庞大的分析师团队转变为大量专家的结果。对于许多行业而言，SIEM 工具是当前解决方案的答案，即如何从整体角度提高态势感知并查看漏洞。然而，许多 SIEM 工具（包括本章讨论的三种工具）都存在缺陷，从而导致错误的安全感。

大多数 SIEM 工具（如 OSSIM 和 ArcSight ESM）严重依赖基于规则的关联。结果，这些系统需要频繁调整以解决误报和误报的问题。随着数据量的增加，误报也会增加。当调整相关规则以解决误报时，误报的数量会增加。这是 SIEM 和独立安全工具之类的一个已知且往往无法解决的事实。Splunk 的方法比传统的 SIEM 工具要好一些，因为它不关注预定义的关联规则。但是，这种方法受分析师查询的创造性程度以及该语言将分析师查询转换为跨数据查询的程度的限制。

SIEM 工具使用主要支持其预定义关联功能的各种方法来烹饪数据（如预处理和规范化）。这种方法非常适合检测和缓解已知威胁，但未知威胁仍然是一个问题。

同样，Splunk 的方法更好，因为它可以自动索引并使所有数据都可搜索。然而，问题是，它们的自动索引有多准确？Splunk 的成本模型基于索引的量，也很方便。

对 SIEM 工具的水平缩放仅略微减轻了带宽和存储限制。如果对于给定的组织、日志数据的体积或速度出现峰值，添加更多的节点来增强 SIEM 工具的容量和性能只能到下一个峰值出现时，更不用说在分散模型中使用 SIEM 工具的挑战了。例如，如果一个企业在地理上分散在两个大洲之间，那么如何将来自一个站点的日志转移到另一个站点，以便由 SIEM 工具及时处理？答案是他们不会被转移。每个站点都可能有自己的 SIEM 工具基础设施，并通过某种机制来交叉关联数据。这不是一个琐碎的命题。一些 SIEM 工具制造商已经开始提供基于“云”的模型，以更好地支持这种用例，但目前还不清楚这种方法是否有益。

3.4.2 加强网络事件管理的时间因果关系分析

本节介绍了一种新的针对网络事件的时间因果关系分析，可分为攻击者、漏洞检测和保护、入侵检测、敏捷性和风险评估五个过程。这种时间因果关系分析与当前的 SIEM 工具不同，它提供了向量时间、以脆弱性为中心的因果关系配对图，以及特定于上下文的以脆弱性为中心的因果关系配对图，包括敏捷性和风险行动，这也可以为检测零日漏洞和攻击提供线索。在事件时间戳的帮助下，从分布式系统[32]导入的向量时间概念允许分析人员在时间域内调查事件，即使网络安全环境的主机之间的时间同步不可用。此外，这种因果关系分析可以从用户、防御者和对手的角度纳入人为因素，尽管由于空间的限制，它不包括在本节中。

防止恶意软件的检测和传播控制对于维护系统的功能或任务保证至关重要。保护措施的成功取决于许多因素，包括 IDS 的准确性、系统对攻击的弹性、漏洞修补和恢复的强度、态势感知的水平，以及传感器观察和测量的相关性。我们非常希望对网络事件、观测和传感器测量进行实时数据分析，以发现网络事件的相互作用和特征。在隐形恶意软件中，对手的目标是使恶意软件在目标网络上的网络防御机制看不见和不被发现。为了实现这一目标，对手收集有关防御机制状态的信息。此外，对手可以选择通过执行误导性的活动和操作来混淆真正的意图。

网络的因果解释对于理解事件和实体如何相互触发，从而表明它们的因果关系是至关重要的。因果模型有助于确定事件或实体的序列如何相互触发。在一个系统中可能有许多不可观察到的潜在变量。虽然在回答概率查询时不对某些潜在变量进行建模是可以容忍的，但当它们之间的相关性代表因果关系时，用因果关系分析来识别潜在变量是非常可取的。一般来说，任何一组变量之间的相关性都可能形成一组因果关系和非因果关系。一个因果模型可以表示为随机变量上的有向无环图，其中每个随机变量的值被计算为其父变量值[33]的随机函数。通过比较对秘密恶意软件活动的网络数据[4]进行的基于规则和学习的方法，来解决网络事件因果推理中的触发关系。

总体目标不仅是检测漏洞和利用漏洞，而且要减轻漏洞利用的不利影响。的确，利用脆弱性的不利影响不会在特派团保证方面达到不可接受的水平。这可以通过使用被动缓解和主动缓解的方法来实现。因此，除了考虑攻击者的网络事件、漏洞检测或保护和入侵检测外，还考虑了敏捷性和风险评估的网络事件。因此，在网络事件的时间因果关系分析中考虑了五个网络过程，其中一个事件表示一个系统或网络中一个活动或行动的任何可观察到的发生。事件可以具有物理属性（如网络拓扑、事件在期间内发生的频率）、元数据属性（如 IP 地址、端口地址、时间戳、控制或用户数据类型、TCP 或 UDP)、事件交互属性（例如向量时间，其中过去的向量时间值序列表示不同进程的因果事件的交互；事件响应的滞后时间）或开放系统互联（OSI）模型的跨层属性（如应用程序类型、文件类型、协议类型）。在图 3.7 到图 3.9 中，不同过程的事件之间的有向边表示因果关系，而无向边表示事件表现出时间顺序，但不一定是因果关系。为了跟踪五个网络过程之间的交互作用，在分布式系统事件中使用了向量-时间的概念。向量-时间表征了因果关系和时间顺序，使得与进程 P_k 对应的向量-时间的第 k 个条目在进程 P_k 中每次发生事件时增加 1 个。当 P_k 的一个事件接收到另一个进程事件的向量-时间时，P_k 事件的向量-时间项将与另一个进程的向量-时间项聚合。

作为一个例子，让我们考虑一个 SQL 注入攻击，它利用了影响应用程序形成的和提交的后端数据库的 SQL 查询的能力。图 3.7 显示可以对攻击者活动进行分类成至少七个类别，标记为 a_1～a_7，对应于（a_1）执行侦察，（a_2）利用（a_3）网络服务器和（a_4）数据库服务器的漏洞，（a_5）提供恶意软件以提升权限，（a_6）在系统上安装后门，以及（a_7）窃取数据。其中一些攻击者事件涉及其他网络进程的事件。例如，基于网络的 IDS 和/或基于主机的 IDS 可以检测到一些攻击者事件并生成警报；一些漏洞可能被利用，然后恢复；敏捷事件可以通过风险评估事件帮助避免或减轻攻击的影响；在风险评估事件的指导下，可以加强脆弱性和入侵检测过程的任务优先级。图 3.7 中不同过程之间的因果关系用有向边来说明。

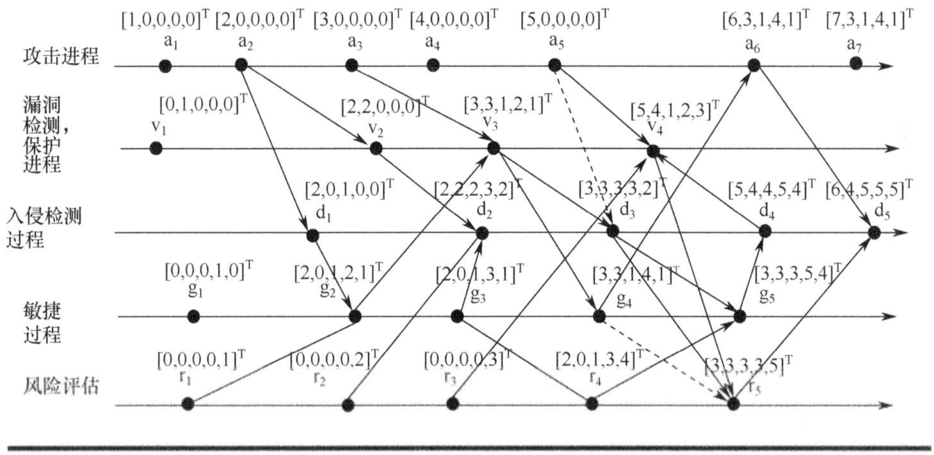

图 3.7 对于一个 SQL 用例的网络事件的因果关系边缘。攻击进程事件（a_1：侦察；a_2：使用 SQL 注入利用 Web 服务器 v_2；a_3：使用 SQL 注入利用数据库服务器 v_3；a_4：提供恶意软件和工具升级权限；a_5：利用 v_4 安装系统后门过滤系统凭据；a_7：窃取数据）；漏洞进程事件（v_1、v_2：Web 服务器；v_3：数据库服务器；v_4：后门）；入侵检测进程事件（d_1、d_2、d_3、d_4、d_5）；敏捷事件（g_1、g_2、g_3、g_4、g_5）和风险评估事件（r_1、r_2、r_3、r_4、r_5）

一旦建立了因果边和事件的向量时间，就可以指定具有预定义持续时间的时间间隔，从而对每个时间间隔的所有因果边和时间边进行深入研究。图 3.8 说明了所有与脆弱性 v_4 相关的有向边如何形成因果对。然而，一些时间边也可能是因果关系，因此，下一步是找出哪些时间边是因果关系（图 3.9）。然后，使用所有的因果边来形成所谓的脆弱性中心配对图（VCP），如图 3.9 所示。VCP 边缘相互作用对应的网络数据可以表示其时间间隔的质量数据。这些高质量的数据被正确地存储在数据库中，这样，通过网络分析师形成的数据库查询，它们就可以轻松地、即时地提取出它们。因此，网络事件的大数据可以减少到时间因果事件的聚合质量数据的较小规模。

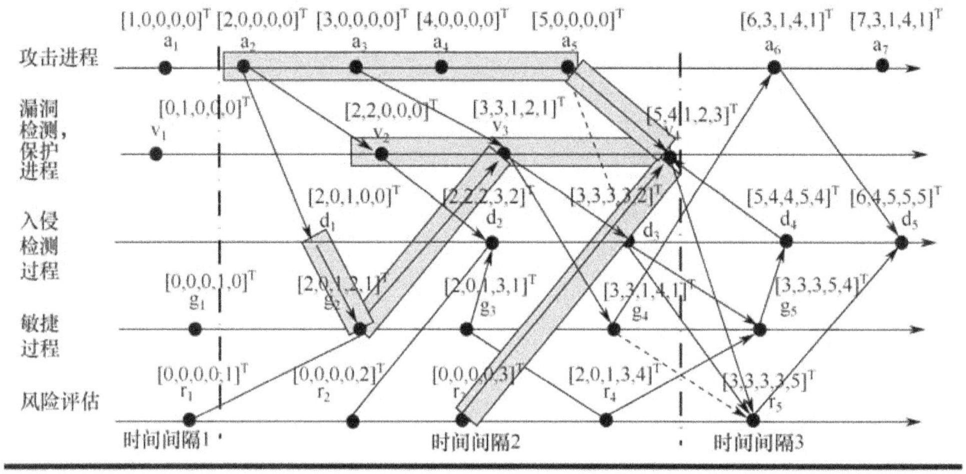

图 3.8　SQL 网络事件的因果关系边缘，其中漏洞 v_4 被利用

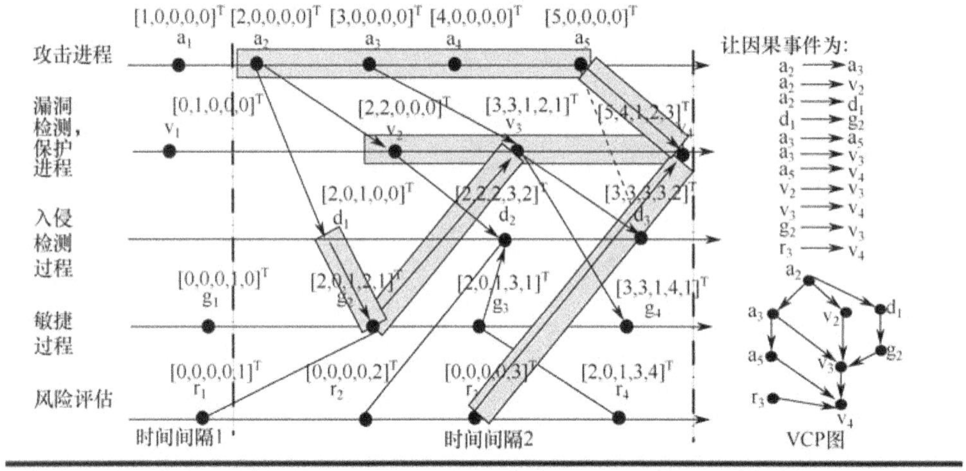

图 3.9　使用 VCP 图显示的 SQL 网络事件的因果关系边缘

3.5 小　结

计算机系统和网络对现代社会的运作已经变得如此重要，它们已经成为对手的主要目标，作为意识形态或民族主义的目的，作为现代战争的一个元素，以及个人或经济利益。受信任的网络被渗透和利用，以进行间谍活动和情报收集，实施拒绝

服务，破坏数据或传播错误信息，实现动态或网络物理效果，并有可能劫持对宝贵资产的控制。在社会的每个脆弱部门，通过对网络资产的依赖性和风险分析，设计健壮和有弹性的架构，确定监测和快速检测关键计算机资产危害的最佳网络位置，优先确定任务的基本功能。

许多行业和开源工具用于收集、聚合、总结和组织从主机和战略网络位置收集的数据。杀毒软件和漏洞扫描工具可以系统地搜索主机中的恶意代码的签名或良性代码中的安全缺陷。入侵检测和预防系统可以生成警报，指示受信任网络中计算机上的异常或可疑活动。这些工具的困难在于，它们产生了太多的警报和指标，其中许多并没有真正产生安全影响。虽然 SIEM 可以用于组装、组织和查询数据，并帮助分析人员处理正在生成的大量数据量，但现有的优先排序警报和指标的方法存在各种问题，可以得到改进。

所以，检测和理解网络上存在的实际威胁需要一种更动态的方法。我们建议，主机上的各种签名与可能存在于进出主机的对抗实体的指标之间的相关性可用于升级已知漏洞的优先级。困难在于要处理的签名和流量过多；对于人类来说，对每一组指标进行相关性分析并不是一个容易处理的问题。我们提出了一些方法来识别感兴趣的事件，总结并将它们正确地存储在数据库中，以便网络分析师可以轻松和即时地查询它们。这些方法可以与 SIEM 数据体系结构相结合，从而与现有方法提供更无缝的集成。

检测、评估和减轻漏洞和入侵的挑战需要实时收集、关联和分析网络漏洞和入侵数据，因为网络安全情况发展迅速，由于信息不完整和不确定性而变得复杂。然而，目前的网络安全工具和方法在实时处理这些复杂情况和大数据方面的能力、可扩展性和可扩展性有限。本章首先介绍了漏洞评估的基础知识、数据源和工具，以及大数据分析的主要组件。然后，我们提供了一个关于识别和归属漏洞利用的用例。描述了网络事件的时间因果关系分析，通过确定各种类型网络事件的时间交互和因果关系，包括攻击者活动、漏洞检测和保护以及入侵警报，来确定分析漏洞和利用所需的优质数据。当已知的漏洞和利用不能提供足够的理由来解释观察到的攻击者活动、漏洞和入侵警报的交互之间的可疑交互和不确定性时，这种分析还可以帮助检测零日漏洞和利用。在未来的研究中，我们建议通过将离群值检测能力纳入网络数据分析和因果关系分析，进一步增强零日脆弱性和攻击的检测过程。为了更好地管理网络事件，最好对因果关系参数的值添加干预措施[33]，这样这些值不仅被观察到，而且还被操纵。为了让网络分析师从这些可扩展的数据分析和因果关系分析中获益，他们应该有能力形成准确的查询，并通过网络安全的分析驱动的处理环境接收快速响应。

参考文献

1. G.H. Baker. A Vulnerability Assessment Methodology for Critical Infrastructure Sites. DHS Symposium: R&D Partnerships in Homeland Security, 2005.
2. E. Cole. Detect, Contain and Control Cyberthreats. A SANS Whitepaper, SANS Institute, June 2015.
3. A. Vijayakumar and G.A. Muthuchelvi. Discovering Vulnerability to Build a Secured System Using Attack Injection. 2011 3rd International Conference on Electronics Computer Technology (ICECT), Vol. 6. IEEE, 2011.
4. H. Zhang, D. Yao, N. Ramakrishnan, and Z. Zhang. Causality reasoning about network events for detecting stealthy malware activities. *Computers and Security*, 58, 180–198, 2016.
5. A. Kim, M.H. Kang, J.Z. Luo, and A. Velazquez. A Framework for Event Prioritization in Cyber Network Defense. Technical Report, Naval Research Laboratory, July 15, 2014.
6. S.M. Sawyer, T.H. Yu, M.L. Hubbell, and B.D. O'Gwynn. LLCySA: Making Sense of Cyberspace. *Lincoln Laboratory Journal*, 20(2), 67–76, 2014.
7. H. Cam. Risk Assessment by Dynamic Representation of Vulnerability, Exploitation, and Impact. Proceedings of Cyber Sensing 2015, SPIE Defense, Security, and Sensing. April 20–24, 2015, Baltimore, MD.
8. FIRST: Improving Security Together. Common Vulnerability Scoring System (CVSS-SIG). Available from: http://www.first.org/cvss.
9. National Vulnerability Database. NVD Common Vulnerability Scoring System Support v2. Available from: http://nvd.nist.gov/cvss.cfm.
10. P. Mell, K. Scarfone, and S. Romanosky. CVSS—A Complete Guide to the Common Vulnerability Scoring System Version 2.0. June 2007.
11. K. Scarfone and P. Mell. An Analysis of CVSS Version 2 Vulnerability Scoring. Proceedings of IEEE 3rd International Symposium on Empirical Software Engineering and Measurement, 2009.
12. GAO: Government Accountability Office. Defense Department Cyber Efforts: DOD Faces Challenges in Its Cyber Activities, 62 (GAO-11-75), July 2011. Available from: http://itlaw.wikia.com/wiki/GAO.
13. AlienVault Unified Security Management. Available from: https://www.alienvault.com/products/.
14. AlienVault Unified Security Management. Available from: https://www.alienvault.com/doc-repo/USM-for-Government/all/Correlation-Reference-Guide.pdf.
15. AlienVault Unified Security Management. Available from: https://www.alienvault.com/open-threat-exchange.
16. AlienVault. Available from: https://www.alienvault.com/products/ossim.
17. HP Inc. HP to Acquire ArcSight. Available from: http://www8.hp.com/us/en/hp-news/press-release.html?id=600187#.V1zA5Kpf1R0.
18. Enterprise Security Management (ESM). Available from: http://www8.hp.com/us/en/software-solutions/arcsight-esm-enterprise-security-management/.
19. HP. Protect 2104. Available from: http://h71056.www7.hp.com/gfs-shared/downloads-220.pdf.

20. Available from: http://www.hp.com/hpinfo/newsroom/press_kits/2011/risk2011/HP_ArcSight_Express_Product_Brief.pdf.
21. Hewlett Packard Enterprise. Available from: http://www8.hp.com/h20195/V2/GetPDF·aspx/4AA4-3483ENW.pdf.
22. HP. Available from: http://www.hp.com/hpinfo/newsroom/press_kits/2015/RSA2015/ThreatCentralDataSheet.pdf.
23. Kahn Consulting Inc. Available from: http://www.kahnconsultinginc.com/images/pdfs/KCI_ArcSight_ESM_Evaluation.pdf.
24. HP. Available from: http://www8.hp.com/h20195/v2/GetPDF.aspx/4AA5-2823ENW·pdf.
25. US-CERT. Information Sharing Specifications for Cybersecurity. Available from: https://www.us-cert.gov/Information-Sharing-Specifications-Cybersecurity.
26. Github. Available from: https://stixproject.github.io/supporters/.
27. Splunk. Available from: http://www.splunk.com/view/SP-CAAAGBY.
28. Splunk. http://www.splunk.com/en_us/products/premium-solutions/splunk-enterprise-security.html.
29. Splunk. Available from: http://docs.splunk.com/Documentation/Splunk/latest/Search/Aboutthesearchlanguage.
30. Splunk. Available from: https://conf.splunk.com/session/2015/conf2015_ANekkanti_SPal_ATameem_Splunk_SplunkClassics_Harnessing63PerformanceAnd_a.pdf.
31. Splunk. Availbale from: https://www.splunk.com/en_us/.
32. R. Schwarz and F. Mattern, Detecting Causal Relationships in Distributed Computations: In Search of the Holy Grail. *Distributed Computing*, 7(3) 149–174, 1994.
33. D. Koller and N. Friedman. *Probabilistic Graphical Models*. MIT Press, 2009.

第 4 章 网络安全根本原因分析

网络安全格局在不断演变。大型企业网络中备受关注的入侵事件[1-5]给组织和实体带来了严峻的挑战。这些攻击正变得越来越复杂，并且通常在针对关键数据（包括知识产权和金融资产）时保低调。因此，他们往往几个月都不被发现，在此期间企业网络不受保护。大型安全公司最近发布的威胁报告也承认，网络犯罪现场正变得越来越有组织，越来越巩固[6,7]。

4.1 引　言

此类攻击的受害者被迫在发现攻击后披露[8]谁是该攻击的幕后黑手。因此，在调查的早期阶段，安全分析师经常被要求将攻击归因于特定的威胁行动者，在这一点上，他们应该开始收集妥协的证据。显然，这种方法不会产生一种系统的方法来识别攻击的根本原因，并严格调查攻击现象的根本原因。

在过去的几年中，针对安全、数据挖掘和机器学习技术的大数据分析技术[9-16]提出的问题，通过提供基于大规模数据集的攻击的见解来解决。这些技术通常被设计为自动识别可疑行为，从原始网络数据中提取知识，并从每天生成的大量日志中提供深刻的结果。这些研究工作涵盖了安全数据挖掘方面的广泛主题，从改进警报分类或入侵检测能力[10,11,13,15]到在企业网络[9,16,17]中自动报告受感染的机器。

本章的主要重点是详细阐述执行攻击归因的技术，以帮助安全分析人员更有效地分析安全事件，识别安全漏洞，并确定攻击现象的根本原因。更具体地说，这些技术可能会帮助网络安全分析师对攻击有更深入的了解，比如描述企业内部的恶意行为，或深入了解它们的全球行为。也就是说，我们的目的是试图回答以下问题：攻击能保持活跃多久，它们的平均大小是多少，它们的空间分布，它们的起源如何演变，或者它们执行的恶意活动的类型。

本章的其余部分的结构如下。第 4.2 节解释了根本原因分析的基本原理和定义。第 4.3 节介绍了一个对安全威胁执行临时分析的通用模型。在第 4.4 节中，提供了两个案例研究。最后，在第 4.5 节中结束了这一章。

4.2 根本原因分析和攻击归属

在威胁情报领域，根本原因分析是一系列识别攻击原因并有效确定新攻击事件的程序。这可能使安全分析人员能够更好地了解观察到的攻击，并从全球的角度描述新出现的威胁。例如，从防御的角度来看，知道谁是观察到的攻击的幕后黑手是有用的，也就是说，有多少组织对他们负责？它们来自哪里？在网络犯罪中使用的新兴策略是什么？

本章主要关注可能由犯罪组织或以利润为导向的地下活动发起的大规模攻击，而不是将一次攻击追溯到渗透到一个组织的普通黑客。本章还提供了最近在现实场景中实践的有效方法的见解，这些方法可以帮助安全分析师确定全局攻击现象的根本原因（通常涉及大量来源），并很容易地得出他们的操作方式。这些现象可以通过不同的方法观察到，如蜜罐、入侵检测系统（IDS）、沙箱或恶意软件收集系统。

不出所料，这类攻击通常主要分布在互联网上，根据攻击的性质，它们的寿命可能从几天到几个月不等。这使得对具有相同根源现象的不同事件的归因成为一项具有挑战性的任务，因为一些攻击特征可能会随着时间的推移而演变。

本章中描述的通用方法允许安全分析人员根据易于部署的传感器收集的网络跟踪来识别和描述互联网上的大规模安全事件。在大多数情况下，假定可以使用收集日志的分布式传感器观察到安全事件。本章中考虑的典型攻击事件的示例可以从通过代码注入攻击的恶意软件家族到恶意软件活动，其目的是部署许多恶意网站，以托管和销售恶意软件。

4.3 安全威胁的因果关系分析

本节详细阐述了对大规模安全事件执行根本原因分析的一般挑战，然后更详细地解释了系统地对安全事件执行全面分析的工具和技术。

4.3.1 在检测安全事件方面面临的挑战

要准确识别企业网络中的安全事件并描述其根本原因，还需要解决几个挑战。例如，企业网络内部各种系统记录的事件量通常会导致日志分析和安全事件检测的重大挑战。例如，执行有效的分析和及时检测关键威胁需要可靠的数据缩减算法来维护日志[16]中的安全相关信息。这一步骤通常具有挑战性，因为我们需要保留内部主机和外部服务的通信特性。此外，目前的大多数攻击往往保持低调，并很容易融入数百万个合法事件。考虑到每天都有大量的日志，考虑到监控系统收集的原始日志和安全分析人员识别可疑行为所需的深刻信息之间的差距，发现有意义的安全事件是相当具有挑战性的。与其他数据挖掘应用程序一样，应该仔细选择从数据中提取有意义的信息的特征，以实现在给定大数据集时的低假阳性情况。最后，检测安全威胁的一个主要挑战是，企业感染的地面真相有限，因为识别它们的唯一方法是当它们被检测和阻止时（通过反病毒、入侵检测工具或黑名单），这使得对所提出的技术的评估相当具有挑战性。

4.3.2 安全数据挖掘的根本原因分析

在过去的几年里，大量的研究工作已经致力于将数据挖掘技术应用于与安全相关的问题。然而，这项工作的很大一部分主要集中于提高入侵检测系统的效率，而不是为攻击的本质或根本原因[18,19]提供新的根本见解。在研究工作中可以找到对应用于入侵检测的数据挖掘技术[20,21]的全面调查。这些技术旨在提高警报分类或入侵检测能力，或者通过自动生成新的规则（如使用归纳规则生成机制）来构建更准确的检测模型。

这里的目标不仅是识别发生在更大规模上的攻击事件，而且是了解其根本原因，并深入了解攻击者的操作方式。这允许安全分析人员系统地从给定的数据集中发现模式，而对所审查的安全事件的了解有限。为了实现这一目标，底层的分析方法必须足够通用，以便它们可以应用于包含安全事件的几乎任何类型的数据集（如蜜罐观察到的攻击事件、网络攻击事件、IDS 警报、恶意软件样本、垃圾邮件等）。

为了发现关于攻击的本质及其潜在的根本原因的新见解，我们解释了一个通用的模型来以一种系统的方式解决这个问题。在这个模型中，数据集包含来自不同来源的恶意活动（高交互和低交互的蜜罐、恶意软件样本、蜜客户端等）。该模型采用无监督数据挖掘技术来发现先验未知的攻击模式，并深入了解其全局行为。它还利用多标准决策分析（MCDA）[22]基于聚类过程的输出来归因攻击。

事实上，这个框架由以下三个主要部分组成。

（1）安全事件的特征选择：为了执行安全分析并从给定的数据集中提取有意义的模式，安全分析人员应该引入一组要应用于数据集的相关特性。数据集中的每个安全事件都由一组选定的特征（即特征向量）表示，用 $F=\{F_k\}$ 表示，其中 $k=1, 2, \cdots, n$。

（2）基于图的聚类：为了度量成对的相似性，可以针对每个特征 F_k 创建一个无向边缘加权图。作为另一个步骤，可以在单一特征基础上进行图分析，以识别每个图中的强连接组件。这种图分析允许安全分析人员提取数据集的结构，以及关于特定特性的不同安全事件组之间的关系。

（3）多标准聚合：这一步利用聚合函数利用不同的加权图，该函数建模被监视的安全事件的预期行为。

下面，我们将更详细地简要解释每个组件。

4.3.2.1 针对安全事件的功能选择

与其他数据挖掘应用程序类似，在大型数据集上执行分析的第一步之一是选择可能揭示有趣模式的特征。更具体地说，特征选择是识别在聚类过程中使用的最有效的特征子集，并构建分离良好的聚类的过程。

更正式地说，由 t 个对象组成的数据集 D，通常被定义为安全事件。我们定义了一个特征集 F，由 n 个不同的特征 F_k，k=1，2，…，n 组成，它可以从 D 中为每个事件 e_i 提取，其中 i=1，2，…，t。让我们将 $\boldsymbol{x}_i^{(k)}$表示为使用特征集 F_k 为事件 e_i 提取的特征向量。事实上，$\boldsymbol{x}_i^{(k)} \in \mathbf{R}^d$ 是实值的 d 维向量。

$$\boldsymbol{x}_i^{(k)} = \{x_{i,1}^{(k)}, \cdots, x_{i,d}^{(k)}\}$$

式中：d 是特征 F_k 的特征向量的维数。然后，我们可以将为给定的特征 F_k 定义的所有特征向量分组为 $\boldsymbol{x}^{(k)} = \{x^{(k)}, \cdots, x_t^{(k)}\}$

总而言之，安全分析师需要定义三个参数：t 是安全事件的数量，n 是攻击特征的数量，d 是特征向量的维数。安全分析人员可以使用任何可能的特性，以便从给定的数据集中发现深刻的模式，这可能对根本原因分析很有用。根据数据集的类型和正在研究的攻击，分析人员可能包括诸如网络相关的特性，如考虑不同子网的 IP 地址、DNS 查询或域名信息查询（WHOIS）、恶意软件有效载荷分析（例如 MD5、PE 头、通过动态分析的行为特性）、安全事件的时间信息，或其他特定于应用程序的特性（例如嵌入式 uri 和垃圾邮件中使用的域）。

4.3.2.2 基于图的聚类

聚类过程是指无监督分类的任务，根据相似性度量将未标记的模式分组为聚类。一个有效的聚类可以从给定的数据集中发现有趣的模式，而没有对被研究的现象的先验知识。为了实现攻击属性归属，从构建的集群中提取的模式允许安全分析人员分析可能创建安全事件的潜在原因。这些集群还允许构建一个数据抽象级别，该级别提供了每个集群的紧凑表示，其中包含在该特定集群中分组的所有攻击模式。

不出所料，集群真实的数据集可能是一项困难的任务，因为聚类过程大多是一个数据驱动的过程，而且不同的聚类方法很可能使用相同的数据集产生不同的结果。因此，所提出的框架不应局限于一个给定的聚类算法。安全分析人员应该考虑的唯一要求是使用基于图的表示（即边缘加权图），其中对每个攻击特征提前计算所有成对的距离。

分析人员可以使用任何经典的聚类算法，如 k-means、层次聚类（单个或完全链接）[23]，或连接组件来执行分析。一种方法是利用一个图论模型[24]，该模型允许通过简单地将问题表述为一个连续优化问题来从图中提取优势集。一旦不同攻击特征的边缘加权图可用，就可以使用 MCDA 聚合函数将它们组合起来，该函数可以建模分析下的攻击行为。

对于每个攻击特征 F_k，生成一个边加权图 G_k，其中顶点（或节点）映射到特征向量 $\boldsymbol{x}_i^{(k)}$，这些边反映了关于所考虑特征的数据对象之间的相似性。给定特征 F_k 的无向边加权图可以表示为

$$G_k = (V_k, E_k, \omega_k)$$

式中：V_k 为顶点集；E_k 为边集；ω_k 为正权值函数。

Pavan 和 Pelillo[25]提出的技术迭代地在边加权图中找到优势集，然后从图中删除它们，直到所有顶点聚类，或者一旦满足给定的停止准则，最终会给出一个不完全分区作为输出。我们将感兴趣的读者，参考文献[26]来进行更详细的讨论，并对各种聚类算法与主导集进行客观的比较。

下面介绍距离测量。

大多数聚类技术使用距离度量来将对象分组到集群中。实际上，距离度量是用来根据给定的特征空间计算两种模式之间的差异的。如前所述，安全分析人员可以使用任何技术来执行集群任务。然而，为了生成紧凑的集群，检查指定的度量是否适合内在的数据结构是至关重要的。例如，其中一个常用的距离度量是欧几里得（欧氏）距离[27]。然而，文献[28]的作者证明了欧几里得度量只有在数据集包含紧凑或孤立的集群时才有效。此外，由于数据集体积的指数级增长，它们对于高维数据可能完全低效。事实上，之前的一些工作已经表明，在高维空间中，当依赖于 L_k 规范等常用指标时，接近、有距离或最近邻的概念甚至可能没有定性意义——特别是在数据挖掘应用程序[29]中。

还有其他的相似性度量可以用于聚类攻击模式。例如，另一个常见的相似性度量是作为值序列处理的观察值之间的样本相关性。样本相关性反映了两个实值向量之间的线性依赖性的强度。例如，相关值为 1 意味着两个向量之间的完美线性关系。对相关性值的解释取决于上下文。然而，在 0.5 和 1 之间的值通常被认为是观测值之间的强依赖性的指示。

为了评估聚类结果的质量和一致性，提出了几个聚类效度指标。在研究中，作者回顾了特别适合于评估图聚类结构[30]的有效性指标。这些技术基于对集群间和集群内连接的不同定义。为了评估该模型中实验结果的质量，我们将主要关注图的紧致性，这是一个相当有效的有效性指标。

4.3.2.3 基于 MCDA 的攻击归因

如前所述，安全分析师可以从基于图的集群中受益，从一组安全事件中提取信息模式。如果针对不同的攻击特征重复基于图的聚类，则每次攻击都有一组聚类可以提取特征，这为潜在现象提供了有趣的观点。

攻击归因问题可以表示为 MCDA 的应用，其中每个攻击特征聚类过程中的距离值已给出。也就是说，两个安全事件之间的距离值用于决定它们是否可能是由于相同的根现象。图 4.1 描述了一个具有代表性的 MCDA 攻击。

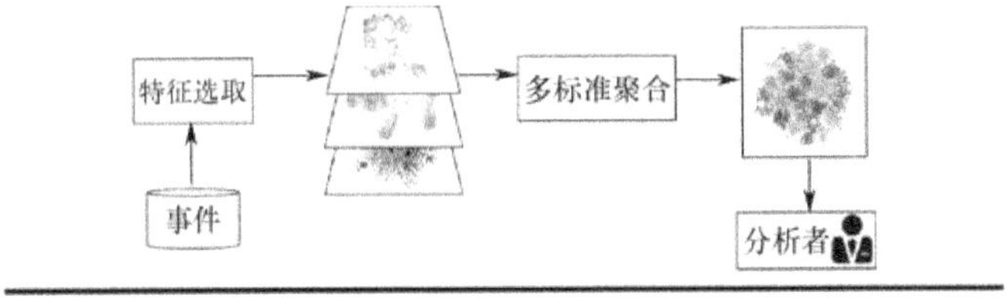

图 4.1 MCDA 攻击

在 MCDA 问题中，通过使用定义良好的聚合方法计算每个备选方案（决策）的全局分数，该方法建模决策者的偏好或一组约束。事实上，聚合过程是平均函数的一种形式，如一个简单的加权平均值（例如简单的相加加权、加权乘积法、分析层次过程[31]），或有序加权平均（OWA）[32,33]，以及 Sugeno 积分[33]。OWA[32]作为聚合函数为如何建模标准之间更复杂的关系提供了更多的灵活性。此外，人们不应该假设由不同的传感器观察到的事件总是独立的。

这种聚合函数的威力在于，不同的标准组合可能适用于每一对事件。此外，决策者不需要预先说明必须满足哪些标准（或特征）才能将两个事件与同一现象联系起来。

4.4 案例研究

在本节中，我们提供了关于 4.3 节中提出的通用模型提出的两个案例研究。这些案例研究展示了如何应用数据挖掘技术允许识别攻击事件，并协助安全分析人员执行根本原因分析。

4.4.1 通过多准则决策进行攻击属性分析

这个案例研究展示了一套对僵尸网络进行行为分析的技术。该案例研究是基于一篇研究论文[17]，它结合了知识发现技术和模糊推理系统。结果表明，将该方法应用于攻击轨迹，可以高度可信地识别大规模的攻击现象。

攻击事件。本研究中使用的数据集是从 18 个不同国家的 20 个不同的 a 类子网的蜜罐中收集的网络攻击痕迹。这里的假设是，任何与远程 IP 建立的网络连接都可以被安全地认为是恶意的，因为部署蜜罐的唯一目的是为了被破坏。因此，作为第一步，根据针对传感器上的 IP 地址数、发送给每个 IP 的包和字节数、攻击时间、包之间的平均到达时间、目标的端口序列以及包的有效载荷等网络特征，归属于攻击集群。因此，属于在给定传感器上具有相似网络轨迹的给定攻击集群的所有IP 源都可以被认为具有相同的攻击轮廓。因此，此上下文中的攻击事件指的是在给定传感器上具有相同攻击轮廓的 IP 源子集，并且在特定的时间窗口内观察到其可疑活动。

4.4.1.1 定义攻击特征

为了提供有意义的模式并从攻击事件中提取知识，应该定义一组攻击特征。在此情况下，攻击特征的定义如下。

（1）攻击的起源。首先出现的一个问题是，基于给定的数据集，观察到的攻击的来源是什么？攻击活动的地理位置可用于识别在起源国家中具有特定分布的攻击活动。例如，IP 网络块可以提供关于攻击的有趣的见解。事实上，IP 子网可以很好地指示涉及攻击事件的损坏机器。因此，对于每个攻击事件，将创建一个特征向量来表示原始国家的分布，或按 a 类子网分组的 IP 地址的分布。

（2）攻击的目标。在攻击事件中，攻击者试图检查传感器上的所有活动服务，并找到要利用的脆弱服务。为了识别攻击的潜在目标，每个攻击源都与它在攻击会话期间针对传感器的完整端口序列相关联。要查看攻击事件与部署的传感器上的服务类型之间是否存在关系，应将同一时间窗口内发生的攻击事件组合在一起，然后每组攻击应该使用事件来创建特征向量，表示已针对多少传感器。

（3）攻击能力。另一个有趣的特点是找出攻击源在攻击过程中能够对目标做什么。例如，检查机器人在攻击会话中发出的特定命令可以提供关于机器人可能拥有的功能的重要见解。这些日志可用于查找攻击事件源在攻击会话期间执行的操作序列之间的相似性。

（4）常见的特点。我们还可以合理地预期，如果两个不同的攻击事件具有很高比例的共同 IP 地址，那么这两个事件以某种方式与同一全局现象相关的可能性也会增加。

4.4.1.2 提取攻击者的派系

如第 4.3 节所述，对于聚类任务，在选择特征后，定义成对模式之间的相似性度量，以便有效地对相似模式进行分组。相似性度量是一个简单的无监督图来表示问题。实际上，图的顶点是所有攻击事件的模式。这些边通过计算基于詹森-香农散度[33]的平方根的距离度量来表示这些顶点之间的相似性关系。聚类是通过从图中提取最大团来实现的，该图被定义为一个诱导子图，其中的顶点是完全连接的，并且它不包含在任何其他团中。如第 4.3 节所述，为了执行这种无监督聚类，我们使用了主导集方法[25]，这被证明是寻找最大加权团的有效方法。我们建议感兴趣的读者参考[34,35]，以获得应用于本案例研究的基于团的聚类技术的更详细描述。

4.4.1.3 多标准的决策制定

这项工作的目标之一是重建可以归因于同一个根源现象的攻击事件序列。这允许人们将传入的攻击事件分类为已知的攻击或新的攻击。当且仅当两个连续的攻击事件在完整的标准集中至少共享两个不同的攻击特征时，它们应该具有相同的根本原因（见 4.4.2 节）。原因是当前类型的攻击是高度动态的，攻击事件的分布迅速变化（即，僵尸管理员使用新的机器人，旧的机器人［受感染的机器］随着时间的推移变得干净）。因此，来自同一僵尸网络的两个连续攻击事件不一定具有它们所有的共同属性。

为了判断两个攻击事件是否相关，攻击事件应该具有一定的相关性。在本案例研究中，确定攻击事件是否具有相同根本原因的决策过程基于模糊推理系统（FIS）。更具体地说，从派系提取中获得的知识用于构建描述每个人的行为的模糊规则现象。

将多准则推理方法应用于使用 Leurre.com 蜜网获得的 640 天以上的攻击轨迹集。该数据集由位于 20 个不同国家的 36 个平台收集，属于 18 个不同的 a 类子网[17]。在此期间，发现了 32 个全球现象，348 个攻击事件归因于一个大规模的现象。该方法还能够表征所识别的现象的行为。例如，攻击已部署的蜜罐的最大僵尸网络有 69 884 个源，有 57 个攻击事件。在此期间，根据观察到的来源，僵尸网络的平均规模约为 8500 个，平均每个事件为 658 个来源。图 4.2 和图 4.3 显示了关于顶级攻击国家的攻击集团的地理分布以及攻击者攻击的港口序列。

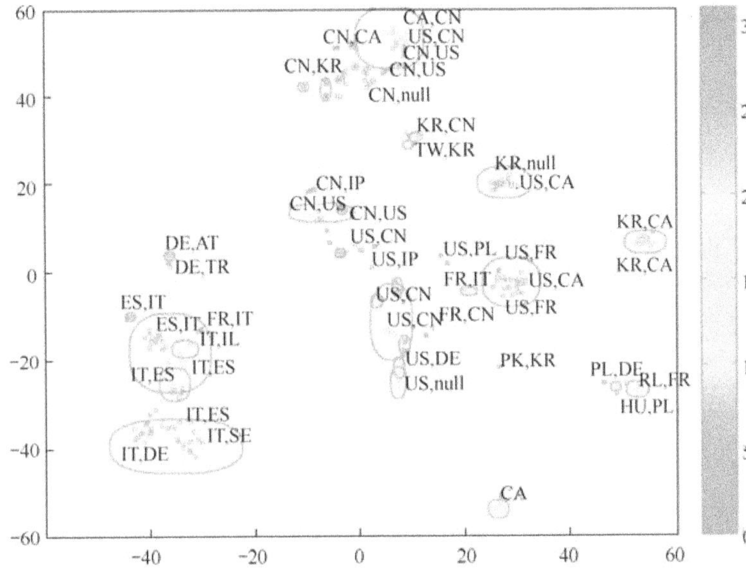

图 4.2 具有两个顶级攻击国家的攻击者集团的分布和规模

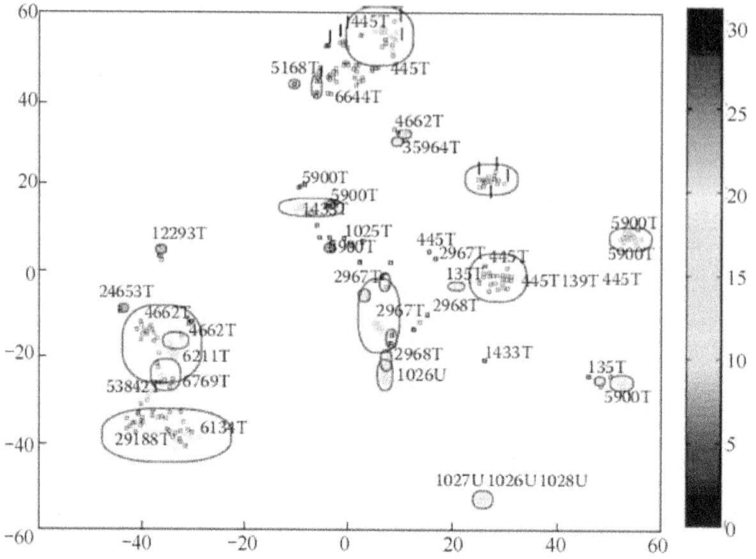

图 4.3　攻击者对攻击者目标端口序列的地理集团

4.4.2 检测可疑活动的大规模日志分析

在之前的案例研究中，最终的目标是重建攻击事件的序列，并找到可能具有相同的根本原因的攻击事件。由于数据集是从蜜罐中收集到的，所以可以安全地假设收集到的数据是恶意的，并且是不同攻击事件的结果。

Beehive[16]是一种从大型企业安全产品产生的日志数据中自动提取知识的系统。这些方法在某种意义上是有用的，因为它们改进了基于签名的方法，主要关注于描述可疑流量的行为。这允许安全分析人员识别可疑的主机行为，并确定突发事件的根本原因。

攻击事件。蜂巢旨在通过报告表现出可疑行为的网络主机来促进对威胁的检测。这些可疑行为包括联系攻击网站，与 C&C 服务器通信，或与以前看不见的外部目的地交换流量。这些行为可能是受感染主机中的恶意软件活动、外部攻击者直接控制主机或善意用户被诱骗执行危险操作的结果行为。

4.4.2.1　定义攻击特征

为了发现攻击事件，Beehive 使用了由网络设备生成的广泛日志，包括 Web 代理、DHCP 服务器、VPN 服务器、身份验证服务器和防病毒软件日志。为了描述来自企业的出站流量，对于每个专用主机，将生成一个具有 15 个特征的特征向量。下面我们将提供更多关于蜂巢如何描述出站流量的细节。

可疑的起源。用不常见的外部来源来交换流量表明他们有可疑的行为。例如，每个主机每天接触到的新的外部目的地的数量会被记录为内部主机随时间变化的外部目的地的历史记录。除了新的、不常见的目的地外，该系统还收集不受欢迎的外部原始 IP 地址。这个假设是，与不受欢迎的 IP 连接可能表明可疑的活动，因为合法的服务通常可以通过他们的域名到达。

可疑的主机。组织中的主机在其软件配置中通常是非常同质的。在主机上安装新的软件实际上表明了可疑的行为。

Beehive 从 http 请求报头中包含的用户-代理字符串推断主机的软件配置。用户代理（UA）字符串包括发出请求的应用程序的名称、其版本、功能和操作环境。Beehive 维护主机中新的 UA 字符串的数量，并在一个月内构建每个主机的 UA 字符串的历史记录。

政策执行。如果请求的来源未知，并且尚未被分类，则用户必须明确同意尊重公司的政策，然后才被允许继续进行。需要这种确认的域（和连接）称为“挑战”，用户同意的域称为“同意”。对于每个主机，计算主机接触的被阻止、挑战或同意的域（和连接）的数量。

可疑的交通。主机通信量的突然变化可能是恶意软件感染的结果，或自动进程的存在的结果。蜂箱的设计目的是通过将连接峰值定义为一分钟窗口并监控主机的流量来提取这些活动。通过计算每个主机的连接数，可以在足够长的时间内确定高流量的适当阈值。

图 4.4 显示了所有专用主机的所有一分钟窗口之间的累积分布。大约 90%的主机每分钟产生少于 101 个连接，并且接触到少于 17 个不同的域。

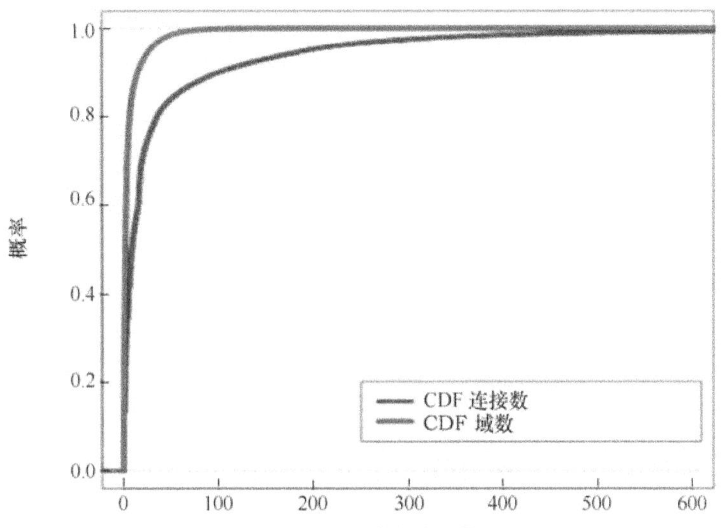

图 4.4　CDF 表示网络连接数和主机连接的域的数量

4.4.2.2 发现网络中的异常值

蜂巢允许安全分析师观察表现出相似行为的主机组，以及具有独特行为模式的行为不当的主机。根据 4.4.2.1 节中所述的攻击特征，将每个主机表示为一个多维特征向量。为了消除特征之间的潜在依赖性，降低向量的维数，对数据集进行了主成分分析（PCA）[36]。数据缩减是通过将原始向量投影到一组主成分上来实现的。选择每个主成分来尽可能多地捕获数据中的方差[16]。通过选择顶部的 m 个主分量，原始向量的投影降低到维数 m。

对投影向量的聚类算法是 K-means 聚类算法的适应，但不需要预先指定聚类数量。蜂巢发现了顶级外围主机的突发事件，并将其报告给安全分析师。该算法通过迭代识别离其他集群最远的节点来形成集群。

在发现异常值后，事件会报告给安全分析师，以进行进一步调查。为了便于手动调查，突发事件报告包括关于主机所属的集群、集群中的其他主机以及特征向量的值的上下文信息。

蜂箱有效地检测出了由域生成算法（domaingeneration algorithms，DGA）创建的接触域。基于接收终端的特征（即可疑来源）在对产生恶意流量的主机进行分类时非常有效，因为大多数 DGA 主机属于具有大量接收终端的集群。

蜂箱还发现了 81 起相应主机与低信誉网站通信、下载压缩文件或可执行文件、在 http 请求中使用格式错误的 UA 字符串或反复接触同一 URL 的事件，从而显示了其有效性。表 4.1 为公司安全运行中心（SOC）分类的可疑事件。

表 4.1　安全运营中心分类的“可疑”事件

SOC 标签	#可疑事件	
广告软件或间谍软件	35	43.21%
进一步的调查	26	32.09%
其他恶意软件	9	11.11%
违反政策-游戏	1	1.23%
违反政策-IM	1	1.23%
违反政策-流媒体	2	2.47%
其他-未分类的站	7	8.64%

4.5 小　结

在本章中，介绍了一套技术来解决与攻击归因和根本原因分析相关的复杂问题。本章还解释了基于最新研究的两个案例研究，并展示了它们从攻击事件中发现知识方面的有效性。在第一个案例研究中，本章解释了显然不相关的攻击事件如何可以归因于相同的全局攻击根源。本章还详细介绍了每天从多个网络设备收集的数百万事件日志中自动提取大型企业知识的技术。

参考文献

1. Krebs, Brian, FBI: North Korea to Blame for Sony Hack. http://krebsonsecurity.com/2014/12/fbi-north-korea-to-blame-for-sony-hack/, 2014.
2. Krebs, Brian, Home Depot breach. http://krebsonsecurity.com/tag/home-depot-breach/, 2015.
3. CROWE, Portia. JPMorgan fell victim to the largest theft of customer data from a financial institution in US history, http://www.businessinsider.com/jpmorgan-hacked-bank-breach-2015-11, 2015.
4. Krebs, Brian, Anthem breach. http://krebsonsecurity.com/tag/anthem-breach/, 2015.
5. Krebs, Brian, Target data Breach, http://krebsonsecurity.com/tag/target-data-breach/, 2014.
6. McAfee Labs, 2016 Threat Prediction, http://www.mcafee.com/us/resources/reports/rp-threats-predictions-2016.pdf, 2016.
7. FireEye Inc., The 2016 Security Landscape, https://www2.fireeye.com/rs/848-DID-242/images/2016-Security-Landscape-RPT.pdf?mkt_tok=3RkMMJWWfF9wsRolvqzld%2B%2FhmjTEU5z17OkqXKexgokz2EFye%2BLIHETpodcMT8ZqPLHYDBceEJhqyQJxPr3NKNgN3tx5RhPmCg%3D%3D, 2016.
8. Basu, Eric, Target CEO Fired—Can You Be Fired If Your Company Is Hacked?, http://www.forbes.com/sites/ericbasu/2014/06/15/target-ceo-fired-can-you-be-fired-if-your-company-is-hacked/#311a62727bc1, 2014.
9. Antonakakis, Manos, Roberto Perdisci, Yacin Nadji, Nikolaos Vasiloglou, Saeed Abu-Nimeh, Wenke Lee, and David Dagon. From throw-away traffic to bots: Detecting the rise of DGA-based malware. In *Presented as part of the 21st USENIX Security Symposium (USENIX Security 12)*, pp. 491–506, 2012.
10. Gu, Guofei, Roberto Perdisci, Junjie Zhang, and Wenke Lee. BotMiner: Clustering analysis of network traffic for protocol-and structure-independent botnet detection. In *USENIX Security Symposium*, 5(2) (2008):139–154.
11. Holz, Thorsten, Christian Gorecki, Konrad Rieck, and Felix C. Freiling. Measuring and detecting fast-flux service networks. In *NDSS*. 2008.
12. Antonakakis, Manos, Roberto Perdisci, David Dagon, Wenke Lee, and Nick Feamster. Building a dynamic reputation system for DNS. In *USENIX security symposium*, pp. 273–290, 2010.
13. Antonakakis, Manos, Roberto Perdisci, Wenke Lee, Nikolaos Vasiloglou II, and David Dagon. Detecting malware domains at the upper DNS hierarchy. In *USENIX Security Symposium*, p. 16, 2011.
14. Bilge, Leyla, Davide Balzarotti, William Robertson, Engin Kirda, and Christopher Kruegel. Disclosure: Detecting botnet command and control servers through large-scale netflow analysis. In *Proceedings of the 28th Annual Computer Security Applications Conference*, pp. 129–138. ACM, 2012.
15. Bilge, Leyla, Engin Kirda, Christopher Kruegel, and Marco Balduzzi. "EXPOSURE:

Finding malicious domains using passive DNS analysis." In *NDSS*, 2011.
16. Yen, Ting-Fang, Alina Oprea, Kaan Onarlioglu, Todd Leetham, William Robertson, Ari Juels, and Engin Kirda. Beehive: Large-scale log analysis for detecting suspicious activity in enterprise networks. In *Proceedings of the 29th Annual Computer Security Applications Conference*, pp. 199–208. ACM, 2013.
17. Thonnard, Olivier, Wim Mees, and Marc Dacier. Addressing the attack attribution problem using knowledge discovery and multi-criteria fuzzy decision-making. In *Proceedings of the ACM SIGKDD Workshop on Cyber Security and Intelligence Informatics*, pp. 11–21. ACM, 2009.
18. Kaufman, Leonard, and Peter J. Rousseeuw. Finding Groups in Data: An Introduction to Cluster Analysis. Vol. 344. John Wiley & Sons, 2009.
19. Julisch, Klaus, and Marc Dacier. Mining intrusion detection alarms for actionable knowledge. In Proceedings of the Eighth ACM SIGKDD International Conference on Knowledge Discovery and Data Mining, pp. 366–375. ACM, 2002.
20. Barbará, Daniel, and Sushi Jajodia (Eds.). *Applications of Data Mining in Computer Security,* volume 6 of *Advances in Information Security*. Springer, 2002.
21. Brugger, S. Terry. Data mining methods for network intrusion detection. University of California at Davis (2004).
22. Thonnard, Olivier, Wim Mees, and Marc Dacier. On a multicriteria clustering approach for attack attribution. *ACM SIGKDD Explorations Newsletter* 12(1) (2010): 11–20.
23. Ferreira, Laura, and David B. Hitchcock. A comparison of hierarchical methods for clustering functional data. *Communications in Statistics-Simulation and Computation* 38(9) (2009): 1925–1949.
24. Raghavan, Vijay V., and C. T. Yu. A comparison of the stability characteristics of some graph theoretic clustering methods. *Pattern Analysis and Machine Intelligence, IEEE Transactions on* 4 (1981): 393–402.
25. Pavan, Massimiliano, and Marcello Pelillo. A new graph-theoretic approach to clustering and segmentation. In *Computer Vision and Pattern Recognition, 2003. Proceedings. 2003 IEEE Computer Society Conference on*, vol. 1, pp. I-145. IEEE, 2003.
26. Thonnard, Olivier. A multi-criteria clustering approach to support attack attribution in cyberspace. PhD diss., PhD thesis, École Doctorale d'Informatique, Télécommunications et Électronique de Paris, 2010.
27. Draisma, Jan, Emil Horobet, Giorgio Ottaviani, Bernd Sturmfels, and Rekha R. Thomas. The Euclidean distance degree of an algebraic variety. *arXiv preprint arXiv:1309.0049* (2013).
28. Mao, Jianchang, and Anil K. Jain. A self-organizing network for hyperellipsoidal clustering (HEC). *Neural Networks, IEEE Transactions on* 7(1) (1996): 16–29.
29. Aggarwal, Charu C., Alexander Hinneburg, and Daniel A. Keim. *On the Surprising Behavior of Distance Metrics in High Dimensional Space*. Berlin: Springer, 2001.
30. Boutin, Francois, and Mountaz Hascoet. Cluster validity indices for graph partitioning. In *Information Visualisation, 2004. IV 2004. Proceedings. Eighth International Conference on*, pp. 376–381. IEEE, 2004.
31. Yoon, K. Paul, and Ching-Lai Hwang. *Multiple Attribute Decision Making: An Introduction*. Vol. 104. Sage Publications, 1995.
32. Yager, Ronald R. On ordered weighted averaging aggregation operators in multicriteria decisionmaking. *Systems, Man and Cybernetics, IEEE Transactions on* 18(1) (1988): 183–190.

33. Beliakov, Gleb, Ana Pradera, and Tomasa Calvo. *Aggregation Functions: A Guide for Practitioners*. Vol. 221. Heidelberg: Springer, 2007.
34. Fuglede, Bent, and Flemming Topsoe. Jensen-Shannon divergence and Hilbert space embedding. In *IEEE International Symposium on Information Theory*, pp. 31–31, 2004.
35. Thonnard, Olivier, and Marc Dacier. A framework for attack patterns' discovery in honeynet data. *Digital Investigation* 5 (2008): S128–S139.
36. Thonnard, Olivier, and Marc Dacier. Actionable knowledge discovery for threats intelligence support using a multi-dimensional data mining methodology. In *Data Mining Workshops, 2008. ICDMW'08. IEEE International Conference on*, pp. 154–163. IEEE, 2008.
37. Jolliffe, Ian. *Principal Component Analysis*. John Wiley & Sons, Ltd, 2002.

第 5 章　网络安全数据可视化

数据可视化是分析和交流不可或缺的手段，特别是在网络安全领域。在过去的十年中，网络数据可视化的技术和系统已经出现，从威胁和脆弱性分析到取证和网络流量监控都有应用。本章将介绍其中几个里程碑。

除了回顾过去，我们还说明了正在进行的网络数据可视化研究中的新兴主题。我们探讨了将人类感知系统的优势与异常检测等分析技术相结合的原则性方法的必要性，以及对抗次优可视化设计（浪费分析时间和组织资源的设计）的日益紧迫的挑战。

5.1　引　　言

网络安全需要数据可视化，因为在实践中，安全需要大量的人参与。即使是小型组织也需要训练有素的安全信息工作者（SIW）持续的时间和关注，以确保可接受的安全级别。SIW 将大部分时间花在安全操作上。例如，扫描网络上的设备以查找漏洞，或者分析传入的网络流量以查找恶意活动。他们有限的时间和注意力分散在收集和分析数据以及利用数据形成组织网络和系统的变化并确定其优先级之间。数据条形图、饼状图、折线图等的可视化表示在这些操作中随处可见。

网络安全中对数据可视化的要求是硬性的，许多组织乐于将其安全操作降级到智能系统。

智能系统的运行速度比人工操作快得多，也比我们更不容易出错。向智能系统的过渡对许多组织来说都是诱人的，特别是考虑到人工智能和机器学习的最新进展。机器学习现在可以处理来自组织内外的大量不同类型的数据流，例如，提供捕获恶意行为的模型。类似地，人工智能可以分析网络基础设施，提出有助于避免错误配置的变更建议。这些进步代表了新的安全思维方式。

尽管前景光明，但这些进步并未在操作环境中得到采纳，也不会取代安全分析师。机器学习专家认为，即使智能系统达到了做出操作决策的程度，人类的判断仍然是管理系统本身所必需的。

这一差距与数据可视化的目标一致：用数据辅助人类分析和判断。可视化结合了我们视觉系统的固有优势和计算机强大的图形和计算能力。设计合理的可视化可以让我们的眼睛快速识别数据中的模式，从而加深我们对数据中潜在特征和现象的理解。目视检查引导我们对数据有新的见解，帮助我们形成下一步关注何处的假设。互动让我们可以通过展示数据的其他部分或从不同的角度展示相同的数据来进一步追求这些假设。这些特性使数据可视化成为探索、分析和交流的宝贵工具。

然而，有效的数据可视化是困难的。我们大多数人都熟悉基本的图表。考虑到 Microsoft Excel 等工具的普及，很难找到一位从未花时间创建条形图和饼状图的人。但是，如果让他们解释条形图是否优于饼状图，那么他们给出的答案并不完整。即使是最基本的图表的相对有效性仍然是一个争论的话题（大多数研究表明饼状图是次优选择）。在更多技术环境中常见的图表也不例外：直方图、方框图和散点图经常是正在进行的研究的主题。

鉴于其正在进行的研究，人们可能会怀疑数据可视化在网络安全中究竟何时有用。例如，在分析系统级日志时，两个最常用的工具是命令行实用程序和 Excel。命令行实用程序用于访问、操作和过滤日志，而 Excel 用于检查、分析和可视化。SIW 使用这些可视化不仅有助于分析，还可以将结果传达给其他安全团队和利益相关者。

通过数据可视化研究开发的技术例子也很多。例如，当列数很大时，Excel 等工具的数据可视化功能很快就会变得困难。例如，如果分析师需要使用 Excel 查找 20 列之间的关系，则他们需要手动创建多个图表来比较列对。数据可视化研究提供了几种可扩展的替代方案。一种是平行坐标图（图 5.1），它并排显示了多个维度，并提供了多种交互技术，允许用户排列以查找隐藏的相关性和异常值。

然而，网络安全远不止是日志分析。SIW 处理从威胁和漏洞管理到取证、流量分析等所有方面。当我们在本章剩余部分讨论这些主题时，请记住，我们的重点不是覆盖整个空间，而是每个区域的适用数据可视化技术示例。

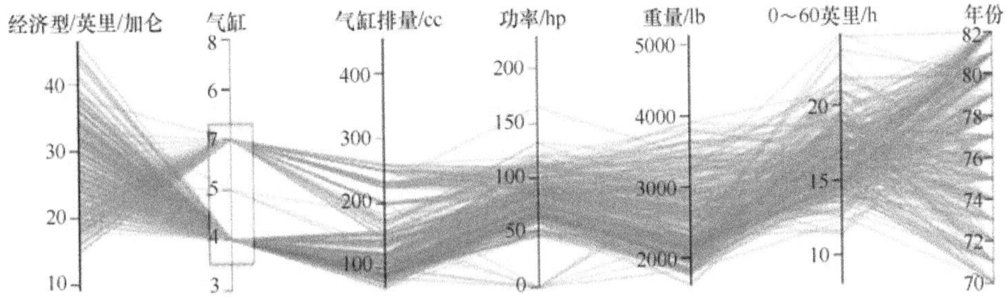

1cc=1cm^3；1hp=735499W；1lb=0.453592 kg；1加仑=3.785L。

图 5.1 平行坐标图。每个轴表示数据的维度（列）。
每一行代表一行（在本例中是一辆特定的汽车）

5.2 威胁识别、分析和缓解

威胁分析包括识别和分类可能中断日常运作的行动（有目的的和意外的）。威胁分析使用了许多数据源，例如主机或网络部分在其已知漏洞上的风险，以及攻击者可能通过网络或进入系统的路径上的数据。SIW 在其组织中花费大量时间进行威胁分析，因为这是在发生违规事件时确定持续维护和响应程序优先级的主要手段（图 5.2）。

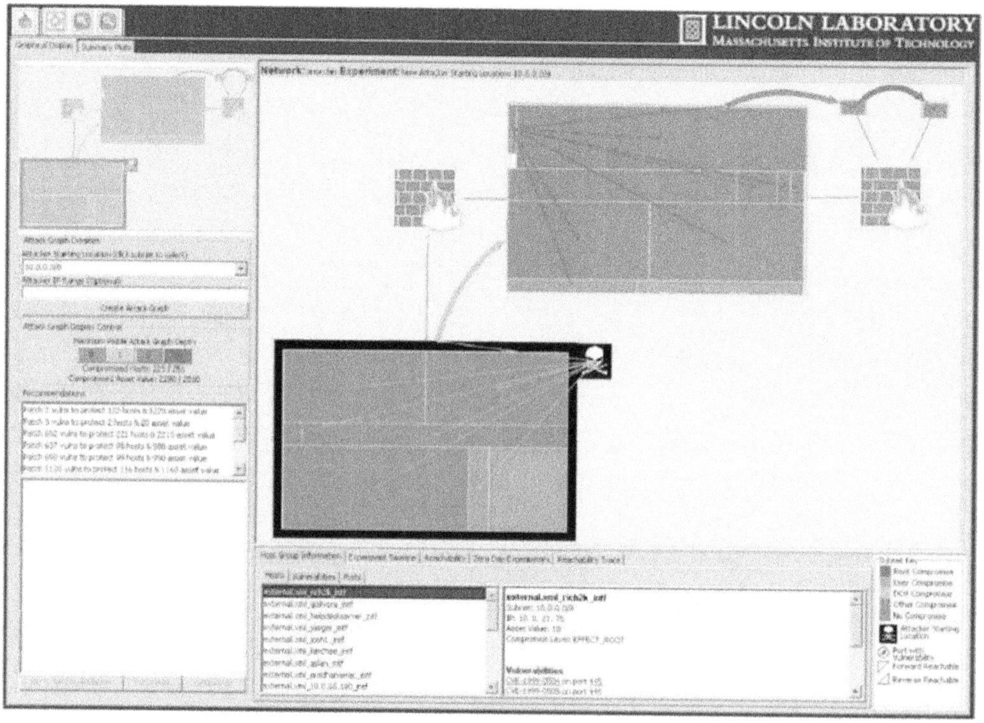

图 5.2　攻击图。（摘自 Matthew Chu、Kyle Ingols、Richard Lippmann、Seth Webster 和 Stephen Boyer，《第七届网络安全可视化国际研讨会论文集》，第 22～33 页，ACM，2010 年）。攻击图可达性信息通过以树状图为节点的节点链接图与漏洞信息相结合

攻击图有助于说明攻击者可能通过网络攻击高价值目标的方式。攻击图使 SIW 能够计算量化威胁分析。这些图可以通过从组织中可用的若干信息（如网络结构、网络上运行的系统及其相关漏洞）计算构建。攻击图允许 SIW 识别其网络和系统中的必要更改，并测试其更改是否确实成功阻止了潜在攻击。

从数据分析的角度看，攻击图的挑战在于它们很快变得庞大和多方面。网络中

的系统（节点）之间通常存在多条可能的路径（边）。这些边和节点中的每一个都可能具有多个属性，从而形成一个大型多维图。大型图的可视化表示通常会导致“毛球”（hairball），其中大量节点和边交叉使得很难看到图的底层结构。

图形可视化的挑战是数据可视化研究的一个永恒主题。在安全可视化方面，一些最新的方法集中于展示仔细的编码和交互设计如何通过攻击图改进网络分析。

通常，攻击图表示为节点链接图，并使用不同颜色或形状的节点和链接来表示风险、漏洞类型和其他可用变量[2-5]。由于节点链接图通常是以下链接的最佳可视化表示方式之一[6]，分析人员可以探索攻击者如何通过现有漏洞访问关键机器。然而，节点链接图有几个众所周知的局限性[6]，因此研究人员提出了新的攻击图视觉隐喻，包括基于像素的矩阵视图和树形图[7-8]（图 5.3）。

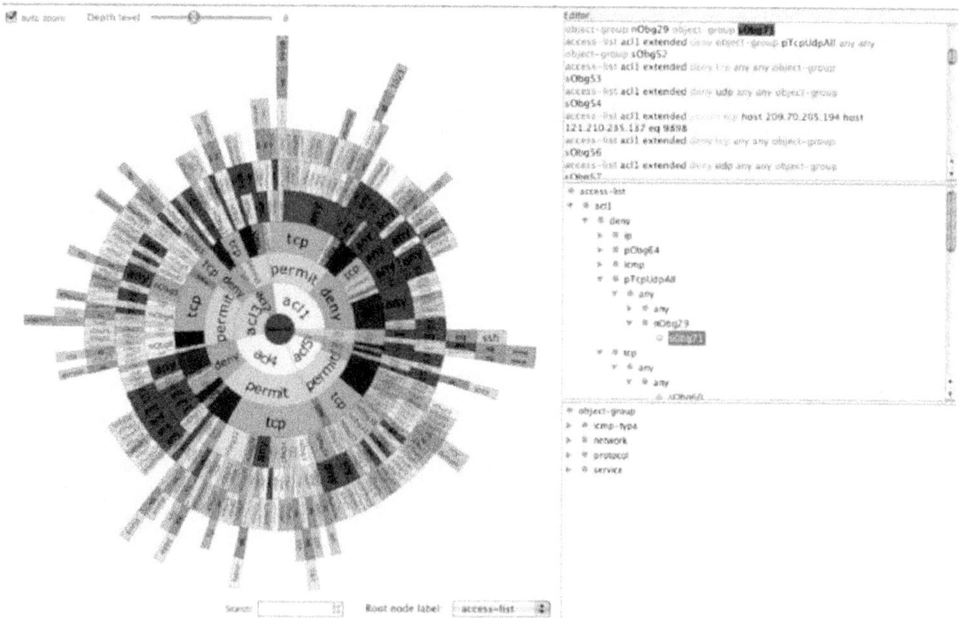

图 5.3　防火墙规则集可视化。（摘自 Florian Mansmann、Timo Gbel 和 William Cheswick，《第九届网络安全可视化国际研讨会论文集》，2012 年）层次评估规则排列在 sunburst 图中。sunburst 内部的规则谓词首先处理，而外部的规则谓词则在最后处理

鉴于图形可视化的复杂性，每种攻击图技术都有相对的优势和局限性。SIW 可以利用其中的几种技术。

有一些配置研究工作试图使安全资产（特别是防火墙和路由器）的配置更易于 SIW 使用。

防火墙配置仍然是安全分析人员面临的一个公开而困难的问题。规则可能以多

种方式发生冲突，防火墙配置在计算上仍然难以解决。因此，大型网络中有效的防火墙配置可以通过将配置算法与以人为中心的可视化技术相结合的混合方法获益。这一领域的最新发展将不同类型的规则冲突可视化了[9]，并集中于准确表示防火墙配置的维度[10]。

分析人员了解路由器配置也很重要。这个问题与防火墙的不同之处在于它需要分析大量的流量数据、可达性数据、路由数据等。散点图和堆叠图等基本可视化可以帮助 SIW 识别 DNS 流量中的模式。考虑到数据类型的多样性，协调的多视图可视化在将这些数据源表示在一起时非常有用，从而允许分析人员在数据中找到重要的联系[12,13]。

随着企业的发展和新数据源的增加，面向导航的威胁分析成为一项挑战。这一增长增加了安全分析师在日常活动中必须掌握的数据的规模和复杂性。认识到这一趋势，一些研究人员将重点放在帮助安全分析师导航复杂异构数据的可视化技术上。

“概述、缩放和过滤、按需细节”是交互式数据可视化领域最广为人知、最受欢迎的设计准则之一。数据概述通常是直观的。对于一家专注于销售的公司来说，它可能是过去一年的销售和相关指标，也可能是每周或每次显示一个月。这样的概述为公司分析师提供了一个起点，可以放大和过滤日常甚至个人感兴趣的交易。

然而，在网络安全领域，选择一个好的概述更加困难。考虑到一个组织中的数据来源庞大且多样，不可能将概述作为在安全设置中完成的所有类型分析的起点。这种复杂性导致了三种常见的概述：节点链接图、地理空间地图和仪表板。

许多概述都是从网络拓扑开始的。网络拓扑自然地表示为节点链接图，各个 IP 作为节点，它们之间的连接作为边。这些数据很容易从各种广泛可用的网络数据中推断出来，例如，包括 netflow、pcap 和防火墙日志。

节点链接图尽管在网络安全中十分普遍，但也存在许多有据可查的局限性。看到需要更好的方法在安全设置概述中，Fowler 及其同事创建了 IMap：一个基于地图的大型网络概述。

IMap 算法从网络的节点链接表示开始，并利用此结构构建地理地图，就像我们用于指示方向的熟悉地图一样。生成的地图类似于有国家边界的大陆，指示网络的不同部分。这种转换消除了节点链接图的一些有问题的特性，如边缘交叉的毛球和难以破译的节点位置。

除了减少概述中常用的表示的权衡之外，受地图启发的表示还为分析人员带来了一些直接的好处。首先，他们利用这些结果和其他研究证明二维空间化数据有助于导航。另一种将 IMap 视为比通常使用的节点链接图更高级别的概述的方法。从定义上讲，这是正确的，因为作者证明了单个节点和链接可以在 IMap 内部按需显示。进一步的好处还有待研究。然而，几十年的地图学研究表明，空间地图是一种有用的工具，可以帮助分析人员找到“共同点”，并在面对新数据和场景时确定自己的方向。

现在，请考虑在一种情况下，分析师使用概述来确定其网络中感兴趣的活动。导航在这种情况下仍然是一个挑战，因为分析员必须识别活动发生的上下文，以确定应该采取什么行动。在这种情况下，上下文可能包括活动所在的子网、登录的用户以及活动“附近”的机器（从连接性的角度看，不一定意味着机器物理上很近）等信息。

分析师在决定如何应对时必须考虑可疑活动的背景。但是，很少有工具明确支持这种推理。分析师可以使用工具跟踪一台机器到另一台机器的路径，以发现其他感兴趣的 IP，但这些信息还必须与路径上 IP 本身的上下文相结合。

5.3 漏洞管理

为了评估网络中服务器和工作站的安全状况，安全分析师和系统管理员使用漏洞评估用于扫描网络和部署代码以发现潜在漏洞的工具。在一个拥有许多服务和系统的组织中，开放漏洞的数量通常很大并且不断变化。

期望所有漏洞都得到修补是不合理的——员工每周都会向机器中引入新软件，甚至可信软件的新版本也会引入漏洞。SIW 必须优先考虑在何处花费时间。然而，依赖脆弱性列表和 SIW 的网络心智模型来确定应该优先考虑什么可能导致令人不安的结果。行业报告显示，未修补的系统是近年来一些规模最大、危害最大的违规行为的罪魁祸首[20]。

网络漏洞 Nessus 和类似工具可以为大型网络生成大量数据。网络漏洞扫描器探测机器以确定哪些网络端口处于打开状态，端口上运行哪些服务，最重要的是，这些服务的哪些版本正在运行。识别服务和版本使这些工具能够将它们与已知漏洞相匹配。

扫描分析工具通常以表格形式显示数据，有时使用颜色编码试图提供每个漏洞严重性的概述。但扫描数据可能非常大。由于不支持比较机器的单个或逻辑分组，SIW 很难在脑海中描绘出网络中的总体漏洞状态。此外，很难确定网络的漏洞状态在不同时间点的扫描之间发生了怎样的变化。

非易失性数据（NV）使用树形图和链接直方图允许安全分析师和系统管理员发现、分析和管理其网络上的漏洞[21]（图 5.4）。除了可视化单个 Nessus 扫描外，NV 还支持通过显示哪些漏洞已修复、保持打开或新发现，来分析顺序扫描。

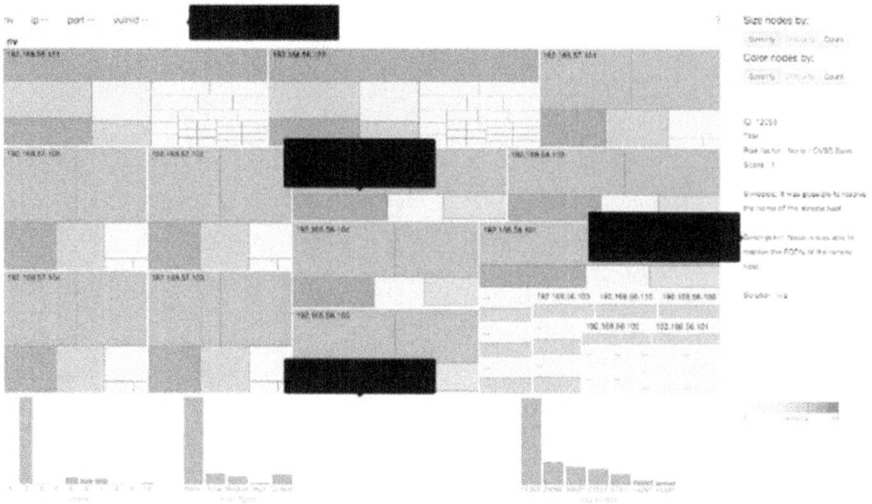

图 5.4　NV 系统。（摘自 Lane Harrison、Riley Spahn、Mike Iannacone、Evan Downing 和 John R Goodall，《第九届网络安全可视化国际研讨会论文集》，2012 年）一次扫描多台机器的漏洞如树状图所示。用户可以重新安排层次结构以关注端口、IP 或单个漏洞

软件漏洞不限于商业软件。组织可以在其网络中运行许多脚本和服务以进行业务操作。事实上，SIW 的主要关注点之一是发现组织基础设施中存在威胁的“已知未知因素”[20]。

组织不仅必须检测和管理其部署的软件中的漏洞，还必须检测和管理其制造的软件中的漏洞。与网络漏洞扫描类似，有许多工具可以检测和记录给定源代码中的漏洞。

认识到这一需求，Goodall 等人开发了一种可视化分析工具来帮助理解和纠正代码库中的漏洞。他们的系统不仅包括日志工具检测到的漏洞的多个视图，还包括代码本身。利用问题的简单性可以创建一个独特的自包含系统，在该系统中，分析师可以在单个工具中确定漏洞的优先级并修复漏洞。

漏洞管理和修复占了 SIW 花费时间的很大一部分。然而，专门针对漏洞管理的面向数据的工具和工作流程很少，这是未来工作的一个机会。

5.4　鉴证分析

在确定网络或系统被破坏后，可视化有助于鉴证分析。鉴证分析需要来自一台或多台机器和设备的详细数据。虽然这些数据源通常可以通过流量和活动监控工具可视化，但这些工具中的视图在取证中的用途往往有限，SIW 需要构建攻击如何发

生的故事。取证工具的一个显著特点是它们向分析师提供的详细程度较低。专注于鉴证学分析的研究已经处理了网络数据、个人设备数据或行为数据（如电子邮件），这些数据都是在注入后设置的（图 5.5）。

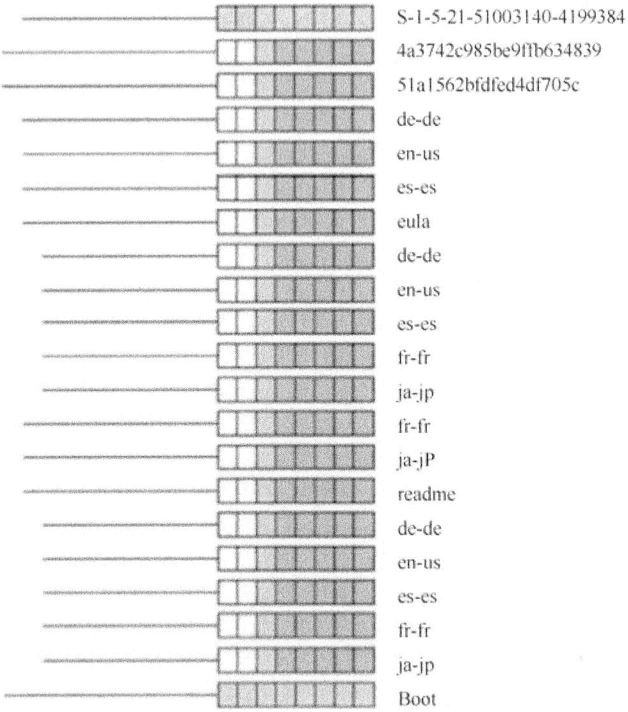

图 5.5　变更链接系统。（摘自 Timothy R Leschke 和 Alan T Sherman，《第九届网络安全可视化国际研讨会论文集》，2012 年）恶意进程和修补程序通常会临时更改目录结构，并在完成时删除其工作的证据。Change Link 显示目录是如何随时间变化的

取证工具专注于较小的网络子集，倾向于显示更多细节的功能，并允许分析员在机器或子网络之间进行透视。例如，不再仅仅依靠基于文本的命令行工具，如 grep，详细的搜索结果可以可视化，以协助分析人员探索和过滤历史网络流量和事件[23]。一些方法将可视化与机器学习相结合，为历史数据创建和完善分类模型，然后可以用来帮助未来的取证工作[24,25]。

可视化也支持设备级取证，特别是在数字字符串搜索中，这是取证分析的一个核心组成部分。特别是，传统的搜索算法已经与可视化技术结合使用，以提供搜索结果的概览，并以互动方式显示文件和字符串[26]。另一种方法是将目录树的变化可视化，因为许多攻击可以通过它们如何修改系统上的文件来识别[27]。

其他应用已经探索了可视化如何有利于行为取证，例如涉及电子邮件和聊天的

攻击。电子邮件流量和群组分析结果已经被可视化，以提供对用户经典使用模式历史的洞察力[28]，并发群现恶意的垃圾邮件活动[29]。

5.5 流　量

网络安全中的许多数据可视化工具旨在促进网络监控和入侵检测或态势感知。态势感知是指了解在特定的、快速变化的环境中发生了什么。

情境意识可以分为三个阶段：感知、理解和投射。感知包括监控网络和网络内系统的状态，而理解包括在第一阶段综合各个元素的状态以识别需要进一步研究的模式。相反，预测涉及将网络的当前状态外推到不久的将来。在安全可视化中，大多数工作和工具都以感知和理解为目标。

网络分析和防御分为几个阶段[31]。这包括监控和初始检测，以及随后的网络取证、报告和决策活动。其他研究考察了分析师如何做出决策，可视化如何有利于这一过程，以及高级别安全目标如何与低级别数据相关。

态势感知研究的另一个重点领域是检查分析师现有的工具包，以确定当前工具和工作流的优势和局限性。这些研究为新的可视化技术和系统奠定了基础。例如，尽管 grep 等命令行搜索工具仍然是分析师工具包中的主要工具，但很少有可视化系统包含甚至基本的搜索功能，这可能会破坏它们的应用。类似地，分析师通常需要将外部安全信息与其网络上的活动（如来自网站、邮件列表和其他在线来源）联系起来。最近的数据可视化系统已经开始处理外部信息，并将其与内部网络操作的关系可视化。可视化设计采用了多种形式来支持态势感知。

考虑到网络安全数据以时间为中心的特性，一些可视化技术强调时间并支持允许 SIW 在其数据的时间维度中前后移动的交互。其中一种方法是事件图（event plots），它使用视觉标记来表示事件，并按类别对事件进行视觉编码[36]。事件图的挑战包括定义事件是什么（如数据包是低级事件，而电子邮件是高级事件）以及定义如何表示事件（如颜色、形状）。虽然杂乱可能成为一个问题，但事件图的应用越来越广泛，因为它们可以提供大量机器的概览和详细视图。

5.6 新兴主题

数据可视化已经应用于安全分析的许多领域。但是，安全分析正在发生变化。两个新兴主题是推动分析实现数据分析不仅有利于个人 SIW，也有利于团队、组织和社区。

人在环机器学习。机器学习在网络安全的某些领域取得了相当大的成功，但在其他领域的成功有限。垃圾邮件过滤器是机器学习的成功案例。在大量垃圾邮件的例子中，机器学习可用来准确地检查收到的邮件是否具有类似垃圾邮件的特征（至少在大多数情况下是如此）。这减少了发送给最终用户的钓鱼电子邮件数量，大大提高了组织的安全性。但正如我们所看到的，SIW 关注的不仅仅是电子邮件。

机器学习已经反复应用于帮助 SIW 识别网络中的异常流量和连接。然而，这些努力并未得到广泛采用，其中一个原因是攻击很少，这意味着模型产生的误报数量将远远大于实际攻击数量（在垃圾邮件中，情况有所不同，因为存在大量恶意电子邮件）。当使用不同的数据源或子网络构建机器学习模型时，这个错误警报问题就会成倍增加。像这样的小模型通常是构建正常活动模型所必需的。

网络中的流量和连接等高频数据可能导致大量误报，SIW 必须对此进行调查。在这些情况下，分析师捍卫网络的能力大大降低[32,33]。

更深层次的问题是机器学习产生的模型的可理解性。一些学习算法产生人类可读的输出，比如一系列关于数据特征的问题，而其他算法产生人类难以内在化的模型。这是机器学习中的一个普遍问题，但由于安全事件必须由 SIW 审查，因此人类和机器学习模型之间的差距仍然是一个长期的挑战[37-39]。

考虑到潜在的影响，研究人员一直在积极努力缩小这一差距。一种方法是将约束添加到学习模型中，使之与 SIW 的理解能力相一致[40]。另一个新兴方法是对 SIW 更好地管理多个模型所需的工具进行评估。这些方法有望将 SIW 的操作需求与机器学习的结构、能力和局限性结合起来。

近几年来，数据处理工具变得更加实用，分析技术变得更加可扩展，可视化技术也变得更加符合我们感知和认知能力的优势和局限性。但数据分析和探索只是故事的一部分。

除了探索，数据的通信和展示已经成为安全领域的核心话题。部分原因是数据密集的行业报告。例如，《Verizon 数据泄露调查报告》[20]收集并确定了来自多个组织的泄露报告，对于组织规划和整合未来几年的资源来说是非常宝贵的。

随着探索性数据可视化向解释性数据可视化的扩展，新的挑战已经到来。例如在数据可视化（如位置或长度）中仅使用绝对最佳感知的视觉刺激。然而，在展示中，可能需要牺牲视觉刺激的准确性，以换取吸引人的刺激。

但是许多从业者、公司和学者仍然不知道数据可视化的最佳实践，这导致了大量浮华（但无效）的分析工具和有吸引力（但有误导性）的行业报告。需要更多的研究来探索这个行为。随着研究从关注技术转向关注 SIW[42,43]，安全可视化将成为日常安全操作和通信中更不可或缺的一部分。

参考文献

1. Parallel coordinates. https://syntagmatic.github.io/parallel-coordinates/. Accessed: 2016-06-01.
2. John Homer, Ashok Varikuti, Xinming Ou, and Miles A McQueen. Improving attack graph visualization through data reduction and attack grouping. In *Visualization for Computer Security*, pp. 68–79. Springer, 2008.
3. Steven Noel and Sushil Jajodia. Managing attack graph complexity through visual hierarchical aggregation. In *Proceedings of the 2004 ACM Workshop on Visualization and Data Mining for Computer Security*, pp. 109–118. ACM, 2004.
4. Scott OHare, Steven Noel, and Kenneth Prole. A graph-theoretic visualization approach to network risk analysis. In *Visualization for Computer Security*, pp. 60–67. Springer, 2008.
5. Williams L., Lippmann R., Ingols K. (2008) GARNET: A graphical attack graph and reachability network evaluation tool. In: Goodall J.R., Conti G., Ma K.-L. (eds). *Visualization for Computer Security. Lecture Notes in Computer Science*, vol. 5210. Springer, Berlin, Heidelberg.
6. Mohammad Ghoniem, Jean-Daniel Fekete, and Philippe Castagliola. A comparison of the readability of graphs using node-link and matrix-based representations. In *Information Visualization*, 2004. INFOVIS 2004. IEEE Symposium on, 2004.
7. Matthew Chu, Kyle Ingols, Richard Lippmann, Seth Webster, and Stephen Boyer. Visualizing attack graphs, reachability, and trust relationships with navigator. In *Proceedings of the Seventh International Symposium on Visualization for Cyber Security*, pp. 22–33. ACM, 2010.
8. Steven Noel, Michael Jacobs, Pramod Kalapa, and Sushil Jajodia. Multiple coordinated views for network attack graphs. In *Visualization for Computer Security*, 2005. (VizSEC 05). IEEE Workshop on, pages 99–106. IEEE, 2005.
9. Shaun P Morrissey and Georges Grinstein. Visualizing firewall configurations using created voids. In *Visualization for Cyber Security*, 2009. VizSec 2009. 6th International Workshop on, 2009.
10. Florian Mansmann, Timo Gbel, and William Cheswick. Visual analysis of complex firewall configurations. In *Proceedings of the Ninth International Symposium on Visualization for Cyber Security*, 2012.
11. Pin Ren, John Kristoff, and Bruce Gooch. Visualizing dns traffic. In *Proceedings of the 3rd International Workshop on Visualization for Computer Security*, 2006.
12. James Shearer, Kwan-Liu Ma, and Toby Kohlenberg. Bgpeep: An ip-space centered view for internet routing data. In *Visualization for Computer Security*, 2008.
13. Soon Tee Teoh, Supranamaya Ranjan, Antonio Nucci, and Chen-Nee Chuah. Bgp eye: A new visualization tool for real-time detection and analysis of bgp anomalies. In *Proceedings of the 3rd International Workshop on Visualization for Computer Security*, 2006.
14. Ben Shneiderman. The eyes have it: A task by data type taxonomy for information visualizations. In *Visual Languages*, 1996. Proceedings, IEEE Symposium on, 1996.
15. Jay Jacobs and Bob Rudis. Data-Driven Security: Analysis, Visualization and Dashboards. John Wiley & Sons, 2014.

16. J Joseph Fowler, Thienne Johnson, Paolo Simonetto, Michael Schneider, Carlos Acedo, Stephen Kobourov, and Loukas Lazos. Imap: Visualizing network activity over internet maps. In *Proceedings of the Eleventh Workshop on Visualization for Cyber Security*, 2014.
17. Melanie Tory, David W Sprague, Fuqu Wu, Wing Yan So, and Tamara Munzner. Spatialization design: Comparing points and landscapes. *Visualization and Computer Graphics, IEEE Transactions on*, 2007.
18. Alan M MacEachren. *How Maps Work: Representation, Visualization, and Design*. Guilford Press, 1995.
19. Cameron C Gray, Panagiotis D Ritsos, and Jonathan C Roberts. Contextual network navigation to provide situational awareness for network administrators. In *Visualization for Cyber Security (VizSec), 2015 IEEE Symposium on*, 2015.
20. Verizon RISK Team et al. Verizon data breach investigations report, 2016.
21. Lane Harrison, Riley Spahn, Mike Iannacone, Evan Downing, and John R Goodall. Nv: Nessus vulnerability visualization for the web. In *Proceedings of the Ninth International Symposium on Visualization for Cyber Security*, 2012.
22. John R Goodall, Hassan Radwan, and Lenny Halseth. Visual analysis of code security. In *Proceedings of the Seventh International Symposium on Visualization for Cyber Security*, 2010.
23. Kiran Lakkaraju, Ratna Bearavolu, Adam Slagell, William Yurcik, and Stephen North. Closing-the-loop in nvisionip: Integrating discovery and search in security visualizations. In *Visualization for Computer Security*, 2005. (VizSEC 05). IEEE Workshop on, 2005.
24. Chris Muelder, Kwan-Liu Ma, and Tony Bartoletti. A visualization methodology for characterization of network scans. In *Visualization for Computer Security*, 2005. (VizSEC 05). IEEE Workshop on, 2005.
25. Charles Wright, Fabian Monrose, and Gerald M Masson. Hmm profiles for network traffic classification. In *Proceedings of the 2004 ACM Workshop on Visualization and Data Mining for Computer Security*, 2004.
26. TJ Jankun-Kelly, David Wilson, Andrew S Stamps, Josh Franck, Jeffery Carver, J Edward Swan et al. A visual analytic framework for exploring relationships in textual contents of digital forensics evidence. In *Visualization for Cyber Security*, 2009. VizSec 2009. 6th International Workshop on, 2009.
27. Timothy R Leschke and Alan T Sherman. Change-link: A digital forensic tool for visualizing changes to directory trees. In *Proceedings of the Ninth International Symposium on Visualization for Cyber Security*, 2012.
28. Wei-Jen Li, Shlomo Hershkop, and Salvatore J Stolfo. Email archive analysis through graphical visualization. In *Proceedings of the 2004 ACM Workshop on Visualization and Data Mining for Computer Security*, 2004.
29. Orestis Tsigkas, Olivier Thonnard, and Dimitrios Tzovaras. Visual spam campaigns analysis using abstract graphs representation. In *Proceedings of the Ninth International Symposium on Visualization for Cyber Security*, 2012.
30. Mica R Endsley. Toward a theory of situation awareness in dynamic systems. *Human Factors: The Journal of the Human Factors and Ergonomics Society*, 1995.
31. Anita D'Amico and Michael Kocka. Information assurance visualizations for specific stages of situational awareness and intended uses: Lessons learned. In *Visualization for Computer Security*, 2005 (VizSEC 05). IEEE Workshop on, 2005.
32. Jamie Rasmussen, Kate Ehrlich, Steven Ross, Susanna Kirk, Daniel Gruen, and John Patterson. Nimble cybersecurity incident management through visualization and

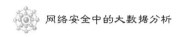

defensible recommendations. In *Proceedings of the Seventh International Symposium on Visualization for Cyber Security*, 2010.
33. Chris Horn and Anita D'Amico. Visual analysis of goal-directed network defense decisions. In *Proceedings of the 8th International Symposium on Visualization for Cyber Security*, 2011.
34. Sergey Bratus, Axel Hansen, Fabio Pellacini, and Anna Shubina. Backhoe, a packet trace and log browser. In *Visualization for Computer Security*, 2008.
35. William A Pike, Chad Scherrer, and Sean Zabriskie. Putting security in context: Visual correlation of network activity with real-world information. In *VizSEC 2007*. 2008.
36. Doantam Phan, John Gerth, Marcia Lee, Andreas Paepcke, and Terry Winograd. Visual analysis of network flow data with timelines and event plots. In *VizSEC 2007*. 2008.
37. Stefan Axelsson. The base-rate fallacy and the difficulty of intrusion detection. *ACM Transactions on Information and System Security (TISSEC)*, 2000.
38. Pooya Jaferian, David Botta, Fahimeh Raja, Kirstie Hawkey, and Kon-stantin Beznosov. Guidelines for designing IT security management tools. In *Proceedings of the 2nd ACM Symposium on Computer Human Interaction for Management of Information Technology*, 2008.
39. Robin Sommer and Vern Paxson. Outside the closed world: On using machine learning for network intrusion detection. In *Security and Privacy (SP), 2010 IEEE Symposium on*, 2010.
40. Michael Gleicher. Explainers: Expert explorations with crafted projections. *Visualization and Computer Graphics, IEEE Transactions on*, 2013.
41. Simon Walton, Eamonn Maguire, and Min Chen. A visual analytics loop for supporting model development. In *Visualization for Cyber Security (VizSec), 2015 IEEE Symposium on*, 2015.
42. Sean McKenna, Diane Staheli, and Miriah Meyer. Unlocking user-centered design methods for building cyber security visualizations. In *Visualization for Cyber Security (VizSec), 2015 IEEE Symposium on*, 2015.
43. Diane Staheli, Tamara Yu, R Jordan Crouser, Suresh Damodaran, Kevin Nam, David O'Gwynn, Sean McKenna, and Lane Harrison. Visualization evaluation for cyber security: Trends and future directions. In *Proceedings of the Eleventh Workshop on Visualization for Cyber Security*, 2014.

第6章 网络安全培训

组织中的每个人都必须注意网络安全防御。不仅网络安全人员和 IT 工作者等专业人员需要抵御网络攻击者，还要从办公室人员到公司员工等最普遍的计算机用户也需要遵循良好的程序并维护组织的网络安全。虽然 IT 和网络安全人员肯定比您组织中的其他计算机用户更了解如何识别、响应和抵御网络安全攻击，但公司中的每个人都需要了解并遵循安全程序，例如设置强密码并谨慎打开电子邮件附件或下载文件。

为了满足这些需求，本章重点关注网络安全培训。第一，本章讨论了培训网络安全的具体特点。特别讨论了顶尖人才的竞争、网络和计算机的功能和复杂性，以及计算机和网络的人造性质。第二，详细讨论了培训和学习的一般原则。主题包括培训的预期结果、培训中媒体的使用、展示一般学习原则的背景、理解学习、反思和互动、模拟和游戏的沉浸式环境、建立在学习者所知道的基础上、元认知、团队合作、反馈、动机、转移和误解。第三，讨论了影响课程设计的一些实际因素。这些实际因素包括管理发起人的期望、了解可用资源、主题专家和认知任务分析、确定受训者需要学习的内容、支持计算机化评估和教学的基本表示、对教学进行试点测试。综合所有因素讨论大数据在网络安全培训中的作用。

6.1 培训网络安全的具体特点

网络安全的特殊之处在于网络安全方法和工具的发展速度比其他领域的发展速度要快得多。相对于一些不经常变化的领域（如预算规则）或随着领域进步而发展（如医疗实践），网络安全由几个因素影响而迅速发展。

第一，顶尖人才在网络安全方面与其他顶尖人才竞争。网络攻击者试图渗透和访问来自其他组织网络的数据。攻击者和防御者都可以使用的工具正在不断发展，这些工具可以利用任何潜在的弱点来渗透网络，以提示人员弥补这些弱点并限制损害。竞争和人类的聪明才智推动了网络安全的变化。

第二，计算机网络和通信协议的功能和复杂性正在增加。随着网络和通信协议的变化，攻击和防御它们的方法也发生了变化。

第三，计算机和网络是人造的和任意的。这与其他领域（如化学或生物学）不同，在这些领域中，基本单元可以被发现但不能改变。网络安全方法和技术快速发展的一个后果是网络安全专家必须花更多时间学习新的攻击和防御方法。

一旦网络遭到入侵，就堵住这些弱点，以减少损失。竞争和人类的创造力推动了网络安全的改变。

第四，计算机网络和通信协议的能力和复杂性正在增加。随着网络和通信协议的变化，攻击和防御它们的方法也在变化。

第五，计算机和网络是人造的，可以任意修改的。这不同于其他领域，如化学或生物学，在这些领域中，可以发现构建基元，但不能被改变。网络安全方法和技术快速发展的一个后果是，网络安全专家必须花更多时间了解新的威胁和防御方法。

6.2 一般原则的培训和学习

6.2.1 培训的预期结果

在讨论培训之前，考虑组织的更大目标。该组织希望其工作人员支持这项任务。这通常涉及遵循有效程序的培训，但并不总是如此。培训的替代方案包括建立自动化程序，或为优秀表现提供奖励[1]。负责人员绩效的制定者必须决定使用哪种方法来产生良好的绩效[2]。在不同组织中，不同的用户类型可能需要不同种类的解决方案。

对于计算机的日常用户来说，许多良好网络安全性能的解决方案可以委托给工程程序，而不是培训。例如，要求用户创建强密码，并强制用户定期更改密码。更严格的网络安全要求将限制用户打开特定类型的附件或在计算机上安装程序。这些对用户可能做出的潜在危险行为的解决方案不涉及培训。虽然培训可能为绩效问题提供最佳解决方案，但培训应在更广泛的绩效改进工具中加以考虑。

决定如何保持组织的计算机网络安全和高效的决策者必须指定对每种用户类型使用哪种方法。一个可能的答案是为 IT 人员和网络安全专家提供深入的网络安全培训，同时创建其他用户必须遵守的流程，例如要求频繁更改密码，这迫使他们遵循良好的程序，即使他们不想选择这些程序。

6.2.2 在培训中使用媒体

培训可以由教师、计算机或教师和计算机一起来提供。优秀的教师可以用普通的课程去引导优秀的学习和启发学生，根据学习者的需求和背景调整内容，并为培训提供灵感和相关知识。

计算机提供了教师无法提供的两种能力。首先，计算机可以提供逼真的模拟环境，在这种环境中，受训者可以沉浸在他们将来可能会遇到的情景中。许多学习原则利用了沉浸式环境，因为与模拟环境互动可以改善学习。首先是，对于学习网络安全，有许多网络安全模拟可以用于培训；其次，计算机化的培训比教师指导的培训更加一致。因此，与教师相比，计算机引导的培训更容易将有关培训效果的数据引回到具体的培训成功或不足之处。

6.2.3 一般学习原则的背景

为了描述训练和创建有效学习环境的一般原则，我们将使用计算机化的内容演示作为示例。通过使用规定的培训环境，有效学习的解释和示例可以直接与编程干预和教学方法联系起来。本章的其余部分假设都基于计算机的教学。

6.2.4 理解性学习

当前的教学理论认为，如果人们不仅学习事实和规则，而且学习理解事实、概念、模型和条件之间的联系，则他们会表现得更好。这就是所谓的理解学习[3]。了解某个领域的人不仅能联系实际、过程和概念，还能通过组织他们的知识，以便他们能够准确有效地应用这些知识，在需要时产生新的解决方案，并将他们的知识转移到新的情况中。

在网络安全领域，了解一个特定的网络可以让工作人员更准确地检测出一系列网络事件是由网络攻击引起的[4]。这支持了一个普遍接受的概念，即某个领域的经验可以提高在该领域的表现。

6.2.5 反思与互动

应用理解学习的一种方法是让学生反思他们正在学习的内容。当从计算机模拟中学习时，可以通过任务引导学习者思考该领域以及他们在模拟中观察到的内容，例如回答问题，这要求他们构建模拟中显示的实体之间的关系，或者为模拟中出现的难题创建合理的解决方案[5]。

虽然反思是一种特定的技巧，用于理解中学习，但另一种观点是，任何与内容的丰富互动都有助于学习者理解内容[6]。潜在的丰富互动包括解决问题、创建新设计、倾听他人解决问题、创建他们正在学习的概念明显可见的示例、连接他们之前未理解为关联的概念，或发展逻辑论证。以新颖的方式应用某个领域的知识可以帮助学习者组织他们的知识，并将其应用到新的情况中。在网络安全方面，Abawajy[7]分析了用户的偏好，包括课堂反思的优势。

6.2.6 模拟和游戏的沉浸式环境

学习者可以通过模拟和游戏反思领域的原则并与之互动。模拟和游戏作为教学环境有很多好处：

（1）模拟和游戏提供的环境与学习者应用知识的环境相似。因此，学习者练习应用对他们的工作有帮助的内容，以及理解他们所学的内容将有助于他们的工作效率，大多数学习者认为这是一种激励。

（2）模拟和游戏使学习者能够调整自己的知识，以便在适当的时候应用[8]。教授理论是很常见的，但不是教授理论适用的条件。模拟和游戏为学习者提供了发展这项技能的机会。有许多认知理论表达了这样的观点：如果在语境中学习，学习会更容易。这种观点可以描述为“情境认知”。有人观察到，学习者既可以在课堂上学习他们无法应用于现实世界的理论内容，也可以在现实世界中学习他们无法应用于课堂练习的内容，即使调用了类似的程序[9]，这一点也很受欢迎。

（3）可以构建模拟或游戏，使环境适应学习者当前的理解水平。这与现实世界不同，在现实世界中，许多情况对大多数工人来说可能太简单或太复杂。模拟可以通过实时增加情况的复杂性（如果训练模拟具有这种能力），或者为下一个学习挑战选择更复杂的问题，从而修改太容易学习的问题。模拟可以通过实时降低复杂性（如果训练模拟具有这种能力）来适应过于困难的问题，或者为学习者提供更多帮助。

（4）模拟和游戏可以让学习者在稍微增加复杂模拟的自然过程中了解学生需要了解的概念[10]。模拟或游戏中的第一个任务可能是课程中最简单的课程项目。随着学习者获得能力，模拟或游戏将面临越来越复杂的挑战。新概念可以在日益复杂的环境中引入。

许多模拟用于培训网络安全人员，包括 Fite[11]和 Thompson and Ir vine[12]报告的模拟。

6.2.7 基于学习者的知识

为了有效地应用知识，它必须与学习者现有的知识相结合。如上所述，研究表明，学习者并不总是将他们在学校学到的东西应用到现实世界中，或将他们在现实世界中开发的方法应用到学校测试中[13]。当提出新概念时，培训系统应尝试将要教授的新概念与学习者在生活中已经经历过的经验联系起来。否则，学习者在模拟中获得的概念可能无法与学习者的现有知识整合，学习者可能无法使用新知识。

当学习者必须学习一些他们已经有误解的概念时，有证据表明应该直接提出误解，并告诉学习者导致他们可能会有误解[14]的原因。应提出新概念，以便学习者将新概念与之前的误解结合起来。

6.2.8 后设认知

一种有效的教学方法要求学习者监控自己的学习。学习者应该评估他们所知道的和应该学习的内容。理解自己认知的技能称为后设认知。虽然认识到学习者自身的优势和劣势是学习者的一项高级技能[15]，但当学习者必须在课程之外学习时，这是必要的。

6.2.9 团队合作

在模拟中可以解决的另一个教学目标是与他人良好沟通的能力。在复杂的情况下，沟通对成功至关重要，例如执行军事行动的作战人员、处理紧急情况的第一反应人员以及护理患者的医务人员。与这些环境类似，网络安全团队成员必须进行良好沟通，使每个成员提供的价值有助于团队的绩效。培养团队沟通技能几乎是自己的课程；但在模拟环境中练习这些技能可以做得很好[16]。尽管必须克服自然语言处理方面的挑战，但可以对交流进行监控和跟踪，以便进行评估和指导。

6.2.10 反馈

教学反馈和评估是非常具有挑战性的话题，在此方面有大量的科学文献和专家。反馈的目标应该是提高绩效。因此，反馈依赖于评估，以确定绩效的不足。关于反馈的一些有趣的研究和实际问题与利用学生的表现对学习者拥有或不拥有的知识或技能做出判断有关；设计支持学生学习并带来长期绩效提升的反馈。

由于我们主要关注沉浸式环境，我们将讨论模拟和游戏的评估。即使我们只是为目标测试开发评估，评估和反馈也是复杂的[17]。但评估复杂环境中的性能比确定客观测试项目是否正确更困难；模拟和游戏中的反馈比对多项选择题或真假问题给出反馈更棘手。反馈可能只是向受训者解释如何表现得更好。但为了更好地提高绩效，反馈应该考虑到前面讨论过的学习原则。反馈应该让学习者参与一个过程，在这个过程中，可以回顾学习者的行为，并且学习者可以与内容互动，以支持改进理解和决策。

导致反馈的评估应解决实际和理论上的问题：

（1）模拟和游戏中的性能评估应针对实际结果进行。评估的两个主要目的是触发教学干预或对一个人的特定能力水平进行分类。评估不产生实际教学结果的表现是浪费。

（2）评估可能会引发许多不同类型的教学干预。特别是，三种类型的教学可以侧重于教学干预。该教学可能会试图改善学习者的后设认知学习方法、学习者对复杂情境的心理模型，以及学习者对情境理解的具体、细微的弱点。为了遵循反思和互动的学习原则，触发的干预应该不仅仅是简单的解释。相反，干预可以包括一个互动任务，引导学习者反思领域内概念的应用。

交互触发与传统智能教学系统（ITS）中使用的方法有所不同。通常，ITS 试图对学习者的知识进行详细分析，以便提供学习者不具备或应用的正确内容，以支持提高绩效。当前的理解学习理论认为，学习者需要通过与内容的丰富互动来构建理解和认知组织[18]。按照这种学习观，教学干预应该提供一种互动，让学习者接触到他们反思的内容，并融入他们对某个主题的心理组织。这将有助于提高理解，从而提高绩效。常见的互动类型包括支架式信息，通过一系列逐渐变得更具启发性的提示，引导学习者采取所需的行动。

在课堂或计算机教学中，当学习者在讲座、章节或计算机呈现的问题结束时，也经常向学习者提供反馈。在讲座或章节结束时，学习者应该整合他们刚刚接触到的信息。在问题结束时，学习者不再努力解决问题，而是能够关注和反思他们试图解决问题所采取的行动，并用现有知识组织他们在问题中所学的一切。这通常与以下教学原则有关，这些原则旨在不让过度认知负荷的学生不知所措[19]。正如在解决问题时呈现抽象概念一样，良好实践通常遵循关注学习者努力解决问题的模式。学生解决问题后，可以回顾问题，提出一般原则，而不会干扰或分散学习者解决问题的注意力。

6.2.11 动机

动机是一个非常复杂的话题。在培训和教育方面，许多研究人员调查了什么有助于学生的动机[20]。沉浸式环境通常被视为支持动机，因为学生可以看到训练与现实世界中需要做的事情之间的直接联系。

尽管如此，为提高模拟和游戏中的动机仍有一些问题需要解决。其中一个问题是让学习者面临的挑战既不太难也不太容易。如果问题太难，学习者可能会放弃。如果问题太简单，学习者什么都学不到。最明显的是，通过选择一个适当的问题[21]，可以解决既不太容易也不太难的问题。即使选择了太难或太容易的问题，也可以提供补救措施。对于太难的问题，学生可以从教学系统获得更多帮助（可以在模拟中以教练或游戏中的同谋角色的身份呈现）。

关于学生学习方法的一个问题是，他们最关心的是变得聪明还是看起来聪明[22]。一个学生是否对变得聪明或“看起来聪明”感兴趣，与该学生是否内在地对这个话题感兴趣有关。通过模拟和游戏，即使学生主要对看起来聪明感兴趣，他们也必须执行和应用知识，增加他们学习的可能性。

提高游戏动机的一种方法是让学习者与同样参与相同学习环境的其他学生互动。学生们可能会因为对这个话题的兴趣而受到激励，他们可能会因为社会互动的力量而被鼓励学好。当然，无私、愤世嫉俗的学生也可能会破坏激励性的社会效果。

6.2.12 迁移

除了培训中使用的具体例子之外，让学生应用所学知识是一个共同的教育目标。与动机一样，沉浸式环境与常见的教育技巧相比，提供了一些迁移的优势。在沉浸式环境中使用的促进迁移的方法包括指定包含许多不同情况的问题，以及促进理解学习[23]。模拟不同类别的问题，学习者在不同的环境中应用一般原则。问题发生后的反思期可以提供一种互动，让学习者接触到可以应用于许多领域的抽象原则语境。

对于学习者来说，可以明确的抽象原则之一是心理模型的规范。几十年来，人们对“心理模型”进行了深入的探索，并为其提供了丰富的文献。其基本思想是让学习者对一个复杂系统有一个图形化的表示。图形表示使学习者能够快速掌握系统组件之间的连接。专家拥有自己领域内系统的心智模型，学习者正在构建自己的心智模型。通常，心智模型提出了一些普遍的原则，这些原则可以广泛应用于各种问题，并且可以在学习者执行不同任务时使用。在网络安全中，一个心智模型可能会解决用恶意软件打开附件如何感染主机的问题。明确地让学习者意识到心理模型有助于迁移。

6.2.13 错误的想法

对学习者来说，一个迁移问题是当他们掌握错误的知识时。在对物理学生的研究中，通常可以看到已有知识的影响，这些学生拥有在课堂上学习的物理理论知识，但也继续持有不正确的“民间物理”知识，但这是共同文化的一部分。这些都不是将新知识转移到它应该转移到的情况的例子。为了克服这种预先存在的知识，现有的、不正确的知识和新知识之间的差异应该在学习环境中明确解决[24]。考虑到威胁和防御策略的快速变化，网络安全中的误解很常见。

6.3 实用设计

在设计课程时，除了将当前学习理论的原理应用于培训和指导之外，还有许多实际因素会影响课程的设计。本节介绍了其中一些因素，以便将其纳入总体计划。

6.3.1 赞助商的期望

最重要的实际因素是赞助商的期望。赞助商对创建的课程有很多期望，有些期望可以实现，有些则不能。设计程序时应该与赞助者讨论总预算、截止日期和预期使用的技术，例如使用人工引导或计算机化教学。通常，他们的内隐期望包括他们熟悉的培训方法。

赞助商和设计师需要讨论并同意除技术外的许多教学特点：

（1）必须阐明评估培训有效性的重要性。一些赞助者可能认为，如果学习者完成了教学，他们将学习到实质性的东西。其他赞助者可能更感兴趣或需要对教学效益进行准确评估。有时，新指令的开发人员可能希望将其与旧指令的有效性进行比较。评估当前的教学效果有时在政策上很困难。

（2）课程结束后，应明确如何使用这些数据。赞助人可能希望存储学生数据以供日后分析，也可能不希望。赞助商和设计师必须对数据的最终用途和处置有共同的看法。

必须遵循的一个赞助商输入是预算。需要做出艰难的决定，而且一些教学功能是负担不起的。一些因素的成本在降低（如虚拟现实），而其他成本则在增加（随着对产品价值的预期增加，模拟和游戏的出现增加）。您应该考虑开发培训的费用和维护它的成本。鉴于教学预算，本课程的设计应能产生最大的教学效果。

6.3.2 可用资源

另一个实际因素是收集和使用现有资源。可以使用的示例资源包括现有课程、图形或视频。使用现有材料可以减少您必须创建的内容。

一个关键资源是获得主题专家（SME），他们可以帮助开发和完善教学材料。如果这些专家数量充足且价格低廉，可以在计划中使用他们，而不必经过仔细计划。创建教学的另一个重要资源是接触学生，以初步测试教学的有效性。在网络安全教学中，鉴于该领域的快速变化，接触中小企业和学生至关重要。课程赞助者可能会协助获得这些资源。

6.3.3 主题专家与认知任务分析

从中小企业获取专业知识的方法具有非常重要的实际意义。有很多方法可以提取专家的专业知识，并将其明确用于培训[25]。这些方法通常称为“认知任务分析”（CTA），或者简称为“任务分析”。从所有这些方法中获得的最有价值的见解是，要求专家解释他们在执行复杂任务时的思维过程比通常假设的要困难得多[26]。专家可以获得他们的一些能力和知识，但不是全部，他们不能表达但无论如何都要使用的内容被称为隐性知识。除了显示隐性知识的研究外，一些专家即使知道自己在使用特定类型的知识，但也不善于交流他们所知道的知识[27]。重要的是应用 CTA 方法，可以有效地获取知识。

CTA 方法使中小企业的隐性知识显性化。许多 CTA 方法涉及某种形式的情境认知。专家们的处境与他们必须应用知识的处境相似。他们可能要做出决定并在上下文中解释这些决定，批评其他人做出的决定，或指出他们决定中的关键因素。在这些情境认知语境中明确表达的中小企业知识需要统一成一种可以应用于多种语境的表达。

6.3.4 确定学习者需要学习什么

虽然 CTA 澄清了专家的知识和技能，这有助于确定学员需要学习的内容，但 SME 在解决最困难问题时应用的知识和技能定义了学员需要的最复杂方面。我们还需要在课程开始时了解学习者拥有的知识和技能。学员的这种新知识很重要，因为用学员已经知道的知识创建教学或依赖学员尚未学习的知识创建教学效率低下。培训内容应包括学习者可以学习但现在未知的材料。

6.3.5 支持计算机化评估和教学的基本表示

评估学习者知识并根据学生需求调整教学的计算机化培训系统称为智能教学系统（ITS）。在这一领域，研究人员开发了多种评估和指导形式。可以阅读的地方包括一套由美国陆军研究实验室赞助的书籍[28]，以及贝弗利·伍尔夫博士的优秀总结[29]。ITS 的通用框架指定了待学习领域的模型、学生知识的模型、规划和管理教学干预的教学模块，以及管理用户输入和学习系统中复杂环境表示的界面。

在设计基于计算机的培训时，应该使用针对 ITS 开发的、适用于特定情况的概念和方法。许多 ITS 是为研究目的开发的；如果你正在开发一种有效且价格合理的培训方法，会将资源应用于那些对良好表现最重要的模块。

许多研究 ITS 都有一个教学模块，根据学生的需要应用不同的教学策略。虽然教学部分在研究框架内是合理的，但不会在实际应用中使用。对于任何特定培训，教学环境的设计将使用被认为对目标学习者和内容最有效的教学方法。教学模块将在设计期间选择，并作为系统与学习者之间接口的一部分实施。该界面的设计将具有成本效益，并对学习者有利。

将建立领域模型和学生模型，以支持学员的培训互动。学生模型的表示通常采用三种形式之一。第一种形式是在领域模型上叠加学习者评估的知识和技能的表示。领域模型将代表专家的知识。学习者的叠加模型确定每个学习者拥有专家模型的哪些节点或部分（这些知识可以用概率表示）。叠加模型将学生模型与专家模型进行比较，并指出学习者没有专家模型的哪些部分[30]。

学生模型的第二种形式列出了学生经常犯的错误。学习者将被标记为是否犯了错误。这种方法通常称为 bug 库。历史上，bug 库的概念来自软件开发：bug 是对用于完成所需任务的步骤的错误说明。对于学生模型来说，错误指的是知识或技能上的一些缺陷，如果得到纠正，将导致性能的提高。当指定学生的弱点时，bug 库模型不需要指定专家模型的内容；相反，学生的表现被认为是表现出一系列已知错误中的一个[31]。

第三种形式是确定学生违反了哪些良好表现约束[32]。虽然这类似于一个 bug 库，但它与违反良好性能的关系通常被视为与 bug 不同。传统上，bug 库与本地补救相关，即误用本地规则。违反约束也可能导致局部修复，但也可能导致干预，以解决更大的误解。

无论评估是使用覆盖模型、bug 库还是违反约束，它们都旨在触发有益的教学干预。虽然它们有不同的名称，并且经常使用不同的过程来构造它们，但它们在应用上的差异在程度上比在类别上更大。当诊断涉及实现复杂性能的基础知识和技能时，通常使用叠加模型。叠加模型的干预试图帮助学生学习复杂表演所需的基本知识。当没有遵循应该导致良好性能的特定规则时，会使用错误模型。干预针对的是错误应用的规则。当可以指定所有良好性能的规则时，通常会使用错误模型。错误模型的经典例子是简单数学计算的规则。约束违反模型通常与特定的绩效错误以及学员似乎正在应用的相关约束有关。当一个解决方案有多个好的路径时，可以使用基于约束的模型。

将被诊断出的学生弱点与教学干预联系起来的一种计算机表现是过程探索者[33]。流程资源管理器指定流程的执行方式。例如，process explorer 对跨站点脚本攻击进行了描述。评估系统确定学生应该知道什么才能表现良好，并可以从 process explorer 中提供补救性解释。

6.3.6 对指令进行初步测试

理想情况下，在实施交互的计算机编程之前，应对学员学习内容的教学干预措施进行测试。虽然可以构建模拟或游戏环境的计算机编程，以支持学生互动，但可能需要根据与学员的互动进行少量调整。但是测试交互[34]很重要，因为如果设计的培训交互无效，那么在编程完成之前修改它们会更容易、成本更低。先导试验应调查：

（1）旨在帮助学员学习的互动教学效果。

（2）评估系统告知教学干预的能力。

（3）计算机表示支持计划的计算机化教学和评估系统的能力。

（4）开发教学和评估系统的成本，这些系统应被收集并用于估算所设计干预的成本。

试点测试应该在整个开发的早期和小型迭代中进行。这允许对教学互动和评估能力进行一些实验。在试点测试有助于确定有效的流程后，教学内容的创建、评估系统和底层的计算机表示可以以简化的方式构建。

6.4 融　　合

本章介绍了培训系统开发人员需要开发、组织和整合的许多元素。为了帮助开发人员结合这些知识，下一节将引导读者将这些概念应用到一个示例学习环境中。开发人员除了需要遵循本节引导，还应该考虑如何将这些问题应用到熟悉的情景中。

1. 阐明赞助商的期望和预算

明确赞助商的期望，以及分配给项目的预算。早些时候，我们提出了一些问题，这些问题应该由主办方和教学开发团队负责人之间的讨论来回答。可以向赞助者、开发团队和包括用户在内的各种利益相关者展示一个说明指令预期外观的愿景。

教学开发团队的成员，如美工、软件主管和教学设计团队，应该估计开发教学所需的内容和编程的成本，这必须在赞助者预算之内。发起人将被告知在开发的早期阶段确定的目标的进展情况。

在回顾网络培训时，一些例子表明，网络安全培训领域采用的传统培训模式没有充分利用当前教学理论的能力[35]。国家标准和技术研究所（NIST）关于网络安全培训的报告[36]仅在有限的程度上涉及情境认知。该报告讨论了应该为哪些不同的角色提供培训。值得考虑另一种观点，即专注于培养跨越许多网络安全角色的共同心智模型。该报告还假设，教学将由教员主导，并不总是包括使用模拟，这可以提高培训效果。

2. 清点资源

收集可供教学设计团队使用的资源。这在前面已经描述过了，包括具体的资产，如课程和图表。团队领导还应该考虑开发团队的相对优势和劣势。一个例子是确定编程人员的优势和他们所擅长的计算机系统。

在网络安全培训中，培训可能使用的潜在有价值的资产是为测试网络安全工具而建立的网络安全试验台。其中一些用于培训[37]。它们是一组宝贵的资产，可以在网络安全培训中广泛利用。

3. 设计学习者互动

在这个阶段，学习团队创建一个教学互动的模型，学习者通过这个模型获得知识和技能。教学团队需要考虑许多因素：

（1）学习者需要学习什么？这有助于阐明教学互动传授给学习者的技能。这需要有与任务相关的知识。通常，这是通过 SME 和对受训者新技能的评估获得的。赞助商有可能向指导团队提供 SME。

（2）本互动说明将使用什么媒体？如果课程完全由教师指导，那么设计工作会更少，更多的决定权会留给教师。整个课程可以由计算机提供，或者计算机可以简单地提供一个练习环境。在该环境中，教师提供对学习者表现的评估，并引导一个讨论，在该讨论中，学习者接触到教学目标和有趣且适当的网络安全情形。

（3）如果课程涉及模拟或游戏，则应该清楚学习者在游戏中的常见互动，评估如何启动教学干预，以及学习者和教学系统之间的互动序列看起来像什么。

（4）勾画出学习者互动的环境。这可能是一个模拟或游戏，并可能包括更传统的教学指导。

由于网络安全是一个快速发展的环境，构建与受训者的互动将是有益的，因此可以很容易地修改它们。随着新工具的出现和新威胁的出现，网络安全环境也应该易于修改。

4．对教学互动进行试点研究

在用代码实现计算机交互之前，应该测试指导性交互的用户接受度和用户有效性。互动应该由与最终学习者相似的试点参与者进行测试。这允许观察教学互动，看看他们是否有预期的效果。在这个阶段测试交互允许修改指令。一般来说，从典型学习者那里获得的任何反馈对于理解如何使教学更有效都是有价值的。

5．开发更多的教学和评估内容，并在计算机中表现出来

在确定环境和教学干预后（希望在试点测试后），必须最终确定评估和教学内容的计算机格式。其次是内容创作。有相当多的格式用来表示和应用计算机化的指令。文献[29]中给出了许多例子。

对于网络安全而言，该领域正在快速发展，新的攻击和防御方法正在不断尝试。计算机表示法的设计应该考虑到领域的这种性质；为了支持灵活性，计算机表示应该简单。

为了进行网络安全 CTA，将 SME 嵌入一个测试平台，以便观察网络安全工具和技术，这将是非常有价值的。如果可能，对于网络防御的研究，一位专家可以是网络防御者；另一位专家可能是网络攻击者。网络防御者不知道将遵循哪条攻击线，攻击者也不知道防御者的工具或方法。任务分析员将与两个网络 SME 进行有组织的有声谈话协议。文献[38]中描述了这种有声谈话协议的一种解释。

6．测试已完成的说明，观察并修改说明中的不足之处

创建说明后，与一些参与者一起对其进行测试，以确定在广泛部署之前需要修改的内容中的弱点。这最好是在进行教学效果的全面测试之前完成。说明书应该根据这次测试的结果进行修改。

7．测试已完成的指令是否完全有效

在与一些参与者一起回顾了内容之后，测试整个课程的教学效果。测试应该使用足够数量的参与者来合理地评估教学效果。理想情况下，这将在一个实验中进行，该实验旨在报告这种指导的有效性。

理想情况下，教学效果的测试将被设计成大部分可以重复使用；如果教学评估

能够定期重复，那将是理想的。

8．一旦部署了指令，就要监控它的持续有效性

系统部署后，监控其有效性。通过教学对学习者进步情况的内部测量应该提供培训是否有效的信息。尝试从通过指导工作的受训者的实践技能领域获得测量。使用这些指标来设计指令的修订和改进。

6.5 使用大数据为网络安全培训提供信息

在描述大数据应该如何应用于网络安全培训时，我们将从现在如何使用数据开始，然后考虑大数据如何改善网络安全培训。

数据用于确定员工在完成任务时的能力。在网络安全方面，分析师在维护安全和调查攻击方面的表现可以用两种方法来衡量：首先是揭示网络安全行动总体成功的数据；其次是更详细的数据，揭示网络安全人员使用的过程。如果不断地监控性能，并向网络分析师提供指导性干预（或新工具），则性能的最终变化可以与新获得的培训或工具的变化相关联。

在网络分析师开展工作时对他们的表现进行监控，可以带来一个提高效率的循环。收集数据，初步建立基线。在其他一切保持不变的情况下引入干预。对绩效的持续监控揭示了干预如何改变绩效。这种性能可以激发另一种干预，理想情况下，所选的更改将以最低的成本产生最大的性能改进。考虑到目前的情况，下一个变化将再次以最低的成本产生与当前情况相比最大的变化。

除了作为新培训或工具的结果的整体结果性能变化之外，使用数据的另一个用途是检查接受新培训的工人所使用的过程的细节。例如，如果训练改进导致防御网络分析师首先检查网络中具有新发现的漏洞的计算机，则结果测量将评估训练是否导致改进了网络防御（如果监测者想要确保变化是由于新的训练干预而不是网络接收的攻击类型的变化，则与没有接受新训练的网络防御者支持的网络进行比较可以用作实验对照组）。可以更详细地调查过程数据，通过跟踪他们如何响应攻击的细节来查看受训者是否遵循了他们从培训中获得的指导。

大数据是检验培训结果和过程效果的完美工具。大数据可以应用于上面提到的两大问题：对当前绩效的监控，以及员工在培训后如何以不同方式执行任务的流程变化。

在美国陆军的一份报告中，Ososky 等[39]预测了大数据和训练的两种用途。首先是收集每个工人的总体有效性指标。由于工人的绩效数据将在他们工作时收集，大数据可以用来揭示他们的整体效率。

收集和分析大数据以评估整体效率和员工经验，为指导目标提供信息。在网络安全环境下，评估总体能力的数据可能会显示，受过培训的网络防御者在第一项任务（如检测到恶意软件后的恢复）上表现出色，但在第二项任务（如识别入侵来源）上表现不如预期。大数据可能会揭示员工的哪些培训、生活经历或其他特征将高成功员工与低成功员工区分开来。此外，每个员工都知道自己相对于其他员工的表现如何。培训决策者将利用大数据调整培训内容、经验和重点。大数据促进了大规模课程设计的改进。

大数据的第二个用途是收集学员在与培训系统交互时使用的非常详细的流程数据。培训系统将利用大数据能力收集培训系统效率的详细信息。如果大数据显示某个主题的培训效率低下，那么解决方案将寻求提高该主题培训的效率。第二个结果可能是，工作人员正在有效地学习入侵检测，但他们只需要更多的培训时间就可以熟练掌握。

检查学员行为、教学系统互动之间关系的大数据，以及显示学员进步的评估，将揭示学员是否真的在按照教学计划的预期提高某些技能或知识。收集学员互动的大数据可以回答培训效率的问题。

当使用大数据告知培训的有效性和效率时，大数据容易遇到一些典型的数据问题。大数据可能无法收集到说明导致正确结论的因素的数据。关于大数据使用的一个警示故事来自一项对美国最糟糕的居住地点的研究[40]。在本文中，《华盛顿邮报》记者克里斯托弗·英格拉姆（Christopher Ingraham）使用了各种变量来确定居住环境好的地方和差地方，包括经济条件、教育程度、犯罪、气候和文化多样性等因素。基于这些因素，明尼苏达州的红湖瀑布被评为美国最不适合居住的地方。红湖瀑布镇的居民邀请英格拉姆参观他们的城市。他接受了他们的提议，参观了红湖瀑布。他非常喜欢并搬到了那里，正如参考文章中所描述的那样。收集到的有关该镇的数据并不包括对英格拉姆实际上很重要的因素，比如镇上人的友好程度，或者他的两个小男孩在探索该镇时享受的生活质量。

当应用于培训和网络安全时，数据必须包括使分析人员能够对网络安全做出正确判断的因素。例如，大数据可能会捕获网络入侵的数量，但不会捕获导致成功入侵的方法。为了指导培训改进，数据必须足够丰富，以捕获对成功或失败的入侵检测至关重要的细节。大数据将收集可以收集的数据；但它不应该错过相关数据。了解网络安全流程和大数据分析的专家将被要求使用收集的数据对培训数据进行有益的解释。

此外，大数据还可以通过另外两种方式帮助培训网络安全分析师，尽管这些贡献不仅仅限于培训。首先，大数据可以监控对手使用的网络安全策略类型；这可以告知分析师应该接受哪些培训，以及网络安全分析师应该使用哪些工具和策略。第二，大数据用于可视化计算机网络，包括其当前已知的漏洞和当前状态。网络安全分析师在执行现实任务时，应在培训中使用大数据可视化。

6.6 小　结

如果成功，本章将引导读者看到培训远远超出了信息展示或与模拟交互。有效的培训需要互动，让受训者了解他们应用于任务的概念，并引导他们深刻理解不仅他们采取的行动，而且他们可以采取的其他任务为什么不如首选任务成功。模拟和游戏可以是一个很好的学习环境，它们应该与良好的学习原则一起使用，以获得最大的效果。

开发培训是一项技术性的工作，它定义了正确的内容，并有效、高效地向学员展示。发展培训也是一项社会和商业活动，涉及管理与赞助商、用户和现有培训专业人员的关系，所有这些人都有基于个人学习和培训历史的独特视角。为现有资金创造最佳培训需要同时关注技术和社会因素。

网络安全中的大数据无疑将在近期的网络安全培训中产生重大影响。大数据将影响网络安全分析师在使用和培训中的可视化。在培训网络安全分析师时使用大数据也对未来在培训中使用大数据有一定推动作用。网络安全是收集大数据的理想领域。网络安全所处的环境是一个拥有大量可用数据的电子网络；计算机网络中充斥着大量数据。在非电子化的交互中，大数据不那么容易获得。例如，医疗保健、儿童教育和商业互动涉及许多没有电子追踪的面对面交流。网络安全培训应仔细使用并分析应用的大数据，以说明大数据对学习和绩效提升的好处。大数据对培训的好处可以在网络安全培训中体现出来，然后可以作为其他领域的通用模型。

参考文献

1. Shute, V. (2008). Focus on Formative Feedback. *Review of Educational Research*, 153–189.
2. Zaguri, Y., & Gal, E. (2016). An Optimization of Human Performance Technology Intervention Selection Model: A 360-Degree Approach to Support Performance. *Performance Improvement*, 55(6), 25–31.
3. Bransford, J., Brown, A., & Cocking, R. (2000). *How People Learn: Brain, Mind, Experience, and School*. Washington, D.C.: National Academy Press.
4. Ben-Asher, N., & Gonzalez, C. (2015). Effects of Cyber Security Knowledge on Attack Detection. *Computers in Human Behavior*, 51–61.
5. Lajoie, S., Guerrera, D., Muncie, S., & Lavigne, N. (2001). Constructing Knowledge in the Context of BioWorld. *Instructional Science*, 29(2), 155–186.
6. Chi, M. (2009). Active-Constructive-Interactive: A Conceptual Framework for Differentiating Learning Activities. *Topics in Cognitive Science*, 1(1), 1–33.
7. Abawajy, J. (2014). User Preference of Cyber Security Awareness Delivery Methods. *Behavior and Information Technology*, 236–247.
8. Wilson, B., Jonassen, D., & Cole, P. (1993). Cognitive approaches to instructional design. In G. Piskurich, Ed., *The ASTD Handbook of Instructional Technology*. New

York: McGraw-Hill, pp. 1–21.

9. Lave, J., & Wenger, E. (1991). *Situated Learning Legitimate Peripheral Participation.* Cambridge: Cambridge University Press.
10. Jonaguchi, T., & Hirashima, T. (2005). Graph of Microworlds: A Framework for Assisting Progressive Knowledge Acquisition in Simulation-based Learning Environments. *Artificial Intelligence in Education.* Amsterdam, the Netherlands.
11. Fite, B. (2014, February 11). SANS Institute InfoSec Reading Room. Retrieved from https://www.sans.org/reading-room/whitepapers/bestprac/simulating-cyber-operations-cyber-security-training-framework-34510.
12. Thompson, M., & Irvine, C. (2015, September). CyberCIEGE: A Video Game for Constructive Cyber Security Education. *Call Signs*, pp. 4–8.
13. Minstrell, J. (1989). Teaching Science for Understanding. In L. Resnick, & L. Klopfer, Eds., *Toward the Thinking Curriculum: Current Cognitive Research.* Alexandria, VA: Association of Supervision and Curriculum Develoment, pp. 129–149.
14. Leonard, M., Kalnowski, S., & Andrews, T. (2014). Misconceptions Yesterday Today and Tomorrow. *CBE—Life Sciences Education*, 13, 179–186.
15. Prins, F., Veenman, M., & Eishout, J. (2006). The Impact of Intellectual Ability and Metacognition on Learning New Support for the Threshold of Problematicity Theory. *Learning and Instruction*, 16, 374–387.
16. Rosen, M. S. (2008). Promoting Teamwork: An Event-based Approach to Simulation-based Teamwork Training for Emergency Medicine Residents. *Academic Emergency Medicine*, 15, 1190–1198.
17. Mason, R. (2005). The Assessment of Workplace Learning. In *Handbook of Corporate University Development.* Gower, pp. 181–192.
18. Sack, W., Soloway, E., & Weingrad, P. (1993). Re: Writing Cartesian Student Models. *Journal of Artificial Intelligence in Education*, 3(4).
19. van Merrienboer, J., & Ayres, P. (2005). Research on Cognitive Load Theory and its Design Implications for e-Learning. *Educational Technology Research and Development*, 5–13.
20. Keller, J. (2009). *Motivational Design for Learning and Performance.* New York: Springer.
21. Baker, R., D'Mello, S., Rodrigo, M., & Graesser, A. (2010). Better to be Frustrated than Bored: The Incidence, Persistence, and Impact of Learners' Cognitive-Affective States During Interactions with Three Different Computer-Based Learning Environments. *International Journal of Human-Computer Studies*, 68(4), 223–241.
22. Tirri, K., & Kujala, T. (2016). Students' Mindsets for Learning and Their Neural Underpinnings. *Psychology*, 1231.
23. National Research Council. (2004). *How People Learn: Brain, Mind, Experience, and School.* Washington, DC: National Academy Press.
24. Lucariello, J., & Naff, D. (2016). How Do I Get My Students Over Their Alternative Conceptions (Misconceptions) for Learning? (American Psychological Association) Retrieved October 3, 2016, from American Psychological Association: http://www.apa.org/education/k12/misconceptions.aspx.
25. Crandell, B., & Hoffman, R. (2013). Cognitive Task Analysis. In J. Lee, & A. Lirlik, Eds., *Oxford Handbook of Cognitive Engineering.* Oxford: Oxford University Press, pp. 229–239.
26. Hoffman, R. (2008). Human Factors Contributions to Knowledge Elicitation. *Human Factors*, 481–488.

27. Koedinger, K., Corbett, A., & Perfetti, C. (2012). The Knowledge-Learning-Instruction (KLI Framework: Toward Bridging the Science-Practice Chasm to Enhance Robust Student Learning). *Cognitive Science*, 757–798.
28. Army Research Laboratory. (2016). Documents. Retrieved from ARL GIFT: https://gifttutoring.org/projects/gift/documents.
29. Woolf, B. (2010). *Building Intelligent Interactive Tutors: Student-centered Strategies for Revolutionizing e-Learning.* Morgan Kaufmann.
30. Brusilovsky, P., & Millan, E. (2007). User Models for Adaptive Hypermedia and Adaptive Edcuational Systems. In *The Adaptive Web.* Berlin: Springer-Verlag, pp. 3–53.
31. Ohlsson, S. (2016). Constraint-Based Modeling: From Cognitive Theory to Computer Tutoring—and Back Again. *International Journal of Artificial Intelligent in Education,* 457–473.
32. Mitrovic, A., & Ohlsson, S. (2016). Implementing CBM: SQL-Tutor after Fifteen Years. *International Journal of Artificial Intelligence in Education*, 150–159.
33. Lesgold, A., & Nahemow, M. (2001). Tools to Assist Learning by Doing: Achieving and Assessing Efficient Technology for Learning. In D. Klahr, & S. Carver, Eds., *Cognition and Instruction: Twenty-five Years of Progress.* Mahwah, NJ: Erlbaum, pp. 307–346.
34. Snyder, C. (2003). *Paper Prototyping: The Fast and Easy Way to Design and Refine User Interfaces.* San Francisco: Morgan Kaufmann.
35. Dodge, R., Toregas, C., & Hoffman, L. (2012). Cybersecurity Workforce Development Directions. *Sixth International Symposium on Human Aspects of Information Security and Assurance.* Crete, Greece.
36. Toth, P., & Klein, P. (2014). *A Role-Based Model for Federal Information Technology/Cyber-Security Training.* Gaithersburg, MD: National Institute for Science and Technology.
37. Furfarao, A., Piccolo, A., & Sacca, D. (2016). SmallWorld: A Test and Training System for Cyber-Security. *European Scientific Journal,* 1857–1881.
38. Hall, E., Gott, S., & Pokorny, B. (1995). *A Procedure Guide to Cognitive Task Analysis: The PARI Methodology.* San Antonio, TX: Air Force Armstrong Laboratory.
39. Ososky, S., Sottilare, R., Brawner, K., Long, R., & Graesser, A. (2015). *Authoring Tools and Methods for Adaptive Training and Education in Support of the U.S. Army Learning Model.* Aberdeen Proving Ground: Army Research Laboratory.
40. Washington Post. (2016, August 23). What Life Is Really Like in "America's Worst Place to Live." Retrieved from *Washington Post*: https://www.washingtonpost.com/news/wonk/wp/2016/08/23/what-life-is-really-like-in-americas-worst-place-to-live/.

第 7 章　机器遗忘：在对抗环境中修复学习模型

目前系统产生的数据量迅速爆炸，数据进一步衍生出更多的数据，形成了一个复杂的数据传播网络，我们称为数据的谱系。用户希望系统忘记某些数据（包括其血统）的原因有很多。从隐私角度来看，担心系统新的隐私风险的用户通常希望系统忘记他们的数据和血统。从安全角度来看，如果攻击者通过向训练数据集中注入手工制作的数据来污染异常检测器，那么检测器必须忘记注入的数据才能重新获得安全性。从可用性的角度来看，用户可以删除噪声和不正确的条目，以便促使引擎提供有用的推荐。因此，我们设想遗忘系统，能够完全且快速地遗忘某些数据及其谱系。

在这一章中，我们将介绍机器学习，或者简单地说，机器学习能够完全快速地忘记学习模型中的某些数据及其谱系。通过将系统使用的学习算法转化为求和形式，我们提出了一种通用、高效的忘却学习方法。为了忘记训练数据样本，我们的方法是以比从头开始再训练更快的渐进速度更新少量的求和。这种方法是通用的，因为求和形式来自统计查询学习，其中可以实现许多机器学习算法。这种方法也适用于机器学习的所有阶段，包括特征选择和建模。

7.1 引　　言

7.1.1 系统需要遗忘

从个人照片和办公室文档到用户在网站或移动设备上的点击记录[1]，系统需要执行无数的计算，以获得更多的数据。例如，备份系统将数据从一个地方（例如移动设备）复制到另一个地方。照片存储系统将照片重新编码成不同的格式和大小[2,3]。分析系统聚合原始数据，如单击日志到有洞察力的统计数据。机器学习系统利用先进算法从训练数据（如历史电影评分）中提取模型和属性（如电影的相似性）。这些导出的数据可以递归地导出更多的数据，例如基于电影相似性预测用户对电影评分的推荐系统。简而言之，当今系统中的一段原始数据往往经过一系列计算，“爬进”到许多地方，以多种形式出现。数据、计算和导出的数据一起形成一个复杂的数据传播网络，我们称为数据的谱系。

由于各种原因，用户希望系统忘记某些敏感数据及其完整的谱系。首先考虑隐私。在 Face book 改变其隐私政策后，许多用户删除了他们的账户和相关的数据[4]。iCloud 照片黑客事件[5]导致在线文章教用户如何完全删除 iOS 照片，包括备份[6]。新的隐私研究表明，个性化华法林加药的机器学习模型泄漏了患者的遗传标记[7]，以及一小套关于遗传学和疾病的统计数据足以识别个人[8]。对这些新发现的风险不满意的用户自然希望他们的数据及其对模型和统计的影响被完全遗忘。系统运营商或服务提供商有很强的动机来尊重用户忘记数据的请求，这既是为了让用户开心，也是为了遵守法律[9]。例如，根据欧洲联盟最高法院的“被遗忘权”裁决，截至 2014 年 10 月，谷歌已删除[10]171183 个链接。

其次，安全性是用户希望数据被遗忘的另一个原因。考虑到异常检测系统。这些系统的安全性取决于从训练数据中提取的正常行为模型。攻击者通过污染①训练数据，污染模型，从而损害安全性。例如，Perdisci 等人[11]表明，如果训练数据注入精心制作的假网络流，则爬虫检测引擎 PolyGraph[12]无法生成有用的爬虫签名。一旦识别出被污染的数据，系统必须完全忘记数据及其谱系，才能重新获得安全性。

第三个原因是可用性。考虑推荐或预测现在的谷歌系统[13]。它根据用户的搜索历史、浏览历史和其他分析中推断出用户的偏好。然后，它向用户推送推荐信息，如节目新闻。分析中的噪声或不正确的条目会严重降低推荐的质量。我们实验室的一个成员亲身经历了这个问题。他把笔记本借给了一个在谷歌[14]上搜索电视节目《危险边缘》的朋友。然后，即使从他的搜索历史中删除了搜索记录，他也会一直在手机上得到关于这个节目的消息。

我们认为，系统的设计必须遵循完全和快速忘记敏感数据及其谱系的核心原则，以恢复隐私、安全性和可用性。这样的遗忘系统必须仔细地跟踪数据谱系，即使在统计处理或机器学习中也是如此，并使用户可以看到这种谱系。它们允许用户用不同级别的粒度指定要忘记的数据。例如，不小心搜索敏感关键字而不隐藏身份的隐私意识用户可以请求搜索引擎忘记特定的搜索记录。然后，这些系统删除数据并恢复其效果，以便所有未来的操作都像数据从未存在一样运行。如果谱系跨越系统边界（例如在 Web mashup 服务的上下文中），它们协作忘记数据。这种协作遗忘可能扩展到整个网络。用户信任遗忘系统，以满足遗忘请求，因为上述服务提供商有很强的动机来遵守，但其他信任模型也是可能的。遗忘系统的有用性可以用两个指标来评估：它们能够完全忘记数据（完整性）和能够做到的速度（及时性）。这些指标越高，系统在恢复隐私、安全性和可用性方面就越好。

遗忘系统可以很容易地被采用，因为它们对用户和服务提供商都有好处。随着请求系统忘记数据的灵活性，用户对其数据有更多的控制，因此他们更愿意与系统

① 在本章中，我们用术语污染[11]代替中毒[15-16]。

共享数据。更多的数据也有利于服务提供商，因为他们有更多的利润机会服务和更少的法律风险。此外，我们还设想遗忘系统在新兴数据市场[17-19]中起着至关重要的作用，在这些市场中，用户将数据交易为金钱、服务或其他数据，因为遗忘机制使用户能够干净地取消数据交易或在不放弃所有权的情况下出租其数据的使用权。

遗忘系统是许多现有工作[12,20,21]的补充。谷歌搜索[22]等系统可以根据请求忘记用户的原始数据，但它们忽略了谱系。安全删除[23-25]防止从存储介质中恢复删除的数据，但它在很大程度上也忽略了谱系。信息流控制[26,27]可以通过遗忘系统来跟踪数据谱系。然而，它通常只跟踪直接数据复制，而不是统计处理或机器学习，以避免油漆爆炸。差分隐私[20,21]平等地保留数据集中每个单独物品的隐私，并且总是通过限制只访问被噪声模糊的整个数据集的统计数据来保持隐私。这种限制与当今的Facebook 和谷歌搜索系统相矛盾，后者得到数十亿用户的授权，经常访问个人数据以获得准确的结果。在最先进的实现中[7]，不可能在实用和隐私之间取得平衡。相反，遗忘系统旨在恢复选定数据的隐私。虽然私有数据仍然可能传播，但在遗忘系统中，这些数据的谱系被跟踪和完全及时地删除。此外，这种细粒度的数据删除迎合了单个用户的隐私意识和数据项的敏感性。

遗忘系统符合当今系统的信任和使用模式，代表了一种更实用的隐私与效用权衡。研究人员还提出了一些机制，以使系统更强大，以对抗培训数据污染[12,28]。然而，尽管有这些机制（以及迄今讨论的其他机制，如差异隐私），用户仍然可能要求系统忘记数据，例如，由于政策变化和对机制的新攻击[7,11]。只有通过遗忘系统才能满足这些请求。

7.1.2 机器遗忘

虽然在使系统忘记方面存在许多挑战，但本章的重点是最困难的挑战之一：使机器学习系统忘记。这些系统从训练数据中提取特征和模型，以回答有关新数据的问题。它们广泛应用于许多科学领域[12,29-35]。为了完全忘记一段训练数据，这些系统需要恢复数据对提取的特征和模型的影响。我们称这种过程为机器遗忘，或简称为遗忘。一种简单的方法是在删除数据以忘记之后从零开始重新训练特征和模型。然而，当训练数据集较大时，这种方法相当缓慢，增加了系统易受攻击的定时窗口。

我们提出了一种有效的遗忘的常用方法，不需要从头再训练，广泛应用于实际系统中的各种机器学习算法。为了系统遗忘，我们将学习算法转换为一种由少量求和[36]组成的形式。每个求和是训练数据样本的一些有效的可计算转换的总和。学习算法只依赖于求和，而不是单个数据。这些总结与训练模型一起保存（系统的其余部分可能仍然要求提供个人数据，并且没有注入噪声，因为存在差异隐私）。然后，在遗忘过程中，我们从每次求和中减去要忘记的数据，然后更新模型。如图 7.1 所示，现在忘记一个数据项只需要重新计算一小部分项，渐近快于从头再训练，其因子等于训练数据集的大小。它是一般的，因为求和形式来自统计查询（SQ）学习[37]。许多机器学习算法，如朴素贝叶斯分类器、支持向量机和 k 均值聚类，都可以作为 SQ 学习来实现。我们的方法也适用于机器学习的所有阶段，包括特征选择和建模。

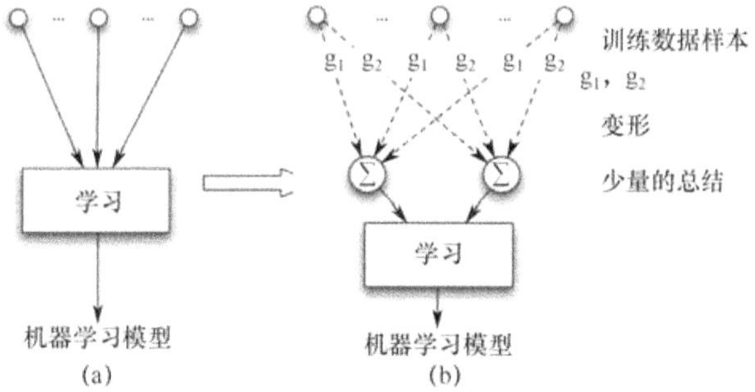

图 7.1　遗忘思想。而不是使模型直接依赖于每个训练数据样本（a），我们将学习算法转换为求和形式（b）。具体而言，每个求和都是转换后的数据样本的总和，其中转换函数 gi 是可有效计算的。有只有少量的求和，而学习算法只依赖于总结。要忘记数据示例，我们只需更新求和，然后计算更新后的模型。这种方法在渐近方向上比从头开始重新训练更快。

虽然先前的工作为几种特定的学习算法[38-40]提出了增量机器学习，但关键的区别在于，遗忘是一种普遍有效的遗忘方法，适用于任何可以转换为求和形式的算法，包括一些目前没有增量版本的算法，如归一化余弦相似度和一类支持向量机（SVM）。此外，遗忘方法处理学习的所有阶段，包括对真实系统的特征选择和建模方法。

7.1.3 本章的组织

本章的其余部分内容如下。在第 7.2 节中，介绍了一些关于机器学习系统的背景知识，以及遗忘的扩展动机；第 7.3 节介绍了遗忘的目标和工作流程；第 7.4 节提出了遗忘的核心方法，即将系统转换为求和形式及其形式主干；第 7.5 节报告了一个关于 LensKit 的案例研究；7.6 节讨论了相关工作。

7.2 背景与对抗性模型

本节介绍了机器学习的一些背景（7.2.1 节）和遗忘的扩展动机（7.2.2 节）。

7.2.1 机器学习背景

特征选择。在此阶段，系统从训练数据的所有特征中选择一组对数据分类最关键的特征。所选的特征集通常很小，可以使以后的阶段更加准确和高效。图 7.2 显示了一个具有 3 个处理阶段的通用机器学习系统。

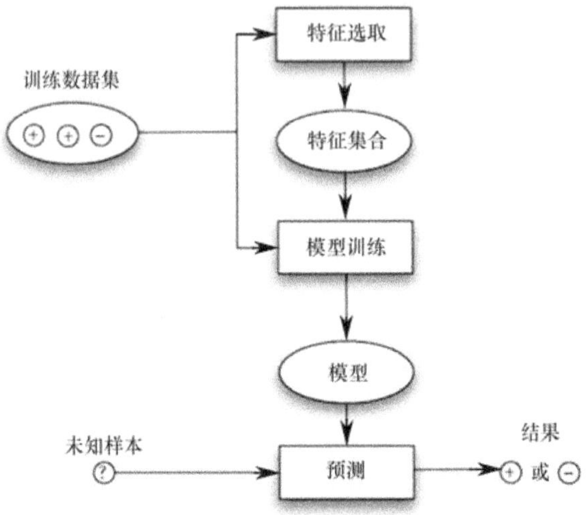

图 7.2 通用机器学习系统。给定一组包含恶意（+）和良性（−）样本的训练数据，系统首先选择一组对数据分类最关键的特征。然后利用训练数据构建模型。为了处理未知样本，系统检查样本中的特征，并使用模型将样本预测为恶意或良性。训练数据的谱系因此流向特征集、模型和预测结果。攻击者可以将不同的样本反馈给模型，并观察结果，从谱系的每一步窃取私人信息，包括训练数据集（系统推理攻击）。攻击者可以污染训练数据，然后沿着谱系的每一步改变预测结果（训练数据污染攻击）

特征选择可以是手动的，其中系统构建人员仔细地处理特征集，或者自动地，其中系统运行一些学习算法，如聚类和卡方检验，以计算特征有多关键，并选择最关键的特征。

模拟训练。系统将每个训练数据样本中选定特征的值提取到一个特征向量中。它将所有训练数据样本的特征向量和恶意或良性标签反馈到一些机器学习算法中，以构建一个简洁的模型。

预测。当系统接收到未知数据样本时，它提取样本的特征向量，并使用模型来预测样本是恶意的还是良性的。

请注意，学习系统可能包含或不包含所有三个阶段，使用标记的培训数据，或将数据分类为恶意或良性。我们在图 7.2 中介绍了该系统，因为它与许多机器学习系统相匹配，以达到安全目的，例如 Zoom。在不失去通用性的情况下，我们在本章后面的章节中将此系统称为示例。

7.2.2 对抗性模型

为了进一步激发解除学习的需要，我们描述了文献中针对学习系统的几种实际攻击。它们要么通过推断受过训练的模型中的私有信息来侵犯隐私（7.2.2.1 节），要么通过污染异常检测系统的预测（检测）结果来降低安全性（7.2.2.2 节）。

7.2.2.1 系统推理攻击

培训数据集，如电影评分、在线购买历史和浏览历史，通常包含私有数据。如图 7.2 所示，私有数据谱系通过机器学习算法流入特征集、模型和预测结果。通过利用这一谱系，攻击者通过向系统中输入样本并观察预测结果来获得推断私有数据的机会。这样的攻击称为系统推理攻击[41]①。

考虑一个推荐系统，它使用项-项协作过滤，从用户的购买历史中学习项-项的相似性，并向用户推荐最类似于他或她以前购买的物品。Calandrino 等[41]表明，一旦攻击者学习项目相似性，用户在购买物品之前的推荐项目列表、之后的列表，攻击者可以通过本质上反转推荐算法所做的计算来准确地推断用户购买了什么。例如，在图书编目服务和推荐引擎 Library Thing[42]上，这次攻击成功地推断了每个用户购买 6 本书，对 100 多万用户来说，准确率为 90%。

同样，考虑一个个性化的华法林剂量系统，根据病人的基因型和背景指导医疗。Fredrikson 等[7]表明，通过该模型和一些关于患者的人口学信息，攻击者可以推断出患者的遗传标记，准确率高达 75%。

7.2.2.2 训练数据污染攻击

图 7.2 中利用谱系的另一种方法是使用训练数据污染攻击。攻击者将被污染的数据样本注入学习系统，误导算法计算不正确的特征集和模型。随后，在处理未知样本时，系统可能会将大量的良性样本标记为恶意并生成过多的误报，或者它可能标志着大量的恶意样本是良性的，因此真正的恶意样本逃避检测。

与攻击者利用学习系统易于访问的公共接口进行系统推理不同，数据污染要求攻击者处理两个相对困难的问题。首先，攻击者必须欺骗学习系统将污染样本包含在训练数据集中。有许多报告的方法[11,16,43]这样做。例如，攻击者可能注册为众包工作人员，并故意将良性电子邮件标记为垃圾邮件[16]。他或她还可能攻击旨在收集恶意样本的蜜罐或其他诱饵陷阱，例如将受污染的电子邮件发送到垃圾邮件[44]，或破坏蜜网中的机器，并[11]发送带有污染协议头字段的数据包。

其次，攻击者必须小心污染足够的数据，以误导机器学习算法。在众包案例中，众包站点的管理员直接污染了一些培训数据[16]的标签。大约 3%的错误标记训

① 在本章中，我们使用系统推理而不是模型反转[7]。

练数据被证明足以显著降低检测效果。在[11,44]的蜜罐情况下，攻击者不能更改污染数据样本的标签，因为蜜罐自动将它们标记为恶意数据。然而，攻击者控制样本中出现的特征，因此他或她可以向这些样本注入良性特征，误导系统依赖这些特征来检测恶意样本。例如 Nelson 等。将良性电子邮件中也出现的单词发送到垃圾邮件的电子邮件中，导致垃圾邮件检测器将 60%的良性电子邮件归类为垃圾邮件。Perdisci 等人将许多具有相同随机生成字符串的数据包注入到蜜网中，这样没有这些字符串的真正恶意数据包就可以逃避检测。

7.3 概　　述

本节介绍机器学习的目标（7.3.1 节）和工作流程（7.3.2 节）

7.3.1 取消目标

回想一下，遗忘系统有两个目标：完整性或者他们能完全忘记数据；及时性或者他们能忘记速度。我们讨论这些目标在解除学习的背景下意味着什么。

7.3.1.1 完整性

直观地说，完整性要求一旦删除数据样本，它对特征集和模型的所有影响也会被完全逆转。它基本上能捕获到一个遗忘的系统与从零开始重新训练的系统之间的一致性。如果对于每一个可能的样本，遗忘的系统给出的预测结果与重新训练的系统相同，那么攻击者、操作员或用户就无法通过向遗忘的系统提供输入样本，甚至观察其特征、模型和训练数据来发现系统中存在遗忘的数据及其谱系。这样的不学习是完全的。为了经验性地测量完整性，我们用一个有代表性的测试数据集来量化从遗忘的和再培训的系统中接收相同预测结果的输入样本的百分比。百分比越高，遗忘越完整。请注意，完整性不取决于预测结果的正确性。

我们的完整性概念受诸如测试数据集的代表性以及学习算法是否随机化等因素的影响。特别是，给定相同的训练数据集，相同的随机学习算法可能计算不同的模型，随后预测不同。因此，只要遗忘的系统与重新培训的系统之一一致，我们就认为遗忘是完整的。

7.3.1.2 及时性

在取消学习中的及时性捕捉到了在更新系统中的特性和模型时，取消学习比重新培训要快得多。遗忘越及时，系统恢复隐私、安全性和可用性的速度就越快。从分析上讲，遗忘只更新少量的求和，然后在这些求和上运行学习算法，然而再训练在整个训练数据集上运行学习算法，因此通过训练数据大小的一个因素，遗忘的渐近速度更快。为了经验性地衡量及时性，我们量化了放弃学习而不是再培训的速度。放弃学习不能取代再培训。当忘记的数据比训练集小时，解除学习效果更好。这个案子很常见。例如，与所有用户的整个培训数据相比，单个用户的私有数据通常很小。同样，攻击者只需要少量数据就可以污染学习系统。当遗忘的数据变得很大时，再培训可能会更有效。

7.3.2 取消学习流程

给定一个要忘记的培训数据示例，根据图 7.2 所示的学习过程，取消学习分两步更新系统。首先，它更新所选功能集。这一步的输入是要忘记的示例、旧的特征集和先前为导出旧特征集而计算的求和。输出是更新的特征集和求和。例如，Java 脚本恶意软件检测引擎 Zozzle[30]使用卡方测试来选择特征，该测试基于四个计数（最简单的求和形式对一个特征进行评分）：为了支持遗忘，我们可以增加 Zozzle 来存储每个功能的得分和计数。忘掉一个样本，我们可以更新这些计数以排除此示例，对功能进行重新评分，然后选择得分最高的功能作为更新的特性集。这个过程不依赖训练数据集，再培训要快得多，检查每个样本为每个特性。在我们的实验中，更新的功能集与旧的功能集非常相似，只是删除和添加了一些功能。

还有遗忘更新了模型。这一步的输入是要忘记的样本、旧的特征集、更新的特征集、旧的模型，以及之前为推导旧模型而计算的总和。输出是更新后的模型和总和。如果从特征集中删除了一个特征，我们只需从模型中拼接出该特征的数据。如果添加了一个特性，我们就在模型中计算它的数据。此外，我们更新依赖于样本忘记的总和，并相应地更新模型。对于使用 naive Bayes 将数据分类为恶意数据或善意数据的 Zozzle 来说，求和是使用第一步记录的计数计算的概率（例如，假设训练数据样本包含某一特定特征，它是恶意的概率）。因此，更新概率和模型是直接的，而且比再训练快得多。

7.4 忘却的方法

正如前面在图 7.1 中所描述的，遗忘的方法在学习算法和训练数据之间引入了一个由少量累加组成的层，以打破依赖关系。现在，学习算法只依赖于求和，每一个求和都是一些有效计算的训练数据样本的转换的和。Chu 等[36]表明，许多流行的机器学习算法，如朴素贝叶斯，都可以用这种形式表示。要删除一个数据样本，我们只需从依赖于该样本的求和中删除该数据样本的转换（复杂度为 O（1）），然后计算更新后的模型。渐进地，这种方法比从头开始再训练更快。

更正式地说，求和形式遵循统计查询（SQ）学习[37]。SQ 学习禁止学习算法查询个别训练数据样本。相反，它允许算法仅通过 oracle 查询训练数据的统计信息。具体来说，该算法发送一个函数 $g(x,l_x)$到 oracle，其中 x 是一个训练数据样本，l_x 是对应的标号，g 是一个有效计算的函数。然后，oracle 回答 $g(x,l_x)$的估计期望所有的训练数据。该算法反复查询 oracle，可以使用不同的 g 函数，直到它终止。

取决于是否一个算法问题的所有 SQ 是预先确定的，SQ 学习可以是非自适应的（所有 SQ 是预先确定的）或自适应的（后期的 SQ 可能依赖于早期的 SQ 结果）。这两种不同类型的 SQ 学习需要不同的遗忘方式，将在下面两个小节中描述。

7.4.1 非自适应 SQ 学习

非自适应 SQ 学习算法必须预先确定所有的 SQ。由此可见，这些 SQ 的数量是恒定的，数量表示为 m，和转换功能是固定的，表示为 g_1, g_2, …, g_m，我们将算法表示为：

$$\text{Learn}\left(\sum_{x_i\in X} g_1\left(x_i,l_{x_i}\right),\sum_{x_i\in X} g_2\left(x_i,l_{x_i}\right),\cdots,\sum_{x_i\in X} g_m(x_i,l_{x_i})\right)$$

式中：x_i 为训练数据样本；l_{xi} 为训练数据样本的标号。这种形式包含了许多流行的机器学习算法，包括线性回归、卡方检验和朴素贝叶斯。

在这种形式下，遗忘是这样的。让 G_k 为 $\sum g_k\left(x_i,l_{x_i}\right)$。所有 G_ks 与学习模型一起保存。要忘记一个数据样本 x_p，我们计算 $G_k^{'}$ 为 $G_k-g_k\left(x_p,l_{x_p}\right)$。更新的模型是这样的：

$$\text{Learn}\left(G_1-g_1\left(x_p,l_{x_p}\right),G_2-g_2\left(x_p,l_{x_p}\right),\cdots,G_m-g_m\left(x_p,l_{x_p}\right)\right)$$

在非自适应 SQ 学习算法上的遗忘是完全的，因为这个更新的模型与下面是相同的：

$$\text{Learn}\left(\sum_{i\neq p} g_1\left(x_i,l_{x_i}\right),\sum_{i\neq p} g_2\left(x_i,l_{x_i}\right),\cdots,\sum_{i\neq p} g_m\left(x_i,l_{x_i}\right)\right)$$

该模型是在排除 x_p 的训练数据上通过再训练计算出来的。就时效性而言，它也比再培训快得多，只有常数个数的求和 G_k。

现在我们以朴素贝叶斯为例，说明如何将非自适应 SQ 学习算法转换成这种求和形式。给出一个带有特征的示例 F_1，F_2 和 F_k 时，朴素贝叶斯用标签 L 满足 $P\left(L|F_1,\cdots,F_k\right)$时对样本进行分类，对于所有这些特征的训练数据样本，观察标签 L 的条件概率大于任何其他标签的条件概率。这个条件概率计算如下：

$$P\left(L|F_1,\cdots,F_k\right)=\frac{P(L)\sum_{i=0}^{k}P\left(F_i|L\right)}{\sum_{i=0}^{k}P\left(F_i\right)} \tag{7.1}$$

我们现在把这个方程中的每个概率项 P 转换成和。以 $P\left(F_i|L\right)$ 为例。通过取具有特征 F_i 和标签 L 的训练数据样本表示为 $N_{F_i,L}$ ，除以标记为 L 的训练数据样本个数，表示为 N_l。每个计数器本质上都是一个非常简单的函数的和，这些函数都是当一个样本被计数时返回 1，否则返回 0。例如，N_l 是一个指标函数 $g_l(x,\ lx)$的和，该函数是当 l_x 等于 L 时，返回 1，否则为 0。类似地，所有其他概率项都是通过除相应的两个计数器来计算的。$P(L)$为 N_l 除以样本总数 N 的除法。$P(F_i)$ 为具有特征 F_i 的训练数据样本个数（表示为 N_{F_l} ）除以 N 的除法。

要忘记一个样本，我们只需更新这些计数器并重新计算概率。例如，假设要忘却的训练样本有标签 L 和一个特征 F_j 。在遗忘后，$P\left(F_j|L\right)$ 变成 $\dfrac{N_{F_jL}-1}{N_L-1}$ ，所有其他的 $P\left(F_i|L\right)$ 变成 $\dfrac{N_{F_iL}-1}{N_L-1}$ 。$P(L)$ 变成 $\dfrac{N_L-1}{N}$ 。$P(F_j)$ 变成 $\dfrac{N_{F_j}-1}{N-1}$ ，然后其他的 $P(F_i)$ 变成 $\dfrac{N_{F_i}}{N-1}$ 。

7.4.2 自适应 SQ 学习

自适应 SQ 学习算法会动态迭代地发布它的 SQ，之后的 SQ 可能依赖于之前的 SQ 的结果。（非自适应 SQ 学习是自适应 SQ 学习的一种特殊形式）。在操作上，自适应 SQ 学习开始随机或启发式选择初始状态 s_0。在 s_j 状态下，根据当前状态确定 SQ 中的转换函数，将 SQ 发送给 oracle，接收结果，学习下一个状态 s_{j+i}。然后重复，直到算法收敛。在每次迭代期间，当前状态足以确定转换函数，因为它可以从 s_0 开始捕获整个历史。我们将每个状态 s_j 中的这些函数 S_j 表示为 $g_{sj,1}$，$g_{sj,2},\ldots,g_{sj,m}$，现在算法为以下格式：

（1）So：初始状态。

（2）$s_{j+1}=\text{Learn}\left(\sum_{x_i\in X}g_{s_j,1}\left(x_i,l_{x_i}\right),\sum_{x_i\in X}g_{s_j,2}\left(x_i,l_{x_i}\right),\cdots,\sum_{x_i\in X}g_{s_j,m}(x_i,l_{x_i})\right)$。

（3）重复（2）直到算法收敛。

算法收敛所需的迭代次数取决于算法、选择的初始状态和训练数据。通常，该算法被设计成在许多场景下具有稳健收敛。这种 SQ 学习的自适应形式包括许多流行的机器学习算法，包括梯度下降，支持向量机，和 k–均值。

取消这种自适应形式的变化比非自适应形式更大，因为即使我们从相同的初始状态重新开始，如果训练数据样本在一次迭代中忘记了变化，那么所有后续的迭代都可能偏离并需要从头开始计算。幸运的是，在删除样本之后，以前的收敛状态通常只是稍微偏离了收敛。因此，在更新后的训练数据集上，忘却的方法可以简单地从该状态“恢复”迭代学习算法，而且与从原始状态或新生成的初始状态重新开始收敛相比，需要的迭代次数要少得多。

在操作上，自适应遗忘方法的工作方式如下。给定在原始训练数据集上计算的收敛状态 S，它从 Learn 用来计算 S 的求和中删除了需要忘记的样本的贡献，类似于取消学习非自适应形式。让合成的状态为 S'。然后，检查 S'是否满足算法的收敛条件。如果不是，则设 S'为初始状态，运行迭代学习算法直到收敛。

我们现在在三个场景中讨论自适应反学习方法的完整性。首先，对于像支持向量机（SVM）这样只收敛于一种状态的算法，这种方法是完整的，因为通过遗忘计算得到的收敛状态与从零开始再训练得到的收敛状态是相同的。其次，对于像 k-均值这样收敛于多个可能状态的算法，如果状态 S'是算法选择的一个可能的初始状态（如算法随机选择初始状态），则该方法是完整的。证明示意梗概如下。由于 S'是一种可能的初始状态，所以有一种可能的再训练过程，从 S'开始，达到一个新的收敛状态。在这个再训练过程的每次迭代中，Learn 计算的新状态与忘却的方法中相应迭代计算的状态相同。因此，它们必须计算出完全相同的收敛状态，满足完整性目标（见 7.3.1.1 节）。最后，如果(a) S'不能为一个可行的初始状态（例如，使用启发式算法选择初始状态去排除 S'）或者（b）算法不收敛或者算法收敛于与其余所有可能收敛的方式不同，那么这样的方法可能不完整。我们预计这种情况会很少见，因为自适应算法无论如何都需要在正常操作时具有稳健性。

自适应遗忘方法也是及时的。再培训的加速是双重的。首先，如果有旧的求和结果可以使用，那么遗忘在计算求和时会更快。例如，它通过删除已删除样例的贡献来更新状态 S。其次，遗忘从一种几乎收敛的状态开始，因此它比再训练需要更少的迭代来收敛。在实践中，我们预计加速主要来自于迭代次数的减少。这意味着，原则上，自适应反学习方法应该加速任何稳健迭代机器学习算法，即使算法不遵循 SQ 学习。然而在实践中，很少有实用的学习算法不能转换为自适应 SQ 学习形式。具体来说，许多机器学习问题可以视为优化问题，可以使用梯度下降（一种自适应 SQ 学习算法）来解决。

现在，我们以 k-均值聚类为例说明如何将自适应 SQ 学习算法转换为求和形式。k-均值聚类从随机选取的初始聚类中心 c_1，…，c_k 集合开始，将每个数据点分配到一个中心到该点的欧氏距离最短的簇中，然后更新每个 c_i 基于其聚类中所有数据点的平均值。它重复这个任务，直到中心不再改变。

为了支持遗忘，我们转换了每个 c_i 的计算到求和。因为 k-均值聚类是无监督的，所以下面的讨论中不涉及标签。我们定义 $g_{c_i,j}(x)$ 为函数，当 x 与 c_i 的距离最小时输出 x，否则为 0；定义 $g'_j(x)$ 为函数，当 x 和 c_i 的距离最小时输出 1，否则输出 0。

新 c_i 在 j+1 的迭代中

等于 $\frac{\sum_{x\in X} g_{c_i,j}(x)}{\sum_{x\in X} g'_{c_i,j}(x)}$。

要忘记示例 x_p，我们通过从集合中减去 $g_{c_i,j}(x_p)$ 和 $g'_{c_i,j}(x_p)$ 更新 $\sum_{x\in X} g_{c_i,j}(x)$ 和 $\sum_{x\in X} g'_{c_i,j}(x)$。然后，我们继续迭代过程，直到算法收敛。

7.5 在 LensKit 忘却

在本节中，我们以 LensKit[33]为例来描述忘却的方法。我们从描述 LensKit 的推荐算法开始。回想在默认情况下，它使用 item-item 协同过滤（collaborative filtering）向用户推荐商品[31-33]，协同过滤根据用户对商品的评分计算每两个商品的相似度，因为直觉上，相似的商品应该从同一个用户那里得到相似的评分。从操作上讲，LensKit 首先基于商品的历史用户评分构建一个用户-商品矩阵，其中第 i 行存储用户 i 给出的所有评分，以及项目 j 收到的 j 列的所有评分。然后，LensKit 将矩阵中的所有评分归一化，以减少用户和商品之间的偏差。

$$
\begin{aligned}
\operatorname{sim}(k,l) &= \frac{\sum_{i=1}^{n} a_{ik}a_{il}}{\sqrt{\sum_{i=1}^{n} a_{ik}^2 \sum_{i=1}^{n} a_{il}^2}} = \frac{\sum_{i=1}^{n}(r_{ik}-\mu_i-\eta_k+g)(r_{il}-\mu_i-\eta_l+g)}{\sqrt{\sum_{i=1}^{n}(r_{ik}-\mu_i-\eta_k+g)^2 \sum_{i=1}^{n}(r_{il}-\mu_i-\eta_l+g)^2}} \\
&= \left\{\sum_{i=1}^{n}(r_{ik}-\mu_i)(r_{il}-\mu_i)-\eta_k\sum_{i=1}^{n}(r_{il}-\mu_i)-\eta_l\sum_{i=1}^{n}(r_{ik}-\mu_i)\right. \\
&\quad \left.-g(\eta_k+\eta_l)N+\eta_k\eta_l N+g^2N+g\sum_{i=1}^{n}(r_{ik}+r_{il}-2\mu_i)\right\} \\
&\quad \div\sqrt{\sum_{i=1}^{n}(r_{ik}-\mu_i)^2-2(\eta_k-g)\sum_{i=1}^{n}(r_{ik}-\mu_i)+(\eta_k-g)^2N} \\
&\quad \div\sqrt{\sum_{i=1}^{n}(r_{il}-\mu_i)^2-2(\eta_l-g)\sum_{i=1}^{n}(r_{il}-\mu_i)+(\eta_l-g)^2N} \\
&= \frac{S_{kl}-\eta_k S_l-\eta_l S_k+g(S_k+S_l)-g(\eta_k+\eta_l)N+\eta_k\eta_l N+g^2N}{\sqrt{S_{kk}-2(\eta_k-g)S_k+(\eta_k-g)^2N}\sqrt{S_{ll}-2(\eta_l-g)S_l+(\eta_l-g)^2N}} \\
&= \operatorname{Learn}(s_{kl},s_k,s_l,s_{kk},s_{ll},g,\eta_k,\eta_l)
\end{aligned}
\tag{7.2}
$$
①

① 原著公式号有误，式（7.4）应为式（7.2），后面序号须改。——译者

例如，一个用户的平均评分可能高于 另一个用户，但两者对最终的商品-商品相似性的贡献应该是相等的。式（7.2）给出了用户 i 对商品 j 的规范化的评分，a_{ij} 的标准化评分 r_{ij}，其中 μ_i 是用户 i 给出的所有评分的平均值，η_j 是商品 j 收到的所有评分的平均值，g 是全部平均评分。

$$a_{ij}=\begin{cases} r_{ij}-\mu_i-\eta_j+g & rij\neq 空 \\ 0 & rij=空 \end{cases} \tag{7.3}$$

LensKit 基于归一化的用户-商品评分矩阵，计算出一个商品-商品相似度矩阵，其中第 k 行第 i 列的单元格表示 k 与 l 之间的相似度。具体如式 7.3 所示，计算用户-商品评分矩阵中 k 列与 l 列之间的余弦相似度，其中 $\|\boldsymbol{x}\|_2$ 表示 $\boldsymbol{x}$ 的欧几里得范数，$\boldsymbol{a}_{x,k}$ 是一个向量，表示商品 k 收到的所有评分。

$$\mathrm{sim}(k,l)=\frac{\boldsymbol{a}_{*,k}\cdot\boldsymbol{a}_{*,l}}{\|\boldsymbol{a}_{*,k}\|_2\|\boldsymbol{a}_{*,l}\|_2} \tag{7.4}$$

现在，为了向用户推荐商品，LensKit 会计算出与用户之前评价的商品最相似的商品。

我们使用的工作负载是来自电影推荐网站 MovieLens[45]的一个公共的、真实世界的数据集。它有三个子集：1000 名用户对 1700 部电影进行了 10 万次评分；6000 名用户对 4000 部电影进行了 100 万次评分；7.2 万名用户对 1 万部电影进行了 1000 万次评分。所有实验都使用 LensKit 的默认设置。

7.5.1 攻击系统的推理

由于存在针对推荐系统[41]的先验系统推理攻击，我们重现了针对 LensKit 的这种攻击，并验证了攻击的有效性。正如 Calandrino 等[41]所描述的，攻击者知道商品相似性矩阵以及用户过去购买的一些商品。为了推断用户新购买的商品，攻击者在当前商品相似性矩阵和没有该商品的相似度矩阵之间计算 delta 矩阵。然后，基于增量矩阵，攻击者可以推断出一个可能导致增量矩阵的初始项列表，即用户可能新购买的潜在道具。通过比较推断的商品列表和用户的购买历史，攻击者可以推断出新购买的商品。在攻击步骤之后，我们首先记录 LensKit 的商品相似性矩阵和一个用户的评分历史。然后，我们向用户的评分历史添加一个条目，计算 delta 矩阵，然后成功地从 delta 矩阵和用户的评分历史推断出添加的评分。

7.5.2 分析结果

为了支持 LensKit 的遗忘，我们将 LensKit 的推荐算法转换为求和形式。式（7.4）说明了这个过程。我们首先将式（7.4）中的 $a_{*,k}$ 和 $a_{*,l}$ 代入式（7.3）中对应的值，其中 n 为用户数量，m 为商品数量，并展开乘法。然后我们用代入某些项来简化式（7.5）中列出的五项求和。结果表明，该方法适用于基于余弦相似度的物品推荐。

$$\begin{cases} S_{kl} = \sum_{i=1}^{n}(r_{ik} - \mu_i)(r_{il} - \mu_i) \\ S_k = \sum_{i=1}^{n}(r_{ik} - \mu_i) \\ S_l = \sum_{i=1}^{n}(r_{il} - \mu_i) \\ S_{kk} = \sum_{i=1}^{n}(r_{ik} - \mu_i)^2 \\ S_{ll} = \sum_{i=1}^{n}(r_{il} - \mu_i)^2 \end{cases} \tag{7.5}$$

我们现在分析讨论 LensKit 中遗忘的完整性和时效性。为了忘记 LensKit 中的等级，我们必须更新它的道具-道具相似度矩阵。为了更新商品 k 和 l 之间的相似性，我们只需更新式（7.2）中的所有求和，然后使用求和重新计算 sim(k,l)。这个反学习过程是 100%完成的，因为它计算的 sim(k,l)值与式（7.4）重新计算的值相同。消去 sim(k,l)的渐近时间只有 $O(1)$，因为只有常数个数的求和，每一个求和都可以在常数时间内更新。考虑所有的 m^2 对商品，遗忘的时间复杂度为 $O(m^2)$。相比之下，从头再训练的时间复杂度为 $O(nm^2)$，因为按照式（7.4）重新计算 sim(k,l)需要两个大小为 n 的向量的点积。因此，遗忘对再训练的加速系数为 $O(n)$。这种加速是相当巨大的，因为推荐系统通常拥有比商品更多的用户（例如 Netflix 的用户与电影）。

现在，我们已经从数学上展示了如何将 LensKit 的物品相似性方程转换为求和形式，以及它的分析完整性和及时性，接下来我们将从算法上展示如何修改 LensKit 以支持遗忘。在给出了式（7.2）之后，这样做并不困难，我们报告了我们添加的算法，以提供如何在 LensKit 中支持遗忘的完整画面。

我们向 LensKit 添加了两种算法。算法 1 在 LensKit 的学习阶段运行，该阶段发生在系统启动或系统操作员决定从零开始重新培训时。这个算法计算必要地求和以备以后的遗忘。计算每个用户的平均评分 user i（μi, line 13），它跟踪评分由用户给出的数量（Count_{ui}, line 6）和这些评分的总和（Sum_{ui}, line 5），它同样通过跟踪评分收到所有条目的数量 k（$\text{Count}_{\eta k}$, line8）和这些评分的总和（$\text{Sum}_{\eta k}$, line 7）计算每个商品的平均评分 k（η_k, line 17），它计算的平均评分（g, line 15）通过跟踪评分的总数（Count_g, line 10）和他们的总和（Sum_g, line 9）。此外，它计算额外的求和 S_k 和 S_{kl}（line19 and 23）是式（7.2）要求的。一旦所有的求和都准备好了，它将计算式（7.2）下每一对物品的相似度。然后，它存储每个计算结果 μi 和 count_{μ_i} 给每个用户，每个商品的 η_j 和 count_{η_i}，以及 g 和 count_g，S_k，还有进行稍后的遗忘的每一对商品的 S_{kl}。

LensKit 中的算法 1 学习阶段准备

输入：

所有用户：从 1 到 n

所有商品：从 1 到 m

过程：

```
Initializing all the variables to zero
for i = 1 to n do
    for j = 1 to m do
        if r_ij ≠ null then
            Sum_μi Sum_μi + r_ij
            Count_μi ++
            Sum_ηj ← Sum_ηj + r_ij
            Count_ηj ++
            Sum_g ← Sum_g + r_ij
            Count_g++
        end if
    end for
    μi ← Sum_μi /Count_μi
end for
g ← Sum_g/Count_g
for k = 1 to m do
        η_k ← Sum_ηk/Count_ηk
        for i = 1to n do
            S_k ← S_k + (r_ik − μ_i )
        end for
        for l = 1 to m do
            fori = 1 to n do
                S_kl ← S_kl + (r_ik − μ_i ) * (r_il − μ_i )
            end for
            Calculate sim(k; l)
        end for
end for
```

算法 2 是 LensKit 中 unlearning 的核心算法。为了忘记评分，它更新所有相关的总和及商品相似度矩阵中的相关单元格。假设用户 u 要求系统忘记她对物品 t 给出的评分。

算法 2 首先更新用户 $u's$ 平均评分 μ_i、商品 $t's$ 平均评分 η_j,和全部平均评分 g，将之前的平均评分值乘以相应的总评分，然后减去忘记评分 r_{ut}，再除以新的总评分（第 1～3 行）。然后通过减去 r 贡献的值 r_{ut}，该值简化为第 4～5 行所示的赋值，更

新 $t's$ 项的总和 S_t 和 S_{tt}。然后为每个其他商品 j，其接到用户 m 的评分，更新 S_j 和 S_{jj}（第 6～11 行）。因为其他用户的评分和他们的平均分没变化，算法 2 减去用户 u 提供的旧值并增加了更新后的值。算法 2 更新 S_{jk} 与（12～20 行）相同。最后，根据式（7.2）（第 21 行）更新的求和，重新计算 $\mathrm{sim}(j,k)$。

LensKit 算法 2 的遗忘阶段

输入：

u：想要删除物品评分的用户 User u

t：用户要删除其评分的物品 Item t

r_{ut}：用户给的初始评分 Rating r_{ut}

过程：

1:old$\mu_u \leftarrow \mu_u$
2: $\mu_u \leftarrow (\mu_u * \mathrm{Count}_{\mu u} - r_{ut})/ (\mathrm{Count}_{\mu u} - 1)$
3: $\eta_t\ (\eta_t * \mathrm{Count}_{\eta t} - r_{ut})/ (\mathrm{Count}_{\eta t} - 1)$
4: $g \leftarrow (g * \mathrm{Count}_g - r_{ut})/ (\mathrm{Count}_g - 1)$
5: $S_t \leftarrow S_t - (r_{ut} - \mathrm{old}\mu_u)$
6: $St \leftarrow S_{tt} - (r_{ut} - \mathrm{old}\mu_u) * (r_{ut} - \mathrm{old}\mu_u)$
7: for $j = 1$ to m do
8:    if $r_{uj} \neq$ null && $j \neq t$ then
9:       $S_j \leftarrow S_j + \mathrm{old}\mu_u - \mu_u$
10:       $S_{jj} \leftarrow S_{jj} - (r_{uj} - old\mu_u) * (r_{uj} - \mathrm{old}\mu_u) + (r_{uj} - \mu_u) * (r_{uj} - \mu_u)$
11:    end if
12: end for
13: for $k = 1$ to m do
14:    for $l = 1$ to m do
15:       if $r_{uk} \neq$ null &&$r_{ul} \neq$ null && $k \neq l$ then
16:          if $j = t \| l = t$ then
17:             $S_{kl} \leftarrow S_{kl} - (r_{uk} - \mathrm{old}\mu_u) * (r_{ul} - \mathrm{old}\mu_u)$
18:          else
19:             $S_{kl} \leftarrow S_{kl} - (r_{uk} - \mathrm{old}\mu_u) * (r_{ul} - \mathrm{old}\mu_u) + (r_{uk} - \mu_u) * (r_{ul} - \mu_u)$
20:          end if
21:       end if
22:       Update sim$(k; l)$
23:    end for
24: end for

注意，这些算法需要额外的 $n + m^2 + 2m$ 来存储求和，原有的商品-商品推荐算法已经使用 $O(nm)$空间来存储用户-商品评分矩阵，$O(m^2)$空间用于存储求和项与项相似矩阵的空间。因此，渐近空间复杂度保持不变。

7.5.3 实证结果

为了修改 LensKit 以支持反学习，我们在 9 个文件中插入了 302 行代码，这些文件跨越三个 LensKit 包：LensKit-core、LensKit-knn 和 LensKit-data-structures。

在经验上，我们使用两组实验来评估完整性。首先，对于每个数据子集，我们随机选择一个要忘记的评分，进行遗忘和再训练，并比较每个用户的推荐结果和计算的商品-商品相似度矩阵。我们重复了这个实验 10 次，验证了在所有的实验中，推荐结果都是相同的。此外，对应相似度之间的最大差异小于 1.0×10^{-6}。这些微小的差异是由于浮点运算的不精确造成的。

其次，我们验证了遗忘成功阻止了上述系统推理攻击[41]获取任何关于遗忘等级的信息。在遗忘之后，LensKit 给出了完全相同的建议，就好像被遗忘的评分在系统中从未存在过一样。当我们发起攻击时，攻击中使用的 delta 矩阵（[41]中第 IV 节）包含所有的 O，因此攻击者无法从这些矩阵中推断出任何东西。

我们通过测量遗忘或再培训所需的时间来评估及时性。我们使用了所有三个数据子集，每个实验重复三次。结果见表 7.1。第一行是再训练的时间，第二行是遗忘的时间，最后一行是遗忘对再训练的加速。忘却总是比再培训效果更好。加速因子小于 $O(n)$分析结果，因为数据集中有许多空的评分，即一个用户不会给每一部电影打分。因此，再训练速度更接近 $O(Nm)$，加速因子更接近 $O(N/m)$，其中 N 为评分数，m 为用户数。对于更大的数据集，加速可能更大。例如，IMDb 包含 2950 317 个标题（包括电视节目、电影等）和 5400 万注册用户[46,47]，可能产生数十亿甚至数万亿的评分。在这种情况下，遗忘可能需要几个小时才能完成，而再训练可能需要几天。

表 7.1 加速放弃对 LensKit 的过度再培训

项目	来自 1000 个用户和 1700 件商品的 10 万次评分	来自 6000 个用户和 4000 件商品的 100 万次评分	来自 72000 个用户和 10000 件商品的 1000 万次评分
再培训	4.2s	30s	4min56s
忘却	931ms	6.1s	45s
加速	4.51	4.91	6.57

注意：再培训的时间随着总评分数量的增加而增加，而遗忘的开销随着总用户数量的增加而增加。

7.6 相关工作

在第 7.1 节中，我们简要地讨论了相关工作。在本节中，我们将详细讨论相关的工作。我们从一些以机器学习为目标的攻击开始（见 7.6.1 节），然后是防御（见

7.6.2 节），最后是增量机器学习（见 7.6.3 节）。

7.6.1 敌对的机器学习

广义地说，对抗性机器学习[15,48]研究了对抗性环境下的机器学习行为。根据之前的分类[15]，针对机器学习的攻击分为两大类：①攻击者对学习系统有“写”访问权的因果攻击——污染训练数据，随后影响训练模型和预测结果；②探索性攻击，攻击者具有“只读”访问权限——他或她向学习系统发送数据样本，希望窃取系统内部的私有数据或逃避检测。在本小节的其余部分中，我们将更详细地讨论这两类攻击。

7.6.1.1 诱发性的攻击

这些攻击与数据污染攻击相同（见 7.2.2.2 节）。Perdisci 等[11]开发了一种针对测谎仪[12]的攻击是一种自动蠕虫签名生成器，使用朴素 Bayes 分类器将网络流分类为良性或恶意。在这种设置中，攻击者危及蜜网中的一台机器，并发送带有受污染的协议报头字段的数据包。这些注入的数据包使 PolyGraph 无法生成有用的蠕虫签名。Nelson 等开发了一种针对商业垃圾邮件过滤器的攻击方法，称为 SpamBayes[49]，它也使用朴素 Bayes。他们表明，通过使用精心设计的电子邮件污染 1%的训练数据，攻击者成功地让垃圾邮件 Bayes 在 90%的时间里将良性电子邮件标记为垃圾邮件。这两种攻击的目标是 Bayes 分类器，其他分类器也可以用同样的方式攻击，如 Biggio 等对 SVM[50]的攻击所示。Fumera 等没有关注单个的分类器，而是提出了一个框架来评估分类器抗攻击的弹性设计阶段。他们将框架应用于几个现实世界的应用，并表明这些应用中的分类器都是脆弱的。

我们针对 Zozzle[30]、OSNSF[32]和 PJScan[52]的实际污染攻击属于这类致因攻击。所有这些攻击，包括之前的攻击和我们的攻击，都是遗忘的良好动机。

7.6.1.2 试探性的攻击

探索性攻击有两个子类。

第一个子类是系统推理或模型反转攻击，如 7.2.2.1 节所述。Calandrino 等[41]表明，给定特定用户的一些辅助信息，攻击者可以推断出该用户的事务历史。Fredrikson 等[7]表明，攻击者可以根据患者的人口统计信息推断出其遗传标记。这些攻击是遗忘的另一个动机。

在第二个子类中，攻击者将恶意样本伪装成良性样本，并影响学习系统的预测结果。特别是，对于那些检测恶意样本的系统，攻击者通常会制作恶意样本，尽可能地模仿良性样本。例如，通过向恶意样本中注入良性特征[16,53-55]。正如 Srndic 等[55]所建议的，为了使学习系统对这些攻击具有稳健性，我们需要使用恶意样本固有的特征。这些攻击超出了本章的讨论范围，因为它们不会污染训练数据，也不会泄露训练数据的私人信息。

7.6.2 保护数据污染和隐私泄露

在本小节中，我们将讨论当前针对数据污染和隐私泄露的防御机制。尽管这些防御被宣称是强大的，但许多防御随后被新的攻击所击败[7,11]。因此，遗忘是这些防御的一个很好的补充方法。

7.6.2.1 数据污染防御

许多数据污染攻击的防御方法都是对训练数据进行过滤，以删除受污染的样本。Brodley 等[28]过滤了错误标记的训练数据，需要使用标记数据的技术之间的绝对或多数共识。Cretu 等在机器学习过程中引入了消毒阶段来过滤污染数据。Newsome 等[12]对训练数据集进行聚类，以帮助过滤可能的污染样本。然而，它们被新的[11]攻击击败，这些技术都不能保证过滤所有受污染的数据。另一道防线是增加算法的弹性。Dekel 等开发了两种技术，使学习算法对攻击具有弹性。一种技术将弹性学习问题表述为线性规划，另一种使用感知器算法和在线到批处理转换技术。这两种技术都试图将攻击者可能造成的破坏最小化，但攻击者仍然可能影响学习系统的预测结果。最后，Bruckner 等[58]将学习者和数据污染攻击者模型作为一个博弈，并证明了博弈具有唯一的纳什均衡。

7.6.2.2 保护隐私泄露

一般而言，差分隐私[20,21]平等且不变地保留数据集中每个单独物品的隐私。McSherry 等[59]构建了一个差分隐私推荐系统，表明在 Netflix 奖励数据集中，该系统可以在不显著降低系统准确性的情况下保护隐私。最近，Zhang 等[21]提出了一种产生私有线性回归模型的机制，而 Vinterbo[20]提出了隐私保护投影直方图来产生差分私有合成数据集。然而，差分隐私要求数据访问符合一个不断缩小的隐私预算，并且只适用于数据集的模糊统计。这些限制使得构建可用的系统[7]具有极大的挑战性。此外，在当今的系统中，每个用户的隐私意识和每个数据项的敏感性变化很大。相反，遗忘系统旨在恢复选定数据的隐私，代表了一种更实用的隐私与效用的权衡。

7.6.3 增量机器学习

增量机器学习研究如何增量地调整训练后的模型，以增加新的训练数据或删除过时的数据，因此它与我们的工作密切相关。Romero 等[39]为线性支持向量机找到了精确的最大边缘超平面，因此可以很容易地从内积中添加或删除新组件。Cauwenberghs 等[38]提出使用绝热增量将支持向量机从 1 个训练样本更新到 l+1。Utgoff 等[60]提出了一种增量算法来诱导决策树，其等价于 Quinlan 的 ID3 算法形成的决策树。Domingos 等[61]提出了一种高性能的决策树构造算法来处理高速数据流。最近，Tsai 等[40]提出使用 warm start 来实际构建带有线性核的增量支持向量机。

与之前的增量机器学习工作相比，我们的反学习方法存在根本的不同，因为我们提出了一种通用的高效反学习方法，适用于任何可以转换为求和形式的算法，包括一些目前没有增量版本的算法。例如，我们成功地将 unlearning 应用于标准化余弦相似度，这是推荐系统常用来计算商品-商品相似度的方法。在我们的工作之前，这个算法没有增量版本。此外，我们将我们的学习方法应用到现实世界的系统中，并证明了遗忘处理包括特征选择和建模在内的所有学习阶段是非常重要的。

Chu 等[36]使用求和形式来加速使用 map-reduce 的机器学习算法。他们的总结形式是基于 SQ 的学习，为我们的工作提供了灵感。我们相信我们是第一个在遗忘和总和形式之间建立联系的人。此外，我们还演示了如何将非标准的机器学习算法，如归一化余弦相似度算法，转换为求和形式。相比之下，之前的工作只使用简单的转换就转换了 9 种标准的机器学习算法。

进一步的阅读文献

Y. Cao and J. Yang. Towards making systems forget with machine unlearning. In Proceedings of the 2015 IEEE Symposium on Security and Privacy, 2015.

M. Barreno, B. Nelson, A. D. Joseph, and J. D. Tygar. The security of machine learning. *Mach. Learn.*, 81(2):121–148, Nov. 2010.

D. Beaver, S. Kumar, H. C. Li, J. Sobel, and P. Vajgel. Finding a needle in haystack: Facebook's photo storage. In Proceedings of the 9th USENIX Conference on Operating Systems Design and Implementation, OSDI, 2010.

B. Biggio, B. Nelson, and P. Laskov. Poisoning attacks against support vector machines. In Proceedings of International Conference on Machine Learning, ICML, 2012.

M. Brückner, C. Kanzow, and T. Scheffer. Static prediction games for adversarial learning problems. *J. Mach. Learn. Res.*, 13(1):2617–2654, Sept. 2012.

J. A. Calandrino, A. Kilzer, A. Narayanan, E. W. Felten, and V. Shmatikov. You might also like: Privacy risks of collaborative filtering. In Proceedings of 20th IEEE Symposium on Security and Privacy, May 2011.

Y. Cao, X. Pan, Y. Chen, and J. Zhuge. JShield: Towards real-time and vulnerability-based detection of polluted drive-by download attacks. In Proceedings of the 30th Annual Computer Security Applications Conference, ACSAC, 2014.

G. Cauwenberghs and T. Poggio. Incremental and decremental support vector machine learning. In Advances in Neural Information Processing Systems (NIPS*2000), volume 13, 2001.

C. T. Chu, S. K. Kim, Y. A. Lin, Y. Yu, G. R. Bradski, A. Y. Ng, and K. Olukotun. Map-reduce for machine learning on multicore. In B. Schlkopf, J. C. Platt, and T. Hoffman, Eds., *NIPS*, pp. 281–288. MIT Press, 2006.

G. F. Cretu, A. Stavrou, M. E. Locasto, S. J. Stolfo, and A. D. Keromytis. Casting out demons: Sanitizing training data for anomaly sensors. In Proceedings of the 2008 IEEE Symposium on Security and Privacy, SP, 2008.

M. Fredrikson, E. Lantz, S. Jha, S. Lin, D. Page, and T. Ristenpart. Privacy in pharmacogenetics: An end-to-end case study of personalized warfarin dosing. In Proceedings of USENIX Security, August 2014.

G. Fumera and B. Biggio. Security evaluation of pattern classifiers under attack. IEEE Transactions on Knowledge and Data Engineering, 99(1), 2013.

L. Huang, A. D. Joseph, B. Nelson, B. I. Rubinstein, and J. D. Tygar. Adversarial machine learning. In Proceedings of the 4th ACM Workshop on Security and Artificial Intelligence, AISec, 2011.

M. Kearns. Efficient noise-tolerant learning from statistical queries. *J. ACM*, 45(6):983–1006, Nov. 1998.

M. Kearns and M. Li. Learning in the presence of malicious errors. In Proceedings of the Twentieth Annual ACM Symposium on Theory of Computing, STOC, 1988.

R. Perdisci, D. Dagon, W. Lee, P. Fogla, and M. I. Sharif. Misleading worm signature generators using deliberate noise injection. In Proceedings of the 2006 IEEE Symposium on Security and Privacy, 2006.

E. Romero, I. Barrio, and L. Belanche. Incremental and decremental learning for linear support vector machines. In Proceedings of the 17th International Conference on Artificial Neural Networks, ICANN, 2007.

C.-H. Tsai, C.-Y. Lin, and C.-J. Lin. Incremental and decremental training for linear classification. In Proceedings of the 20th ACM SIGKDD International Conference on Knowledge Discovery and Data Mining, KDD, 2014.

G. Wang, T. Wang, H. Zheng, and B. Y. Zhao. Man vs. machine: Practical adversarial detection of malicious crowdsourcing workers. In Proceedings of USENIX Security, August 2014.

参考文献

1. New IDC worldwide big data technology and services forecast shows market expected to grow to $32.4 billion in 2017. http://www.idc.com/ getdoc.jsp?containerId=prUS24542113.
2. Doug Beaver, Sanjeev Kumar, Harry C. Li, Jason Sobel, and Peter Vajgel. Finding a needle in a haystack: Facebook's photo storage. In *Proceedings of the 9th USENIX Conference on Operating Systems Design and Implementation*, OSDI, 2010.
3. Subramanian Muralidhar, Wyatt Lloyd, Sabyasachi Roy, Cory Hill, Ernest Lin, Weiwen Liu, Satadru Pan, Shiva Shankar, Viswanath Sivaku-mar, Linpeng Tang, and Sanjeev Kumar. F4: Facebook's warm blob storage system. In *Proceedings of the 11th USENIX Conference on Operating Systems Design and Implementation*, OSDI, 2014.
4. John Sutter. Some quitting facebook as privacy concerns escalate. http: //www.cnn.com/2010/TECH/05/13/facebook.delete.privacy/.
5. iCloud security questioned over celebrity photo leak 2014: Apple officially launches result of investigation over hacking. http: //www.franchiseherald.com/articles/6466/20140909/celebrity-photo-leak-2014.htm.
6. Victoria Woollaston. How to delete your photos from iCloud: Simple step by step guide to stop your images getting into the wrong hands. http://www.dailymail.co.uk/sciencetech/article-2740607/How-delete-YOUR-photos-iCloud-stop-getting-wrong-hands.html.
7. Matthew Fredrikson, Eric Lantz, Somesh Jha, Simon Lin, David Page, and Thomas Ristenpart. Privacy in pharmacogenetics: An end-to-end case study of personalized warfarin dosing. In *Proceedings of USENIX Security*, August 2014.

8. Rui Wang, Yong Fuga Li, XiaoFeng Wang, Haixu Tang, and Xiaoyong Zhou. Learning your identity and disease from research papers: Information leaks in genome wide association study. In *Proceedings of the 16th ACM Conference on Computer and Communications Security*, CCS, pp. 534–544, New York, 2009. ACM.
9. The Editorial Board of the *New York Times*. Ordering google to forget. http://www.nytimes.com/2014/05/14/opinion/ordering-google-to-forget.html?_r=0.
10. Arjun Kharpal. Google axes 170,000 'right to be forgotten' links. http: //www.cnbc.com/id/102082044.
11. Roberto Perdisci, David Dagon, Wenke Lee, Prahlad Fogla, and Monirul I. Sharif. Misleading worm signature generators using deliberate noise injection. In *Proceedings of the 2006 IEEE Symposium on Security and Privacy*, 2006.
12. James Newsome, Brad Karp, and Dawn Song. Polygraph: Automatically generating signatures for polymorphic worms. In *Proceedings of the 2005 IEEE Symposium on Security and Privacy*, 2005.
13. Google now. http://www.google.com/landing/now/.
14. Private Communication with Yang Tang in Columbia University.
15. Ling Huang, Anthony D. Joseph, Blaine Nelson, Benjamin I. P. Rubinstein, and J. D. Tygar. Adversarial machine learning. In *Proceedings of the 4th ACM Workshop on Security and Artificial Intelligence*, AISec, 2011.
16. Gang Wang, Tianyi Wang, Haitao Zheng, and Ben Y. Zhao. Man vs. machine: Practical adversarial detection of malicious crowdsourcing workers. In *Proceedings of USENIX Security*, August 2014.
17. BlueKai—Big Data for Marketing—Oracle Marketing Cloud. http: //www.bluekai.com/.
18. Gil Elbaz. Data markets: The emerging data economy. http: //techcrunch.com/2012/09/30/data-markets-the-emerging-data-economy/.
19. Christopher Riederer, Vijay Erramilli, Augustin Chaintreau, Balachander Krishnamurthy, and Pablo Rodriguez. For sale: Your data: By: You. In *Proceedings of the 10th ACM Workshop on Hot Topics in Networks*, HotNets-X, 2011.
20. Staal A. Vinterbo. Differentially private projected histograms: Construction and use for prediction. In Peter A. Flach, Tijl De Bie, and Nello Cristianini, Eds., *ECML/PKDD (2)*, volume 7524 of *Lecture Notes in Computer Science*, pp. 19–34. Springer, 2012.
21. Jun Zhang, Zhenjie Zhang, Xiaokui Xiao, Yin Yang, and Marianne Winslett. Functional mechanism: Regression analysis under differential privacy. *Proceedings of VLDB Endow.*, 5(11):1364–1375, July 2012.
22. Delete search history. https://support.google.com/websearch/ answer/465?source=gsearch.
23. Jim Chow, Ben Pfaff, Tal Garfinkel, and Mendel Rosenblum. Shredding your garbage: Reducing data lifetime through secure deallocation. In *Proceedings of the 14th Conference on USENIX Security Symposium*, 2005.
24. Joel Reardon, Srdjan Capkun, and David Basin. Data node encrypted file system: Efficient secure deletion for flash memory. In *Proceedings of the 21st USENIX Conference on Security Symposium*, Security, 2012.
25. Yang Tang, Patrick P. C. Lee, John C. S. Lui, and Radia Perlman. Secure overlay cloud storage with access control and assured deletion. *IEEE Trans. Dependable Secur. Comput.*, 9(6):903–916, November 2012.

26. William Enck, Peter Gilbert, Byung-Gon Chun, Landon P. Cox, Jaeyeon Jung, Patrick McDaniel, and Anmol N. Sheth. Taintdroid: An information-flow tracking system for realtime privacy monitoring on smartphones. In *Proceedings of the 9th USENIX Conference on Operating Systems Design and Implementation*, OSDI, 2010.
27. Riley Spahn, Jonathan Bell, Michael Z. Lee, Sravan Bhamidipati, Roxana Geambasu, and Gail Kaiser. Pebbles: Fine-grained data management abstractions for modern operating systems. In *Proceedings of the 11th USENIX Conference on Operating Systems Design and Implementation*, OSDI, 2014.
28. Carla E. Brodley and Mark A. Friedl. Identifying mislabeled training data. *Journal of Artificial Intelligence Research*, 11:131–167, 1999.
29. Michael Brennan, Sadia Afroz, and Rachel Greenstadt. Adversarial sty-lometry: Circumventing authorship recognition to preserve privacy and anonymity. *ACM Trans. Inf. Syst. Secur.*, 15(3):12:1–12:22, November 2012.
30. Charlie Curtsinger, Benjamin Livshits, Benjamin Zorn, and Christian Seifert. Zozzle: Fast and precise in-browser javascript malware detection. In *Proceedings of the 20th USENIX Conference on Security*, 2011.
31. Mukund Deshpande and George Karypis. Item-based top-n recommendation algorithms. *ACM Trans. Inf. Syst.*, 22(1):143–177, January 2004.
32. Hongyu Gao, Yan Chen, Kathy Lee, Diana Palsetia, and Alok N. Choud-hary. Towards online spam filtering in social networks. In *Proceedings of Network and Distributed Systems Security Symposium*, NDSS, 2012.
33. Badrul Sarwar, George Karypis, Joseph Konstan, and John Riedl. Item-based collaborative filtering recommendation algorithms. In *Proceedings of the 10th International Conference on World Wide Web*, WWW, 2001.
34. D. Sculley, Matthew Eric Otey, Michael Pohl, Bridget Spitznagel, John Hainsworth, and Yunkai Zhou. Detecting adversarial advertisements in the wild. In *Proceedings of the 17th ACM SIGKDD International Conference on Knowledge Discovery and Data Mining*, KDD, 2011.
35. Margaret A. Shipp, Ken N. Ross, Pablo Tamayo, Andrew P. Weng, Jeffery L. Kutok, Ricardo C. T. Aguiar, Michelle Gaasenbeek, et al. Diffuse large B-cell lymphoma outcome prediction by gene-expression profiling and supervised machine learning. *Nature Medicine*, 8(1):68–74, January 2002.
36. Cheng T. Chu, Sang K. Kim, Yi A. Lin, Yuanyuan Yu, Gary R. Bradski, Andrew Y. Ng, and Kunle Olukotun. Map-reduce for machine learning on multicore. In Bernhard Schlkopf, John C. Platt, and Thomas Hoffman, Eds., *NIPS*, pp. 281–288. MIT Press, 2006.
37. Michael Kearns. Efficient noise-tolerant learning from statistical queries. *J. ACM*, 45(6):983–1006, November 1998.
38. G. Cauwenberghs and T. Poggio. Incremental and decremental support vector machine learning. In *Advances in Neural Information Processing Systems* (NIPS*2000), volume 13, 2001.
39. Enrique Romero, Ignacio Barrio, and Lluis Belanche. Incremental and decremental learning for linear support vector machines. In *Proceedings of the 17th International Conference on Artificial Neural Networks*, ICANN, 2007.
40. Cheng-Hao Tsai, Chieh-Yen Lin, and Chih-Jen Lin. Incremental and decremental training for linear classification. In *Proceedings of the 20th ACM SIGKDD International Conference on Knowledge Discovery and Data Mining*, KDD, 2014.

41. Joseph A. Calandrino, Ann Kilzer, Arvind Narayanan, Edward W. Felten, and Vitaly Shmatikov. You might also like: Privacy risks of collaborative filtering. In *Proceedings of 20th IEEE Symposium on Security and Privacy*, May 2011.
42. LibraryThing. https://www.librarything.com/.
43. Blaine Nelson, Marco Barreno, Fuching Jack Chi, Anthony D. Joseph, Benjamin I. P. Rubinstein, Udam Saini, Charles Sutton, J. D. Tygar, and Kai Xia. Exploiting machine learning to subvert your spam filter. In *Proceedings of the 1st Usenix Workshop on Large-Scale Exploits and Emergent Threats*, LEET, 2008.
44. Project honey pot. https://www.projecthoneypot.org/.
45. Movielens. http://movielens.org/login.
46. IMDb database status. http://www.imdb.com/stats.
47. Wikipedia: Internet Movie Database. http://en.wikipedia.org/wiki/ Internet_Movie_Database.
48. Marco Barreno, Blaine Nelson, Anthony D. Joseph, and J. D. Tygar. The security of machine learning. *Mach. Learn.*, 81(2):121–148, November 2010.
49. SpamBayes. http://spambayes.sourceforge.net/.
50. Battista Biggio, Blaine Nelson, and Pavel Laskov. Poisoning attacks against support vector machines. In *Proceedings of International Conference on Machine Learning*, ICML, 2012.
51. Giorgio Fumera and Battista Biggio. Security evaluation of pattern classifiers under attack. *IEEE Transactions on Knowledge and Data Engineering*, 99(1), 2013.
53. Yinzhi Cao, Xiang Pan, Yan Chen, and Jianwei Zhuge. JShield: Towards real-time and vulnerability-based detection of polluted drive-by download attacks. In *Proceedings of*
52. Pavel Laskov and Nedim Srndic. Static detection of malicious javascript-bearing pdf documents. In *Proceedings of the 27th Annual Computer Security Applications Conference*, ACSAC, 2011.
53. Yinzhi Cao, Xiang Pan, Yan Chen, and Jianwei Zhuge. JShield: Towards real-time and vulnerability-based detection of polluted drive-by download attacks. In *Proceedings of the 30th Annual Computer Security Applications Conference*, ACSAC, 2014.
54. Michael Kearns and Ming Li. Learning in the presence of malicious errors. In *Proceedings of the Twentieth Annual ACM Symposium on Theory of Computing*, STOC, 1988.
55. Nedim Srndic and Pavel Laskov. Practical evasion of a learning-based classifier: A case study. In *Proceedings of the 2014 IEEE Symposium on Security and Privacy*, 2014.
56. G. F. Cretu, A. Stavrou, M. E. Locasto, S. J. Stolfo, and A. D. Keromytis. Casting out demons: Sanitizing training data for anomaly sensors. In *Proceedings of the 2008 IEEE Symposium on Security and Privacy*, SP, 2008.
57. Ofer Dekel, Ohad Shamir, and Lin Xiao. Learning to classify with missing and corrupted features. *Mach. Learn.*, 81(2):149–178, November 2010.
58. Michael Brückner, Christian Kanzow, and Tobias Scheffer. Static prediction games for adversarial learning problems. *J. Mach. Learn. Res.*, 13(1):2617–2654, September 2012.
59. Frank McSherry and Ilya Mironov. Differentially private recommender systems: Building privacy into the netflix prize contenders. In *Proceedings of the 15th ACM SIGKDD International Conference on Knowledge Discovery and Data Mining*, KDD, 2009.
60. Paul E. Utgoff. Incremental induction of decision trees. *Mach. Learn.*, 4(2):161–186, November 1989.
61. Pedro Domingos and Geoff Hulten. Mining high-speed data streams. In Proceedings of the Sixth ACM SIGKDD International Conference on Knowledge Discovery and Data Mining, KDD, 2000.

第二部分

大数据在新兴网络安全领域的应用

第 8 章 移动应用安全的大数据分析

移动应用安全分析是随着移动设备在人们日常生活中的广泛使用而带来的需求迅速增长的新的网络安全问题之一。本章将介绍如何利用机器学习（ML）等大数据技术对移动应用进行安全分析。讨论的重点是 Android 应用程序的恶意软件检测。ML 在应用安全分析中是一种很有前途的方法，它可以利用应用市场中的大数据集来学习分类器，结合多个特征来区分更有可能是恶意的应用与良性的应用。最近，有几项工作集中于将 ML 用于应用程序安全分析。然而，在使解决方案切实可行方面仍然存在一些重大挑战，其中大部分是由于独特的操作约束和问题的“大数据”性质。本章以一系列问题的形式系统地研究这些挑战的影响，并根据过去研究的系统实验结果提出一些见解。同时，本章还展示了某些挑战对现有的基于 ML 的方法的影响。以上实验中使用的大型（市场规模）数据集（良性和恶意应用程序）代表了真实世界的 Android 应用程序安全分析尺度。本章旨在鼓励 Android 恶意软件检测中采用更好的评估策略和更好的基于机器学习方法的设计。

8.1 手机 App 安全分析

Android 等移动平台正在成为终端用户的主要计算工具，这些平台通常采用开放市场模式，开发者将应用提交给“应用商店”供用户购买并下载到设备上。应用商店运营商希望确保进入市场的应用是可信的、没有恶意的软件。然而，这是一项重要的任务，因为存在静态地确定代码行为的固有不确定性质和测试局限性。因此，应用商店运营商采取了多种方式来减少“坏应用”进入市场来伤害最终用户的可能性，包括在应用程序首次上传到应用商店时进行审查，以及对流行应用进行持续审查。此外，他们不断监控用户、研究人员和公司报告的问题，以识别和删除未被审查程序标记的恶意应用程序。

虽然 Google Play 和 Apple App Store 等应用商店已经存在多年，但目前的审查技术仍落后于威胁。从这些市场的恶意软件定期报告中可以明显看出这一点，第三方市场的情况更糟。尽管像 Google Play 这样的官方市场的平均恶意程序率很低，但是随着数以千计的新程序被上传到 Google Play，每天都有新的恶意程序在没有被检测到的情况下进入了 Google Play 官方市场。

虽然我们没有从谷歌公司找到任何官方解释，说明他们为什么没有更好地阻止恶意软件，但应用程序审查程序的规模显然是一个因素。研究人员的早期研究表明，谷歌公司的应用程序审查服务 Bouncer 每次只扫描应用程序 30s，以检测安全问题[1]。

虽然这些恶意应用造成的损害程度尚不清楚，但它们进入应用商店的可能性带来了不小的风险。这样的风险需要通过以下方法来最小化：减少有安全问题的应用进入市场的数量；在一开始就迅速删除有安全问题的应用。这两者都需要有效的分析方法，以便能够快速准确地判断哪些应用程序存在哪些安全问题，这需要扩大到每天向应用商店上传的大量应用。

解决恶意应用带来的风险问题不是一件容易的事。行业中常见的做法，如 Google Bouncer 和 Amazon ATS 已经采用了包括静态和动态分析在内的多种方法。研究界也设计了先进的分析方法和工具，但在审查过程中，需要有一种有效的方法来解决规模问题。我们观察到：尽管市场上的应用数量巨大，但恶意应用的数量却很少。如果“分类”过程能够有效地将注意力引导到“正确的应用程序”，以便进行进一步的检查，那么它将会大幅减少计算和人工工作量。市场上大量的应用程序实际上为捍卫者提供了一个优势：它将使我们能够识别出用少量数据很难发现的模式和趋势[2]。成功的关键是高效准确地识别出哪些应用程序更容易出现安全问题，从而获得宝贵的资源（人类或计算机）可以首先指向这些应用程序。这一分类问题已在之前的工作[3]中进行了检查，并取得了有希望的结果。MassVet 最近的工作[4]进一步说明了大数据在帮助识别恶意软件方面的作用，该工作旨在快速识别通过将现有合法应用与恶意负载重新打包而生成的恶意软件。MassVet 采用了一种简单而有效的方法，将一个应用程序与市场上大量的现有应用程序进行比较，识别出具有不同组件的“视觉上相似的应用程序”和具有共同组件的“视觉上不相似的应用程序”。“DiffComm”分析得出不同应用程序之间的异常不同或常见组件，这些组件成为识别重新打包的恶意软件的基础。这种分析可以在市场规模下有效地进行。虽然这些分析技术的发明是为了识别以特定方式构建的恶意软件，如重新打包现有的流行应用程序，但威胁领域肯定会转向更复杂的恶意软件创建过程，这需要恶意软件作者付出更多努力。例如，他们可能不得不创建自己的流行应用程序，而不是免费使用现有的流行应用程序，或者他们可能会发明技术来混淆重新打包关系，以打破特定检测技术的假设，如 MassVet 等。这是不可避免的，因为移动设备给个人和组织带来了越来越多的利益——移动设备现在被用于关键的功能，如支付，并成为组织的企业 IT 系统的组成部分。所有这些都表明，应用审查将是一个高度复杂和不断发展的过程，没有人工干预的完全自动化过程不太可能完成充分的工作。这一点在谷歌公司最近的声明中得到了强调，该公司将在发布应用前进行人工审查，而不是过去完全自动化的审查过程。这使得对更好的分类能力的需求变得更加迫切，因为考虑到所需的工作量和成本，人力是稀缺的。有效的筛选可以帮助分析师把精力集中在更有可能是恶意的应用上，而在更有可能是良性的应用上花更少的时间，从而提高工作效率。最后，我们需要更通用的方法来大规模筛选应用程序，以应对不断演变的威胁。

8.2 机器学习在App安全分析中的应用

ML 在应用安全分析中是一种很有前途的方法，因为它可以利用应用市场中的大数据来学习分类器，整合多个应用功能，将更有可能是恶意的应用与良性的应用分开。这种分离通常是微妙的，不能轻易地用逻辑规则表达出来；ML 擅长识别大数据中的隐藏关系。一个典型的基于机器学习的 Android 恶意软件检测方法使用一个分类器（如一个现成的 ML 分类器 k-NN）该分类器在一个由已知的良性应用程序和已知的恶意软件应用程序组成的训练集上进行训练。为了评估分类性能，在一个测试集上测量正确分类和不正确分类的应用程序的数量，该测试集的标签在评估时是分类器未知的。

最近，有一些研究将 ML 应用于应用安全分析[5-8]。然而，在有效使用 ML 方法对移动应用进行安全分类分析方面仍存在一些重大挑战，其中大多数是由于独特的操作约束和问题的“大数据”性质。

（1）标签上的噪声和不确定性。要训练 ML 的分类器以确保移动应用程序的安全性，很难获得基本事实。分配给样本的标签的“真实性”程度取决于所分配标签的信息来源的质量，学习算法必须考虑到这一点。

（2）不平衡数据。绝大多数移动应用的数据样本都是良性应用。与市场上数以百万计的优秀应用程序相比，恶意应用程序的数量微不足道。这既给学习带来了挑战，也对分类器的性能提出了很高的要求。例如，0.1%的恶意软件流行率，1%的误报率意味着市场上的误报率是真实报警率的 10 倍，这在操作中显然是不可接受的。

（3）功能限制。从应用程序中提取的特征可以通过一种计算成本低廉的方式，这是安全问题的弱指标，其中许多特征很容易被恶意软件作者所规避。为了提高分类质量，需要更高质量的特征集，需要更多的计算来获得更可靠的攻击语义，不能轻易回避。这与该问题的规模挑战相矛盾。此外，对抗行为的高度动态性意味着预测特征会随着时间的推移而改变。有效的分类必须考虑到这一点，并确定最佳的训练窗口。

（4）尽管受 ML 启发的方法的结果看起来很有希望，但许多关键的研究问题仍然没有答案。还有很大的澄清和改进的余地。

在将 ML 应用于 Android 恶意软件检测时，上述“大数据”挑战导致了额外的具体挑战。

（1）确保正确的评估。这些挑战出现在选择评估指标以及收集和准备数据（例如，在训练/测试集中正确地标记应用程序）上。我们看到在大多数目前的 ML 方法中：评价策略没有遵循一个共同的标准；评估这些方法的依据缺乏可靠性。

（2）算法设计。这些挑战出现在机器学习方法的设计领域。其中一个挑战就是为分类器构造一个信息丰富的特征集。例如，在某些文献[5]中，特性集包含成千上万条目，而许多条目（如应用程序组件的名称）是应用程序开发者选择的任意字符串。这就产生了一个问题：这个庞大的特征集中的所有项是否真的对分类器有帮助，或者一个子集是否足够（甚至更好）。

之前提出的 ML 方法更多地关注由特定评估指标、ground truth 质量、训练/测试数据的组成、特征集等因素定义的特定设置。然后将报告的性能结果在特定的设置中进行度量。然而，由于不同方法的设置差异很大，所以很难（如果不是不可能的话）公平地比较结果。对于许多最近提出的解决方案，我们并不知道上述因素对分类器性能的影响。

8.3 最先进的 Android 恶意软件检测方法（ML）

Drebin[5]使用大量的特性集（超过 500KB 的特性），包含不同类型的显示特性（权限等）和“代码”特性（URL，API 等）。然而，Drebin 证明了恶意软件检测系统是可扩展的，它甚至可以在几秒钟内运行在手机上。

DroidSIFT[8]在设计 API 依赖关系图之间的距离方面是独一无二的。它为每个应用程序构建 API 依赖图形 G，然后构造应用程序的特征向量。这些特征表示图形 G 与已知良性应用程序和恶意应用程序图形的参考数据库的相似性。最后，利用特征向量进行异常或特征检测。

MAST[3]是一个分类架构，其目标是将更多资源投入到恶意应用的可能性较高的应用上，从而减少应用审查的平均计算开销。该系统使用了一种称为多重对应分析（MCA）的统计方法。它使用权限、意图和本地代码的存在来确定恶意的可能性。

MUDFLOW[6]认为恶意软件中的敏感信息流的模式与良性应用中的有统计学差异，可以用来检测恶意软件。从应用程序中，它通过静态分析提取流路径，然后将这些路径映射到用于分类器的特征向量。

8.4 应用 ML 检测 Android 恶意软件的挑战

图 8.1 展示了使用 ML 进行移动应用安全分析的整体流程。首先大量的应用样本都经过了一个标注和特征提取的过程；然后部分数据用于构建 ML 分类器，其余数据用于评估。在这个过程的每个阶段都有多重挑战。

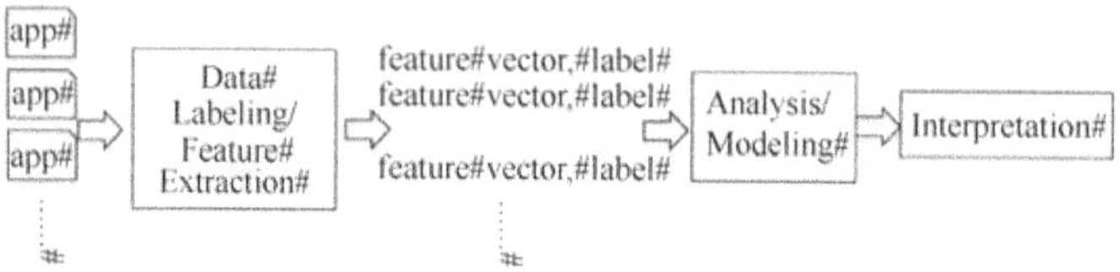

图 8.1 移动应用大数据安全分析流程

8.4.1 确保适当评估的挑战

确保正确评估 ML 方法并不是一件简单的事情。有关的挑战分为以下两类。

（1）决定评估标准的挑战。ML 方法的评估指标还没有标准化，不同的 ML 方法依赖不同的指标。例如，DroidSIFT[8]和 MUDFLOW[6]会根据真阳性率（TPR）和假阳性率（FPR）报告性能结果。现有的其他作品，如 MAST[3]和 Drebin[5]给出了接收者工作特征（ROC）曲线，这是 TPR 和 FPR 在分离阈值变化时的一般化表示。此外，ML-community 已经报道，如果数据集高度不平衡[9]，PRC（精确召回曲线）是一个比传统的 ROC 更好的度量分类器性能的指标。鉴于 Android 恶意软件领域是高度不平衡的，也就是说，现实世界中恶意软件与良性应用的比例是高度倾斜的（1∶100 或更高），上述事实引发了对当前作品是否使用最佳指标的大量怀疑。

（2）由输入数据的特性带来的挑战。这些挑战与数据准备有关，如标记应用程序、组成训练/测试集等。我们看到，这些挑战适用于当前所有的 ML 方法。例如，输入数据的年龄可能会带来一个挑战。在某些情况下，过时的应用程序与最新的应用程序可能会导致非常不同的评估结果。决定数据的组成是另一个挑战，如选择正类（恶意软件应用程序）大小和负类（良性应用）大小之间的比例在测试数据中的大小，这可能导致分类器的性能结果不同。为了保证评估的真实性，我们应该符合 app store 中恶意软件与优秀应用的真实比例。但是，很多现有作品并没有做到这一点。此外，在现实中，真实情况是嘈杂的，而手动标记 100 多万个应用程序是不可行的。因此，我们必须依赖安全公司对这些应用程序的报告（如果可用的话），而这些报告实际上会导致不完美的真实情况。我们看到，当前 ML 方法所依赖的基本事实并不完全可靠，这在两方面产生了负面影响：如果训练数据有噪声（错误标记的应用程序），分类器就会学习错误的东西，这将对分类性能产生负面影响；如果测试数据有噪声，我们根据错误的真实情况进行评估，那么报告的性能结果可能会产生误导。此外，数据集中出现的广告软件应用（向用户显示不需要的广告）会带来进一步的挑战。由于广告软件与良性软件和恶意软件都有相似之处，给广告软件贴上标签通常很有挑战性。例如，将广告软件包含在恶意软件集中或良性软件集中，或将广告软件从数据集中全部删除。现有的作品在这个选择上有所不同，这使得比较它们的表现更加复杂。

8.4.2 算法设计中的挑战

这些挑战与 ML 方法本身的设计有关。一个挑战是为分类器构造一个信息丰富（跨类的区别）的特征集。例如，Drebin 方法[5]使用了一个非常大的特征集。人们可能想知道分类器是否真的需要这个大的特征集，还是只需要这些项的子集就足够了。我们注意到，Drebin 特征集的大小与其数据集的大小相关。在作者的数据集[5]上应用时，它有近 50 万个特征，但当我们在更大的数据集上模拟 Drebin 特征提取时，我们实现了 100 多万个特征。我们真的需要这些功能吗？如何识别和选择强的、有区别的特征是一个挑战。

8.4.3 数据收集面临的挑战

我们在上面讨论了由于数据集的特性所带来的挑战。收集应用程序的大数据集是一个艰巨的挑战。试图收集现代应用程序是一项更具挑战性的任务。虽然 Google Play 提供了一整套“免费”应用（超过 140 万），但它没有“下载 API”可用。所以，我们需要依靠像 PlayDrone[10]这样的应用商店爬虫，定期扫描 Google Play 应用商店并收集商店的完整快照。然而，PlayDrone 档案中并不总是能找到最新的应用程序。此外，收集大量的广告软件和恶意软件也是一项挑战——我们必须依赖几个来源。VirusShare 和反病毒公司提供了大量潜在恶意应用的数据集。然而，这些集合通常是嘈杂和不纯的，有时包含良性应用程序、Windois 32 二进制程序，甚至是空白应用程序。我们相信，大量的数据，即使有些嘈杂，也为结果提供了进一步的可信性。降低 ML 方法的计算复杂度是一个进一步的挑战。如何设计一种可扩展的 ML 方法并不简单。当考虑到 Play store 中的数百万应用，以及每天添加的数千个新应用时，可扩展性是最重要的。作为这一挑战程度的一个例子，我们注意到 MUDFLOW[6]的评论，有时他们的系统需要超过 24h 来分析一个单一的 Android 应用程序。

8.4.4 研究见解

我们的研究团队最近对 ML 应用于 Android 安全分析[11]所面临的挑战进行了调查。我们发现，之前提出的 ML 方法在特定评价指标、地面真实质量、训练或测试数据的组成、特征集等因素方面差异很大，这使得公平地比较结果有些困难。下面给出了与本章有关的一些发现。

（1）ROC 是评估基于 ML 的恶意软件检测方法的最佳指标吗？ML 方法的评估指标尚未标准化，不同的 ML 方法依赖于不同的指标，如真阳性率（TPR）和假阳性率（FPR）、接收者工作特征（ROC）图和 PRC（精确召回曲线）。考虑到 Android 恶意软件领域是高度不平衡的，即现实世界中恶意软件与良性应用的比例是高度倾斜的（1∶100 或更高），PRC 很可能是一个比传统 ROC 曲线更好的衡量分类器性能的指标。我们的调查表明，在基于 ML 的 Android 恶意软件检测[11]中，PRC 确实是比较不同方法结果的一个更好的指标。

（2）在培训/测试中使用过时的恶意软件会误导性能吗?基因组恶意软件项目[12]已经用于许多基于 ML 的工作，并多年以来一直作为恶意软件的主要来源。然而，基因组集这些从 2010 年到 2012 年的恶意软件，已经成为一个过时的恶意软件的来源。我们假设，将过时的恶意软件来源与更现代的良性来源一起使用，可能会导致误导性的结果，我们的研究支持这个假设[11]。

（3）当我们接近真实世界中恶意软件和良性应用的比例时，分类器的性能会降低吗?应用商店中恶意软件的发生率相对较低。恶意软件和良性应用程序数量上的不平衡会对分类器的性能产生影响。具体而言，我们的研究结果[11]显示，随着比率的增加，PRC 大幅下降（尽管常用的 TPR 和 FPR 变化不大），这表明基于不符合真实数据分布的数据集的结果可能具有误导性。

（4）ground truth 的质量会影响性能吗?Peer works 通常为 ML 分类器做一些 ground truth 准备。有些工作[5]要求至少 20%的病毒报告表明应用程序是恶意的。其他工作[8]拥有严格的标准，并要求报告返回一个匹配的恶意软件家族，以用于其数据集。在我们自己的研究[11]中，我们调查了地面真实数据的质量对分类器性能的影响，发现质量越高的恶意软件会带来更好的结果。

8.5 建　议

下面我们就如何将大数据分析应用到移动应用中提出一些建议。其中一些是专门关于 ML 的应用，而另一些则涉及可能有利于问题领域的补充方法。

8.5.1 数据准备和标记

社区应该探索和试验不同的方法来获取地面真实信息。一般来说，根据返回的反病毒扫描结果，我们可以将 Android 样本分为三类。

（1）理想的恶意软件。这类应用程序有高度可信的标签，不同的杀毒公司之间共享标签的比率也很高。例如，超过 25 种不同的扫描仪显示样本是恶意的，其中 20 种在扫描结果中共享了关键字“DroidKungFu”。因此，我们可以安全地选择共享标签“DroidKungFu”作为它们的族信息。

（2）候选人的恶意软件。这类应用要么标签不清晰，要么标签共享率很低。例如，50 个扫描器中只有 10 个识别出样本是恶意的，即使有 20 个不同的扫描器识别出它是恶意的，但只有 5 个扫描器返回共享标签。在这种情况下，我们都无法对确切的恶意软件族做出确定的决定，只知道样本是恶意的。

（3）未知的类型。这类应用没有足够的有意义的扫描结果。该应用程序可能是良性的，但因为可能存在反病毒产品的假阴性，因此我们无法确定。

我们期望理想的恶意软件数据集相对于其他两种类型的数据集较小，但更干净。候选恶意软件数据集预计噪声更大，因为我们无法对样本进行高可信度的标记，未知类型的数据集是最嘈杂的。通过使用这样的数据集，人们可以彻底研究分类器的性能如何随噪声量变化。

此外，考虑到数据标签上的不确定性，研究不同的标签方法是有趣的。例如，可以使用多数投票策略为样本分配硬 0/1 标签。另外，可以根据同意该标签的反病毒扫描程序的数量、每个扫描程序的可信度以及应用程序的新鲜度，为标签分配信任分数。通过使用关于“新鲜度”的信息，人们可以避免所有或大多数扫描仪识别出一个应用程序是合法的，因此该应用程序将被贴上“良性”的标签，而实际上它是一种新型恶意软件。另外，如果一个应用程序被少量的扫描仪识别为恶意软件，而该应用程序已经在市场上存在了很长时间，那么这个应用程序很有可能是合法的。与应用程序的两个可能的类标签相关联的置信水平（取值 0～1）可以被视为软标签（或概率标签），它们本质上代表了每个实例标签上的概率分布。直观地说，软标签可以帮助捕获（在某种程度上）标签上的不确定性。

8.5.2 从大数据中学习

处理大型数据集，建议将手头的分类问题表示为一个小层次结构，寻找问题的根源在哪里最容易，并且拥有最大的数据量，而最具体的问题：分配恶意软件到特定的组或类别是最困难的，并且数据量较小。更基本的功能可以用来解决更普遍的问题（一个优势是，为大量应用程序生成这些功能的成本更低），虽然 Semanticsricher 特性可以用于更具体的问题（这些功能的提取成本会更高，但它们只会为少数应用程序生成）。

8.5.3 非平衡数据

一般来说，好的 Android 应用的数量要远远大于恶意应用的数量，这导致了从高度不平衡的数据中学习的挑战。我们建议使用不同的标准策略（如欠采样、过度采样、基于成本的学习、基于集成的学习等）来解决班级不平衡问题。

8.5.4 昂贵的特性

设想的系统可以在审查过程中帮助人类分析师。作为这一过程的一部分，每个新应用程序将使用分类器的层次结构进行分类。此外，分类过程必须快速。然而，一些分类器（最具体的分类器）可能需要昂贵的功能，这些功能的构建可能会减慢过程，而特定的测试应用程序可能相对容易分类。为了解决这一挑战并避免不必要地生成昂贵的特征，建议为同一个分类问题学习多个分类器——从基于更基本特征的更简单的分类器到需要更复杂特征的更复杂的分类器。为每个问题构建一组分类器的计算代价很高，但是这个任务是离线完成的。因此，时间不是最大的问题（假设执行计算的资源是可用的）。在运行时，对于一个给定的应用程序，首先提取最基本的特征，并使用这些特征学习的分类器来分类应用程序。如果应用程序被划分为高可信度为良性或恶意，则无须在机器部分做其他任何事情。否则，增量地提取手头问题的下一个分类器所需的下一组特征。

8.5.5 在特征选择中利用静态分析

一个 Android 应用程序由一个或多个组件组成，组件（主要）以意图的形式通过中介渠道进行交互。虽然 Android 应用的这种特性给静态分析带来了挑战，但它也创造了一个机会，以一种紧凑的格式呈现应用的行为，这有助于提取丰富的功能，以进行 ML。

例如，考虑一下我们研究过的一个名为 HijackRAT 的恶意软件应用（图 8.2）。该恶意软件的一个组件 myactivity 有以下行为：通过调用 Android 系统的 API，它试图从手机的主屏幕上隐藏应用程序的图标，并防止应用程序被垃圾回收而停止；它构造一个意图并将其发送到 DevicePolicyManager（系统服务）请求管理权限。这两种行为是可疑的，我们可以通过检查这个组件的代码来检测它们。我们可以通过在代码中寻找相关的 API 调用来检测行为。我们还可以通过执行数据流分析来检测行为，以解决意图的组件间交互（ICC）调用的目标。

另外，这个应用程序也有组件间的行为。当组件请求 admin 权限后，它会将用户的决定（接受/拒绝）保存到 SharedPreference（应用的内部存储）中，这将由另一个组件在尝试执行需要管理员权限的操作之前检索。如果用户没有授予该特权，应用程序将尝试再次获得它。SharedPreference 是上面两个组件用来通信的通道，可以使用静态分析捕获它。

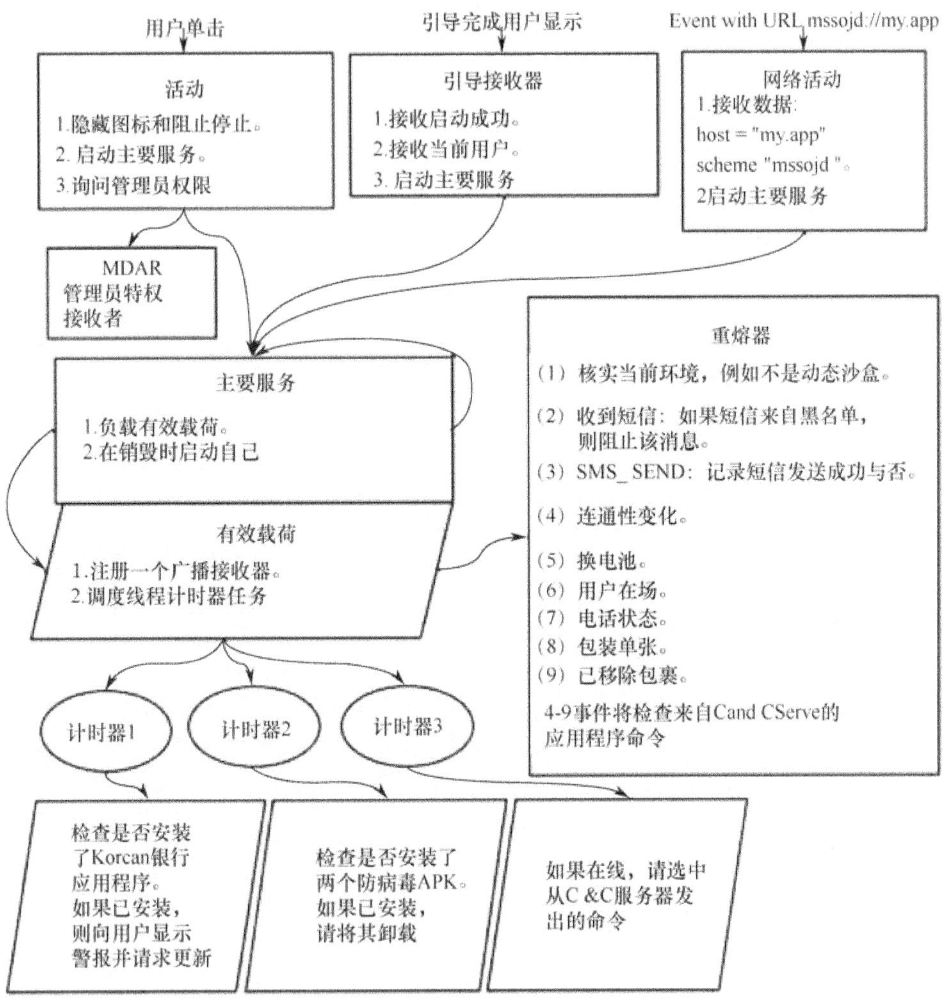

图 8.2　恶意软件 Hi jackRAT 的 ICC 图

MainService 是该恶意软件的主要组件，它动态加载一个打包在应用程序 apk 文件中的一个单独文件中的载荷。运行时，有效负载将注册一个广播接收器——这是一种类似邮箱的 Android 组件，可以通过它来过滤接收意图。根据接收到的意图类型，接收方将执行各种恶意功能。例如，阻止来自合法银行号码的消息，这样用户就不会意识到应用程序试图代表用户执行的恶意交易。MainService 也会初始化三次来执行其他恶意功能。

Amandroid[13]这样的静态分析器可以检测到上述行为，并以图 8.2 所示的组件间交互图（简称 ICC 图）的形式输出。这种图的独特优势在于，除了 API 调用、源到接收流等其他特性之外，它们还提供了更丰富的功能集，揭示了应用程序的语义。从应用程序中提取一组更丰富的语义特征对于应用 ML 筛选恶意软件分析的有效性至关重要，因为恶意软件作者可以通过改变代码的编写方式来适应并试图逃避检测。如果功能是基于代码的属性，则可以很容易地改变，如 URL 字符串名称或组件的选择，即使分类器在当前恶意软件数据集上有很好的性能结果，它们对规避也不具有稳健性。基于应用程序行为的功能更难规避，因为这将要求恶意软件的作者改变应用程序实现其目标的方式，而这可能只有有限的选择。

8.5.6 理解结果

除了学习可以在恶意软件分类过程中有所帮助的分类器外，还需要理解分类器的结果，特别是识别应用程序中预测问题行为的特征。关于预测特征的信息可以用来告知如何使用稍微不同的静态分析插件更好地检测问题，并且可以帮助分析人员确认/排除结果。可以使用多种方法来执行特征排序：包装器方法、基于过滤器的方法和嵌入方法[14]。与从大型 Android 应用程序数据集学习分类器类似，通过执行特征排序来洞察分类器的结果提出了几个挑战。最重要的是，在某些分类任务中，可用的标签数据量可能很小，但却表现出高度的类别不平衡。为了解决这些挑战，从不平衡数据中执行特征排序的方法将是有益的，包括半监督/非监督方法。首先，为了解决不平衡问题，可以使用欠采样、过采样和集成类型方法来进行特征排序[15]。作为集成类型方法的一个例子，一种从非平衡比率为 1∶n 的高度不平衡数据学习的方法如下。构建 n 个平衡子集，其中所有子集包含相同的正数据（少数类）和不重叠的负数据的不同子集。对每个子集执行基于过滤器的特征排序，并使用平均分数对数据集进行总体排序。类似的方法，其中子集可能有重叠的负数据，已在预测软件缺陷的问题上成功地使用了[16]。此外，半监督类方法（如转导支持向量机）和采样方法可以使用递归特征消除型算法[17]来进行特征排序。

8.6 小　结

在本章中，我们讨论了将大数据分析技术，特别是 ML 应用于移动应用安全分析的一些挑战。许多挑战来自于手机应用市场的规模，例如 Google Play。我们展示了自己的研究结果，表明 ML 分类器性能中的评价指标的一致应用对产生可比结果是至关重要的。移动数据集中正、负数据样本的高度不平衡性给 ML 方法的设计和评估带来了独特的挑战。我们提供了一些可能解决这些挑战的方法建议，并希望它们对研究界在这一领域的进一步研究有用。

参考文献

1. Nicholas J. Percoco and Sean Schulte. Adventures in Bouncerland. *Black Hat USA*, 2012.
2. Alexandros Labrinidis and H. V. Jagadish. Challenges and opportunities with big data. *Proc. VLDB Endow.*, 5(12):2032–2033, August 2012.
3. Saurabh Chakradeo, Bradley Reaves, Patrick Traynor, and William Enck. MAST: Triage for market-scale mobile malware analysis. In *Proceedings of the Sixth ACM Conference on Security and Privacy in Wireless and Mobile Networks*, WiSec, pp. 13–24, 2013.
4. Chen Kai, Wang Peng, Lee Yeonjoon, Wang XiaoFeng, Zhang Nan, Huang Heqing, Zou Wei, and Liu Peng. Finding unknown malice in 10 seconds: Mass vetting for new threats at the Google-Play scale. In *Proceedings of the USENIX Security Symposium*, 2015.
5. Daniel Arp, Michael Spreitzenbarth, Malte Hubner, Hugo Gascon, and Konrad Rieck. Drebin: Effective and explainable detection of Android malware in your pocket. In *Proceedings of the NDSS*, 2014.
6. Vitalii Avdiienko, Konstantin Kuznetsov, Alessandra Gorla, Andreas Zeller, Steven Arzt, Siegfried Rasthofer, and Eric Bodden. Mining apps for abnormal usage of sensitive data. In *Proceedings of the ICSE*, 2015.
7. Hao Peng, Chris Gates, Bhaskar Sarma, Ninghui Li, Yuan Qi, Rahul Potharaju, Cristina Nita-Rotaru, and Ian Molloy. Using probabilistic generative models for ranking risks of Android apps. In *Proceedings of the 2012 ACM Conference on Computer and Communications Security* (CCS'12), October 2012.
8. Mu Zhang, Yue Duan, Heng Yin, and Zhiruo Zhao. Semantics-aware Android malware classification using weighted contextual API dependency graphs. In *Proceedings of the 2014 ACM Conference on Computer and Communications Security* (CCS), pp. 1105–1116, 2014.
9. J. Davis and M. Goadrich. The relationship between Precision-Recall and ROC curves. In *Proc. of the ICML*, 2006.
10. N. Viennot et al. A measurement study of Google Play. In *Proc. of the SIGMETRICS*, 2014.
11. S. Roy, J. DeLoach, Y. Li, N. Herndon, D. Caragea, X. Ou, V. P. Ranganath, H. Li, and N. Guevara. Experimental study with real-world data for android app security analysis using machine learning. In *Proceedings of the 2015 Annual Computer Security Applications Conference* (ACSAC 2015), Los Angeles, CA, 2015.
12. Yajin Zhou and Xuxian Jiang. Dissecting Android malware: Characterization and evolution. In *Proceedings of the IEEE SP*, 2012.
13. Fengguo Wei, Sankardas Roy, Xinming Ou, and Robby. Amandroid: A precise and general inter-component data flow analysis framework for security vetting of android apps. In *Proceedings of the 2014 ACM Conference on Computer and Communications*

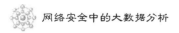

Security (CCS'14), pp. 1329–1341, 2014.
14. I. Guyon and A. Elisseeff. An introduction to variable and feature selection. *J. Mach. Learn. Res.*, 3:1157–1182, March 2003.
15. N. Chawla. Data mining for imbalanced datasets: An overview. In Oded Maimon and Lior Rokach, Eds., *Data Mining and Knowledge Discovery Handbook*, pp. 853–867. Springer US, 2005.
16. T.M. Khoshgoftaar, K. Gao, and J. Van Hulse. A novel feature selection technique for highly imbalanced data. In *Proceedings of the 2010 IEEE International Conference on Information Reuse and Integration* (IRI), pp. 80–85, Aug. 2010.
17. J. Weston and I. Guyon. Support vector machine—Recursive feature elimination (svmrfe), January 10, 2012. US Patent 8,095,483.

第 9 章　云计算中的安全、隐私和信任

云计算通过方便在线的方式使网络空间发生革命性变化，可以方便地访问可配置的计算资源（如网络、服务器、存储、应用程序和服务）的共享池，这些资源可以快速地支持可视化和发布。在云计算越来越受欢迎的同时，各种安全、隐私和信任问题正在出现，阻碍了这种新的计算范式的快速采用。

为了阐述对新的计算样例的网络安全需求，本章介绍云计算的重要概念、模型、关键技术和云计算的独特特征，帮助读者更好地理解基于当前云计算中安全、隐私和信任问题的心理原因。对关键的安全、隐私和信任挑战及其解决方案进行了详细的分类和讨论，并提出了未来的研究方向。

9.1　云计算概述

云计算被定义为一种服务模型，该模型允许通过需求网络方便地访问可配置计算资源的大型共享池（如网络、服务器、存储、应用程序和服务），这些资源可以通过最小的管理工作或服务提供者交互[1]快速供应和发布。

这种创新的信息系统架构从根本上改变了计算、存储和网络资源的分配和管理方式，为用户带来了众多优势，包括但不限于以下方面：降低了资本成本，易于获取信息，提高了灵活性，自动服务集成和快速部署[2]。许多企业和组织都被云计算几乎无限的数据存储能力和处理能力所吸引。此外，云计算提供的高度可扩展和灵活的资源消耗服务，使其成为需要低成本解决方案的计算密集型业务的理想选择。

云计算被应用程序广泛采用，形成了其中许多应用程序的主干。例如，许多社交媒体网站依靠云计算，使用户可以在任何地点、任何设备、任何时间在全球访问，对用户的行为和活动进行有效的大数据分析，承载大量的多媒体内容（如视频和照片）、个人用户每天生成和分享的最受欢迎的内容。另一个例子是，在物联网应用方面，无论它是一个洗衣机、干衣机、一辆车或者一块医疗设备，都可以通过云相互通信，海量的消息可以有效地处理、存储和实时分析。

在本节中，将介绍云计算的部署模型、服务模式和不同的特性，以及支持这些特性的关键技术。此外，还简要讨论了这些组件所带来的潜在安全性、隐私性和信任挑战，这些将作为后面内容的基础。

9.1.1 部署模型

云用户根据自己的预算和安全需求有不同的部署云计算的选择。本节将介绍一些流行的云部署模型（图 9.1）它们的特征以及安全分析。

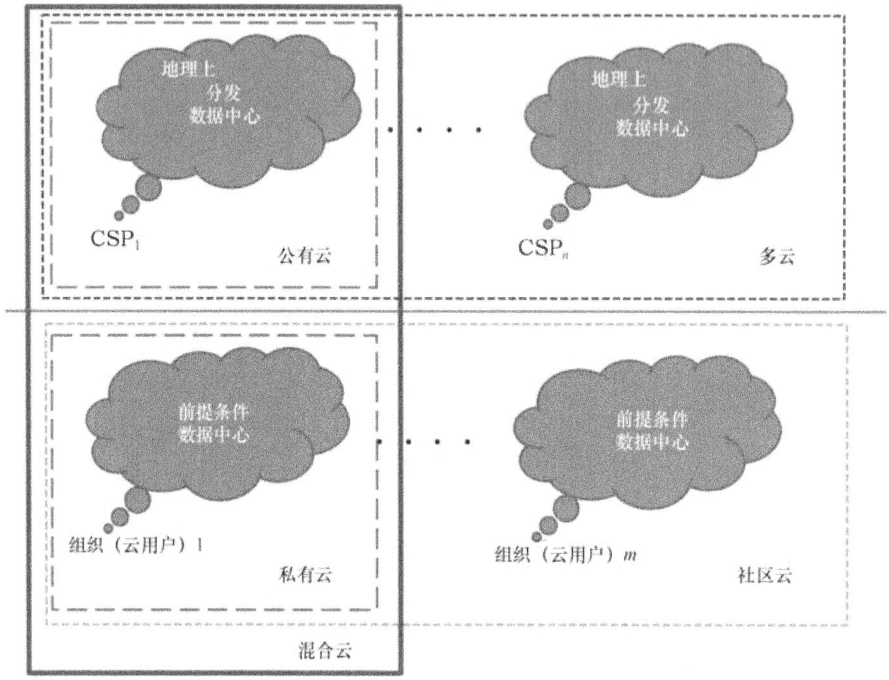

图 9.1　云部署模型

（1）公有云。公有云是云计算部署模型中最流行的形式。它通过 Web 浏览器上的接口以现收现付的方式提供给普通用户[1-3]。云服务提供商（CSP）完全拥有公有云的策略、价值和收费模式[4]。公有云服务的一些例子包括 Amazon EC（2），S3、Google AppEngine 和 Force.com。与其他部署模型相比，公共云通过实现规模经济，最大限度地降低了云用户的成本。然而，由于公众对共享 IT 资源[5]的访问，也导致了更多的安全问题。

（2）私有云。为了降低资源共享的成本，同时避免公共访问带来的安全问题，一些企业或组织选择部署私有云，私有云只提供内部使用的服务，一般不提供公共[3]服务。它可能是经营的组织本身或第三方。私有云的一个例子是用于研究和教学目的的学术使用[4,5]。私有云的优势包括内部资源的最大化、与公共云相比更高的安全保障，以及对驻留在防火墙[1]后面的活动的完全访问控制。然而，与其他部署模型相比，由于需要现场硬件维护/升级和 IT 管理，它仍然会产生较高的成本。

（3）社区云。为了进一步降低运营私有云的成本，同时在一定程度上保持安全控制，多个组织可以相互协作，形成社区云。社区云类似于私有云，它向特定的用户社区提供服务，这些用户相互信任，拥有相同的利益[1,6]。它可以由第三方主办，也可以由社区[5]中的一个组织主办。具体来说，社区成员在云安全控制方面进行合作，同时也分担运营成本。因此，社区云可以在用户的潜在需求和安全需求之间提供平衡。

（4）混合云。另一种平衡云用户预算和安全控制的模型是混合模型，它通过标准化或专有技术组合两个或更多的云部署模型，支持数据和应用程序的可移植性[1]。通过使用混合云，组织可以将不重要的外围活动外包给公共云，以节省成本，同时通过私有云在 premise 上维护那些核心或敏感的业务功能，以确保安全保障。

（5）Multicloud。Multicloud 表示在单一异构体系结构中采用多个云计算服务。云用户可以为基础设施和软件服务使用单独的 CSP，也可以为不同的工作负载使用不同的基础设施专业人员供应商。多云与混合云的区别在于，它指的是多个云服务，而不是多个部署模型。使用多云部署模型的动机包括减少对任何单一供应商的依赖，并通过选择增加灵活性。然而，在一个多云环境中，安全和治理更加复杂。

公共云上的安全性超出了云用户的控制。他们不得不严重依赖 CSP 来提供安全保障。最不安全的模型是多云，它通过涉及多个 CSP 而具有最复杂的安全治理场景。然而，从成本的角度来看，这些模型的排名是相反的。Multicloud 提供最便宜的解决方案，首先涉及多个 CSP 以避免单个供应商锁定，其次是公有云，公有云由单个 CSP 操作。这两种模式都通过在不同用户之间共享资源来实现规模经济，从而降低云用户的成本。云用户在混合云、社区云和私有云中的成本通常比在前两种模型中要高很多，因为需要对 IT 资源进行本地部署和维护。

9.1.2 云服务模型

云服务模型可以提供多种服务来满足不同级别的用户需求，包括软件即服务（SaaS）、平台即服务（PaaS）和基础设施即服务（IaaS），如图 9.2 所示。

（1）软件即服务（SaaS）。软件即服务有时也称为随需应变软件，是一种软件交付模型，它以基于 internet 的服务的形式向远程云用户提供软件服务。特别是，CSP 在他们的服务器上部署软件应用程序。云用户可以根据自己的需求通过互联网订购应用软件和服务，通常会根据其使用情况或通过订阅费收取费用。

SaaS 模型的关键特性包括：对软件升级和补丁的集中管理；用户的 Web 访问。SaaS 模型的应用包括 Google Apps、Salesforce、Workday、Dropbox 和 Cisco WebEx。异构用户设备的广泛 Web 访问带来了很高的访问控制风险，需要更健壮的认证和访问控制方案。

（2）平台即服务（PaaS）。平台即服务为云用户提供应用程序开发环境，通常包括操作系统、编程语言执行环境、数据库和 Web 服务器。云用户可以设计自己的图形用户界面（GUI），并决定调用什么应用程序接口（由 CSP 提供）。云用户的应用程序将运行在云之上，这些应用程序生成的数据将存储在云中。

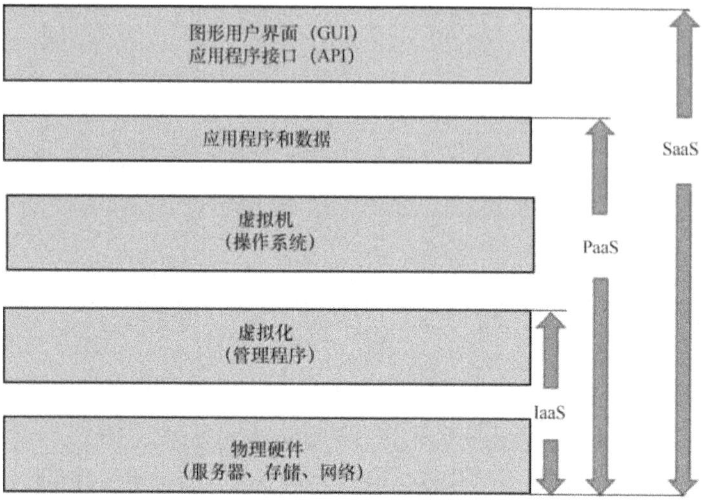

图 9.2 云服务模型

在 PaaS 模型中，用户可以通过更多地关注他们的软件开发，而不是维护底层的硬件和软件环境来节省成本。此外，底层的计算和存储资源会自动扩展以满足应用需求，并根据用户的实际使用情况向用户收费。PaaS 模型的主要特性包括：用于快速、简单和经济有效的应用程序开发的服务开发、测试和部署；允许同一开发应用程序具有多个并发用户；以及支持开发团队协作[7]。PaaS 模型的一些例子有：翡碧绿、微软 Azure、谷歌计算引擎（GCE）和 Salesforce Heroku。在云服务中存储业务数据的用户越来越担心 PaaS 的数据机密性、完整性、可用性和违反隐私。此外，缺乏安全的软件开发过程可能导致代码[8]不安全。

（3）基础设施即服务（IaaS）。基础设施即服务以按需服务的形式为云用户提供基础 IT 资源，如服务器、存储、网络和操作系统。在 IaaS 模型中，云用户将被分配一个或多个虚拟机（VM），他们可以完全控制这些虚拟机，比如安装操作系统和应用程序软件，以及运行不同的任务。虚拟化软件在云基础设施之上，命名为虚拟机监控程序，主机虚拟机由一个或多个云用户和来自基础设施细节，如物理服务器的管理，资源共享和缩放、备份、安全等的抽象的云用户作为客人。一些流行的管理程序包括 Xen、VMware ESX/ESXi、KVM 和 Hyper-V。IaaS 的主要特性包括资源作为服务的分配，资源的动态扩展，以及资源在多个用户之间的共享。IaaS 的一些例子是 Amazon Web Services（AWS）和 Cisco Metapod[7]。

与其他服务模型相比，IaaS 为云用户提供了更多的控制，允许有能力的用户进一步增强其安全级别。同时，它还授予云用户更多的特权，从而为恶意用户提供了更多机会来利用管理程序漏洞，甚至渗透不同云用户之间的虚拟隔离。

9.1.3 不同的特征

云计算通过其独特的特性正在革新网络空间，例如广泛的网络访问、资源池、快速弹性、随付即付即用服务和联合环境。虽然这些基本特征将云计算与传统的基于互联网的服务区别开来，并吸引了大量用户，但它们也引入了新的漏洞，为网络安全和防御研究开辟了新的前沿。了解这些基本特征可以作为分析云环境中的安全、隐私和信任挑战的基础。

（1）宽网络接入。云用户可以通过 Internet[9]轻松访问云计算资源。具体来说，通过从世界上任何地方的不同设备上登录的单个用户账户，云用户可以访问运行在单个逻辑位置上的数据和应用程序，该逻辑位置通常是多个物理或虚拟设备的集成。

这一特性通过提供方便的方式访问云服务来吸引用户。然而，它也通过引入一系列动态的访问点来提供一个更大的攻击面，这些访问点具有各种各样的安全姿态[10]。各种接入点的异构性，增加了访问控制的风险，如账户劫持、浏览器漏洞、非法用户[11]等，极大地增加了非法用户非法访问数据和业务的可能性。

（2）资源池化。资源池化是指将来自世界各地[9]的 IT 资源整合到一起。这些资源（包括物理资源和虚拟资源）可以在多个客户或租户之间共享，显著提高资源利用率，降低运营成本[12]。

然而，由于不完美的隔离以及不值得信任的租户居住在同一个物理硬件中的风险，各种安全性、隐私性和信任方面的挑战也随之出现。例如，恶意软件注入攻击是指攻击者将一个不知情的用户的恶意实例上传到云端，该实例可以从受害者[11]窃取数据。其他利用资源池的攻击包括共同驻留攻击和针对管理多个 VM 的管理程序的攻击。

（3）快速回弹。云根据用户的容量需求提供动态的资源扩展/收缩，即快速弹性。这允许用户在运行时升级或降级云服务，以实现可伸缩性。例如，为了提高系统的数据处理速度，可以通过自动增加虚拟机数量来满足系统的需求。

然而，在不同的用户之间不断变化的资源分配极大地增加了资源妥协的风险。如果一个攻击者成功地劫持了一个资源并运行恶意代码，则在其异常行为被识别[11]之前，该受损资源可能会被分配给多个用户。这种服务注入攻击可以让攻击者从受害者那里窃取机密信息或数据。

（4）现收现付服务。现收现付服务源于效用计算，将云资源视为一种效用，因此云用户根据这些资源的实际使用情况计费。它允许用户伸缩、定制和发放计算资源，包括软件、存储和开发平台。

然而，计量信息决定了每个云用户的成本，这已经成为一个潜在的漏洞，可以被攻击者[11]操纵。由于云服务[10]的动态和资源共享属性，此信息比以前的 IT 实现更加详细。此外，盗窃服务攻击对云构成了更大的威胁，它专门针对测量的服务特性。这种类型的攻击是由于管理程序的调度漏洞造成的。因此，攻击者可以在不知道 CSP 的情况下消耗云资源，并避免计费[11]。

9.1.4 关键技术

在云计算场景中开发了多种技术，为云用户提供高质量和低成本的解决方案。在这些技术中，多租户、虚拟化、分布式数据存储和云联合是支持云计算独特特性的基本元素。

（1）多租户。多租户定义为“将多个租户放置在同一物理硬件上，通过利用规模经济来降低用户成本的实践”[13]。它表示与其他租户共享计算资源、存储、服务和应用程序，这些租户由提供者的 premises[14]中的相同物理或逻辑平台承载。具体来说，多租户的概念因不同的服务模型[13]而不同。

① 在 SaaS 中，多个租户让他们的应用程序共享单个目标代码实例。

② 在 PaaS 中，每个租户可能拥有其托管解决方案的不同层，例如跨多个物理服务器托管的业务逻辑、数据访问逻辑和存储或表示逻辑。

③ 在 IaaS 中，每个租户的托管环境被分区并由管理程序和虚拟化软件的单个实例控制。

（2）虚拟化。虚拟化是指源于物理约束的计算资源的逻辑抽象。这些计算资源包括运行系统、网络、内存和存储。虚拟化技术的一个典型例子是虚拟机（VM），它是一种模拟物理机器来执行程序的软件。虚拟化可以在不同的层实现，包括硬件虚拟化、软件虚拟化、网络虚拟化和桌面虚拟化。在实际应用中，可以集成多层虚拟化，根据用户需求[15]灵活提供业务。在虚拟化环境中，计算资源可以根据用户需求动态创建、扩展、收缩或移动，极大地提高了敏捷性和灵活性，降低了成本，增强了云计算[9]的业务价值。

（3）分布式数据存储。云将用户的数据存储在一个逻辑存储年龄池中，年龄池可以物理上跨越多个地理分布的数据中心。它极大地降低了海量数据存储的成本，因为可以有效地集成和管理不同的可用存储块来存储数据。另外，通过在全球不同地方使用冗余存储[15]进行数据备份，实现数据的高可靠性。

（4）云联合。云联合是将来自多个云服务提供商[16]的云计算资源互连的实践。云资源联盟允许云用户通过在全球分布工作负载和在不同的云[17]之间移动数据来优化其操作。它为云用户提供了更多的选择，让他们可以选择最好的云服务提供商来满足特定的业务或技术需求。

尽管这些技术带来了实质性的好处，但它们仍处于发展阶段。利用这些不完美技术的漏洞进行的攻击越来越流行，并威胁到云基础设施的安全性。我们将在 9.3 节中详细讨论这种攻击。

9.2 云计算中的安全、隐私和信任挑战

尽管云计算带来了许多吸引人的特性，但它也不是没有成本的。计算社团不得不面对由云服务带来的新出现的安全、隐私和信任挑战。

9.2.1 针对多租户的安全攻击

虽然多租户体系结构允许 CSP 最大限度地提高组织效率，并显著降低云用户的计算费用，但它也会在同一物理或逻辑平台上托管多个具有异构安全设置和不同行为的租户，从而带来许多安全挑战。

（1）不同租户之间的安全控制不协调。在多租户环境中，不同租户制定的安全策略可能不一致，甚至发生冲突。这种分歧或冲突可能会带来对租户需求、利益或担忧的威胁。更重要的是，不同租户的安全控制是不同的。安全控制较少或配置错误的租户更容易被破坏，可能会成为位于同一个主机中的更安全的租户的垫脚石。这可能会将所有租户的整体安全级别降低到最不安全的一个[19]。

（2）攻击一般共同居住者。对手利用共同居住者的机会可能对他们的共同居住者[20]发起不同的攻击。这种类型的攻击通常不针对云中的特定租户。相反，攻击者的目标是耗尽系统中的共享资源，如线程执行时间、内存、存储请求、网络接口等，使共享相同物理资源的其他用户无法消耗云服务[21]。在文献[22]中，提出了一种泼妇攻击（shrew attack），攻击者可以通过基于损失的探测来识别瓶颈云的颈部，从而发起低速率 DoS 攻击。

（3）针对目标共同居民的攻击。也有针对特定目标租户（即受害者）的攻击。攻击者可能会设法将其恶意租户放置在承载目标租户的同一物理设备上，然后对其发起攻击。这种攻击通常有三个步骤。不同的攻击策略可以涉及到每一步。

① 通过网络探测确定目标租户的位置。使用 nmap、hping、wget 等[23]不同的工具进行网络探测。目标租户的地理区域可以通过其 IP 信息确定。恶意租户可以通过与目标租户[24]拥有相同的 DOM0 IP 地址和小数据包往返时间（RTT）来验证其共同居住。

② 将恶意租户与目标租户放置在同一主机上。在文献[23]中，提出了一种蛮力放置策略，攻击者利用蛮力放置策略在较长时间内运行大量恶意租户，并与 8.4%的目标租户实现合住。通过利用 CSP 的位置，一个实例溢出策略（攻击者在其中尽可能并行地启动尽可能多的租户）已经成功地完全实现了与特定目标租户[23]的共同居住。

③ 攻击目标租户。通过前两个步骤的成功，攻击者可以将恶意租户放置在与目标租户相同的物理服务器上。

恶意承租者可以通过隐蔽的侧信道攻击推断出目标承租者的机密信息。侧信道攻击是基于未经授权的访问信息通过一个系统的物理实现，称为侧信道[25]的任何攻击。一般来说，潜在的侧信道可以是多个租户之间共享的任何物理资源，如网络访问、CPU 分支预测器和指令缓存[26-29]、DRAM 内存总线[30]、CPU 管道[31]、CPU 内核和时间片调度、磁盘访问[32]等。一些典型的侧信道攻击包括：①计时攻击，最常见的侧信道攻击，攻击者试图通过测量单位执行操作的时间获得信息[33]；②功耗攻击，攻击者可以通过分析一个单位在执行不同的操作时的功耗来识别系统进程[33]；③差分故障分析，攻击者通过向系统注入故障[33]来研究系统的行为；④缓存使用攻击，攻击者测量其物理机器上 CPU 缓存的利用率，以监视共同居民[23]的活动；⑤基于负载的合住攻击，攻击者测量其合住虚拟机的负载变化，以验证它是否与目标虚拟机[23]处于同一个位置；⑥合住流量速率估计[23]。

此外，恶意承租者还可能利用系统漏洞破坏承租者之间的隔离。例如，获得底层操作系统内存访问权的攻击者可能会从其他租户获取敏感信息，承载多个租户的错误配置的管理程序可能充当信息泄漏的管道[19]。

最后，恶意租户还可能通过过度消耗计算资源（如 CPU、内存、存储空间、I/O 资源等）来降低受害者的性能。在文献[24]中提出了一种扫描攻击，攻击者使用精心设计的工作负载对受害者的目标应用程序造成重大延迟。在文献[34]中，作者提出并实现了一种攻击，它修改目标虚拟机的工作负载，从而为攻击者的虚拟机释放资源。这种攻击成功的原因是，一个租户造成的过载可能会对另一个租户的性能产生负面影响[3]。

9.2.2 虚拟化安全攻击

虚拟化技术作为云基础的重要组成部分，受到了来自不同方面的广泛安全攻击。

（1）物理漏洞。基础设施中的漏洞仍然威胁着虚拟环境[19]。一方面，虚拟实现也面临着对物理资源的风险和攻击，如入侵配置错误的物理防火墙的攻击也可能危及具有相同配置的虚拟防火墙；另一方面，如果底层物理基础设施被破坏，虚拟化环境将面临威胁。

（2）新的访问上下文。虚拟化给用户身份验证以及正确定义角色和策略[19]方面的认证、授权和计费带来了新的挑战。虚拟化技术允许用户访问在单个逻辑位置上运行的数据和应用程序，该逻辑位置通常是多个物理或虚拟设备的集成。由于缺乏安全边界和隔离性而存在信息泄露的可能性[36]。此外，这样的访问可以通过一个单一的用户账户从位于世界各地不同的设备登录。这种新的访问环境带来了许多挑战，如用户是否拥有访问不同物理或虚拟设备的相同特权；从多个遥远的地理位置登录的账户是否属于同一个用户。为了解决这些挑战需要对用户角色进行粒度分离[19]。

（3）hypervisor 攻击。管理多个虚拟机的 hypervisor 成为攻击[19]的目标。与相互独立的物理设备不同，云中的虚拟机通常位于由同一管理程序管理的一个物理设备中。因此，hypervisor 的妥协将使多个 VM 处于危险之中。例如，如果一个攻击者通过 hypervisor 获得访问权，他或她就能够操纵网络流量、配置文件，甚至 hypervisor 之上 VM 的连接状态[37,38]。

此外，隔离、访问控制、安全加固等 hypervisor 技术的不成熟，为攻击者提供了利用系统的新机会。攻击者可以访问运行多个 VM 的主机，从而访问 VM 共享的资源，甚至关闭这些资源并关闭管理程序[38]。

（4）针对虚拟机的攻击。针对虚拟机的攻击类型多种多样。例如，VM 可以存在于活动或休眠状态。虽然休眠的虚拟机可能仍然保存敏感的用户数据，但它们很容易被忽视，而且没有更新最新的安全设置，导致潜在的信息泄露[19]。

另外，启动虚拟机时，调用虚拟机所需的信息也会创建并保存在主机上。在多租户场景中，位于同一个服务器上的所有虚拟机的信息将存储在一个公共存储系统上。获得该存储空间的攻击者将能够侵入虚拟机，称为虚拟机劫持[39]。

此外，由于虚拟机可以通过网络或 USB 复制，并且当虚拟机移动到一个新的位置时，源配置文件将被重新创建，攻击者可能可以在 VM 迁移[37]期间修改配置文件以及 VM 的活动。一旦一个虚拟机被感染并重新进入其原主机，感染可能会蔓延到同一个主机上的其他虚拟机。这种攻击也称为虚拟图书馆借出。

9.2.3 云环境下的数据安全与隐私

与传统 IT 基础设施（组织可以完全控制数据）不同，云计算在用户将数据从本地服务器转移到云服务器时减少了用户对数据的控制。这种失控引发了大量的数据保护和隐私的担忧，如数据存储、数据备份、如何访问数据、删除数据是否会从云永久删除等，使组织不愿搬到云。

（1）丢失和数据泄露。在 2013 年[41]中，数据丢失和数据泄露被认为是云计算环境的头号威胁。最近的一项调查显示，如果云服务供应商报告了涉及敏感或机密个人信息[42]丢失或被盗的重大数据泄露，63%的客户将不太可能购买云服务。CSP 能否安全维护客户数据已经成为云用户关注的主要问题，在信誉良好的 CSP[43]上频繁发生的故障，包括亚马逊公司、Dropbox、微软公司、Google drive 等，进一步加剧了这种担忧。

为了帮助客户在出现业务故障时进行恢复，在云上进行数据扩散，将客户的数据复制到多个数据中心作为备份[44]。但是，多份数据的分布式存储可能会增加数据泄露和不一致的风险。例如，由于多个存储设备的安全设置存在异构性，数据的总体安全级别仅由“链中最弱的一环”决定。任何一台存储设备被破坏，攻击者都可以获取数据。此外，当客户进行任何数据更新（包括插入、修改和删除）时，需要同步多个数据副本，数据同步失败将导致数据不一致。最后的一点是，对于云用户来说，跟踪 CSP 的数据操作是否合适更具有挑战性。例如，当用户[44]发出这样的请求时，很难确定 CSP 是否会完全删除所有数据副本。

（2）廉价的数据和数据分析。云计算的快速发展促进了大数据的产生，导致廉价的数据收集和分析[45]。例如，许多流行的在线社交媒体网站，如 Facebook、Twitter 和 LinkedIn，都在利用云计算技术来存储和处理客户的数据[46]。存储数据的云提供商通过自己的数据挖掘和分析来检索用户信息，或者将数据出售给其他企业作为二次使用，从而获得了可观的业务收入。一个例子是谷歌公司正在使用其云基础设施为其广告网络[45]收集和分析用户数据。

由于云用户的敏感信息可能很容易被未经授权的第三方访问和分析，此类数据的使用引发了广泛的隐私问题。电子隐私信息中心（EPIC）要求关闭 Gmail、谷歌文档、谷歌日历和该公司的其他网络应用程序，直到政府批准的“安全措施切实建立起来”[47]。由于在[48]数据共享过程中侵犯了用户隐私，Netflix 不得不取消了其 100 万美元奖金的数据挑战。虽然数据匿名化等技术正在接受调查，但用户的数据隐私必须从根本上受到标准、法规和法律的保护。

根据 Ponemon Institute 进行的一项研究调查，CSP 对保护数据隐私的承诺程度对云用户的购买决策[42]有重要影响。具体来说，此类承诺包括建立严格的流程来分离客户数据、披露客户数据的物理位置以及不挖掘用户数据用于广告的政策和实践。

（3）数据存储和传输在多个区域规定。由于分布式基础设施云，云用户的数据可能存储在数据中心在地理上位于多个司法管辖区，导致云用户担心当地的法律及规定数据存储区域[49]。例如，数据隐私法对每个国家都不一样。此外，由于云的动态特性使得指定用于跨界数据传输[44]的特定服务器或设备极为困难，因此可能会违反本地法律。作为一个解决方案，云服务提供商，如亚马孙，允许客户控制他们的云服务[50]的地理位置。

9.2.4 云计算中多个利益相关者之间缺乏信任

信任源于社会科学，被定义为双方之间的一种关系。也就是一方对另一方是否会采取某种行动或拥有某种财产有多大的信心。缺乏信任被认为是阻碍云计算[51]快速应用的主要障碍之一。

（1）云用户对 CSP 的信任。云的采用，特别是公有云严重依赖于云用户对 CSP 的信任。这样的信任建立过程是具有挑战性的。它依赖于技术的发展，人们思维的改变，以及云用户和服务提供商之间的透明度。

以任务调度为例。在云计算中，用户的任务通常被划分为更小的子任务，这些子任务在多个计算节点上并行执行。给定任务中涉及的计算节点的安全设置可能非常不同。安全性较低的计算节点一旦被攻击者攻击，就可能导致整个任务失败。因此，开发保证计算节点安全的技术对于提高大规模云计算[52]的整体可信度起着至关重要的作用。

以云数据存储服务为例。数据，尤其是敏感的业务数据，总是组织最不愿意放弃[53]的控制。在传统的 IT 基础设施中，组织在企业内部建立自己的数据中心，并将所有数据和应用程序本地放置在自己的服务器上，它们可以完全控制服务器。相比之下，在云计算中，组织必须至少放弃部分控制，并将其外包给 CSP，这使得它们在采用这种新的计算范式时犹豫不决。在很多情况下，即使使用云的组织，大多数时候也只在云上存储不太敏感的数据。说服组织改变他们的思维方式并建立对 CSP[45]的信任是需要时间的。

此外，提供透明的服务往往有助于建立信任。它要求 CSP 更加开放，并披露其安全准备的更多细节。但是 CSP 通常认为其中的一些信息是商业机密，因此不愿意分享。

（2）CSP 对云用户的信任。CSP 监控和评估其用户的可信度也很重要，因为并不是所有的云用户都可以被信任。然而，由于几个原因，这个问题一直被忽视。第一，恶意用户给云服务提供商带来的潜在损失往往被低估。第二，云的开放性质和规模经济特性促使 CSP 吸引更多的云用户，只要他们诚实地为自己的资源消耗付费。第三，通过跟踪和分析用户的行为来评估用户的可信度不是一件小事，通常会导致额外的资源消耗和管理成本。

然而，这些说法在现实中并不真实。不值得信任的云用户管理与普通用户居住在同一物理设备可能会发起共同居住攻击和窃取敏感信息[54]。如果没有 CSP 对用户的行为进行适当的监控和记录，正常的云用户很难保护自己免受恶意用户的攻击。因此，即使是仅针对云用户的恶意攻击，最终也可能损害 CSP 的声誉，破坏正常用户对云的信任。更重要的是，与互联网攻击者相比，不可信的云用户可能会造成更严重的损害，因为他们可以直接访问云[51]的软件、平台甚至基础设施。智能攻击已经被开发出来，以欺骗 CSP 免费乘车的计费方案，从而造成 CSP 的经济损失。

（3）第三方的信任。除了云用户和服务提供商之间明确的信任关系外，在值得信任的云计算场景中还涉及其他不同的利益相关者，如多个协作的 CSP 或第三方，使得信任评估过程更加复杂。例如，可以部署一个多云模型，其中多个 CSP 一起工作，为云用户的不同工作负载提供服务。在这种情况下，云用户的整体安全保障必须依赖于多个 CSP 的协作。不同 CSP 之间的安全责任委托是一个具有挑战性的问题。此外，还提出了通过审计、认证、加密等第三方，来促进云用户与 CSP 之间的信任发展。然而，这些第三方只有在得到云用户和服务提供商的信任时才能提供帮助，这就带来了新型的信任问题。

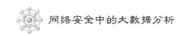

9.3 云计算中的安全、隐私和信任解决方案

人们提出了各种解决方案来应对上述云计算中的安全、隐私和信任挑战。在本节中，首先讨论一些“传统的”安全解决方案的采用，如日志登录和监视、访问控制和加密，它们作为一般方程来解决不同网络系统中的安全问题；然后介绍专门设计用于云计算场景的新兴解决方案，如虚拟隔离和防御共同驻留攻击；最后研究在云场景中建立各方信任的不同方法。

9.3.1 日志和监控

日志和监视收集用户行为和系统状态的充足证据，以协助异常检测。

用户行为监测。建议对用户活动进行选择性监视，所有用户都根据以前的活动分配一个安全标签，对以前违反安全规定的用户进行额外监视。任何异常将导致拒绝许可和立即报警。在研究中，有人建议将用户监控工具与入侵检测系统结合起来，以便对恶意用户立即采取行动，并向适当的系统管理员发出警报。该框架提出了一个强大的用户认证、用户活动和所有媒体传输的监控和资源检查。如果安全违规发生，防御经理将立即拒绝权限。通过将用户行为作为输入，ML 技术可以用于识别恶意用户复制虚拟机，拍摄虚拟机[57]的快照。

系统状态监控。在研究中，有人提出了异常检测应该基于恶意事件[58]对系统的影响，而不是基于单个用户的行为。从用户角度、数据库服务器角度和文件服务器角度监视网络活动。Hoda 等[59]提出为整个可用域建立一个全局模型，以检测混合异常和不规则用户行为。在他们的工作中，术语“域”指的是不同类别的数据（如电子邮件域或登录域等），这些数据可能表现出不同的行为，因此需要适当的处理和分析技术。

日志和监视是间接的防御解决方案，不能直接防止或停止恶意攻击。然而，日志和监视过程生成的结果为其他监视防御解决方案提供了关键证据，如访问控制、隔离、共同攻击检测、可信度评估等。

9.3.2 访问控制

如前所述，云计算引入了新的访问上下文，这大大增加了欺诈用户获得未经授权的数据和服务访问的风险[10,11]。

访问控制，包括身份验证、授权和问责制，是一种确保只向授权用户提供访问的方法，因此数据以一种安全的[60]方式存储。

已经进行了研究，以开发高级访问控制技术，以正确定义角色和政策[36,40]。例如，基于角色的多租户访问控制（RM-MTAC）模型应用身份管理来确定用户的身份和适用的角色，旨在有效地管理用户的访问权限，以实现应用独立性和数据隔离[61]。在研究中，有人基于数据属性定义和实施访问策略[62]，并允许数据所有者将涉及细粒度数据访问控制的大部分计算任务委托给不可信的云服务器，而不披露底层数据内容。此外，还提出了物理措施来确保对 hypervisor 或 VM 的访问控制。一个例子是管理员为了启动 hypervisor 而拥有的硬件令牌[63]。

9.3.3 加密安全解决方案

在现阶段，加密仍然是解决云计算中数据保密性、完整性和隐私问题的主要解决方案之一[64,65]。通过加密算法对敏感信息进行加密，只有拥有加密密钥的用户才能访问敏感信息。

有许多可用的加密方案。例如，El-Etriby 等[66]比较了云计算环境下的八种现代加密方法。然而，由于云环境中涉及多方，加密方案的采用必须面对一个关键的问题，即由哪一方加密数据并管理加密密钥。

云用户可以完全依赖 CSP 来满足他们的加密需求。例如，Amazon Simple Storage Service（S3）默认对用户数据进行加密。在这种情况下，问题是云用户失去了对确保其数据的机密性的控制，因为 CSP 拥有对数据的完全访问权。即使 CSP 无意对云用户的数据造成任何伤害，但仍然存在与恶意内部人员相关的风险。由于云用户的数据存储在云中的分布式存储节点上，一个或多个受威胁的节点可能会破坏整个数据集的机密性、完整性和隐私性。为了防止这种可能性，可以使用密文策略-基于属性的加密（CP-ABE）来实现细粒度的数据访问控制，允许云用户对 CSP 加密的数据定义自己的访问策略[67]。具体来说，云用户可以根据不同的属性向不同的各方授予不同的访问权限。这样的访问权限将用于为每一方生成私钥。因此，只有拥有一组满足加密数据访问策略的属性的一方才能解密密文并获取数据。它不依赖于 CSP 来防止未经授权的数据访问。

为了避免 CSP 对数据的完全访问，云用户可以选择自己的加密方法，对数据进行加密，并将其存储在云中。如今，许多云用户都在使用这种方法来保护他们的数据。然而，这种方法提出了一个具有挑战性的问题，即 CSP 如何向云用户提供数据服务，如搜索、插入和删除，同时不解密他们的数据。同态加密[68]在这种情况下很有用，因为它允许 CSP 通过提供服务（如搜索、正确性验证和错误定位[69]）来管理用户的数据，而不需要解密。具体地说，Craig Gentry[70]使用基于格的密码学，描述了完全同态加密方案的第一个貌似合理的构造。Gentry 的方案支持对密文进行加法和乘法运算端口，为执行任意计算提供了基础。2010 年，提出了第二种完全同态加密方案[71]，该方案用一种更简单的整数方案取代了理想的基于格的方案，同时在同态运算和效率方面保持了相似的性质。2013 年，IBM 公司提出了一个开源软件库 Helib[72]，它通过一些优化实现了完全同态加密。同态加密技术虽然前景广阔，但也有其自身的缺点，如昂贵的计算和带宽开销。当攻击者可以检测到与使用同态加密的操作相关的通信中的某些模式时，另一个弱点就暴露出来了[73]。

最近，人们已经在努力部分地利用同态加密算法来实现云计算中的高效操作。例如，有人提出，CryptDB 可以防止好奇的数据库管理员（DBA）了解私人数据（如健康记录、财务报表、个人信息）。其中一项关键技术是支持 SQL 的加密策略，它对加密的数据执行 SQL 查询。求和采用同态加密，将两个值求和的加密程度相乘，即可计算出两个值求和的加密程度[74]。支持 SQL 的加密算法也被 Secure DBaaS 架构[75]所采用，该架构允许多个独立的、地理分布的云用户对云中的加密数据执行并发操作。

如果云用户选择自己进行加密，他们必须对加密算法引入的繁重计算负责。此外，每个云用户随意选择的加密算法的质量也值得怀疑。如果云用户丢失了加密密钥，或者在更糟糕的情况下，加密密钥被攻击者窃取，从而危及他们的工作站，那么就会出现更多的问题。

另一种方法是让一个受信任的第三方组织负责加密和管理加密密钥。虽然这个选项解决了一些安全问题，如丢失的加密密钥或弱的加密算法，但云用户仍然面临失去隐私和机密性的可能性，因为第三方加密服务仍然可以完全访问他们的数据。新兴的云加密方法在密钥管理方面更进一步。它们不允许任何一方获得加密密钥的完全所有权。相反，他们将密钥分成几部分，每一部分由云用户、CSP 和第三方数据加密服务保存。

9.3.4 虚拟隔离

为了保持不同云用户之间资源共享带来的好处，同时解决 IT 带来的安全问题，很多研究都集中在增强虚拟隔离上，旨在为租户的数据、计算和应用进程提供一定程度的隔离。

在完全隔离的情况下，一个用户服务的执行不应干扰另一个用户的性能。特别是，它应该实现以下功能。

（1）IaaS 中虚拟机的存储、处理、内存和访问路径网络的隔离。

（2）隔离 PaaS 中运行的服务和 API 调用以及操作系统级进程。

（3）在 SaaS 中，由不同的 10 个蚂蚁和租户的数据或信息在同一个实例上执行的事务分离[9,15]。

目前的研究实现了从云的不同级别的虚拟隔离。第一，提出了一些直接在硬件层面上工作的隔离解决方案，如以更好的方式分配内存带宽[76]和处理器缓存[77]。第二，还可以通过使用管理程序或虚拟机监视器（VMM）来促进隔离，VMM 是创建和运行虚拟机的计算机软件或硬件。例如，最初开发 Xen hypervisor 就是为了实现隔离[78]。第三，一些软件级别的资源管理机制被提出来对缓存[79]、磁盘[80]、内存带宽[81]和网络[82]进行隔离。第四，建立安全模型，确保隔离。在数据链路层[83]引入了租户 ID 的概念，以安全地分段、隔离和标识云中的租户及其资产。有研究者提出了一个安全模型和一组原则[84]，以确保云存储系统中租户资源之间的逻辑隔离。

9.3.5 防范共同居住攻击

人们提出了各种方案来防御共同居住的攻击。我们把其分成两类：第一类方案是通过分析这些居民独特的行为模式来检测这些居民；与此类解决方案不同的是，第二类方案并没有明确区分恶意居民和正常居民。相反，它们将所有居民视为潜在的攻击者，并提供更通用的解决方案，如增加了实现或验证共同居住、混淆侧通道信息或在隔离的物理服务器上运行虚拟机的难度。

（1）检测共同攻击。防御共同攻击的简单方法是识别攻击模式。如文献[85]中，作者提出了一种基于缓存的侧通道检测方法（CSDA），它将攻击模式识别为物理主机侧的高缓存错过时间以及 VM 端 CPU/内存利用率的频繁变化。Sundareswaran 等[86]提出了一种检测框架，其中一个“观察者”虚拟机将启动过多系统调用和中断的虚拟机识别为可疑虚拟机，然后一个“防御者”进一步搜索可疑虚拟机的行为以获得特定的攻击模式。

然而，这种检测方案有三个局限性。第一，无论是来自物理服务器本身还是其他正常居民的嘈杂资源消耗，使得区分攻击模式与正常行为非常具有挑战性。第二，不同类型的共同攻击通常不共享相同的攻击模式，需要检测方案来分别处理它们。因此，检测方案通常是特别的和特定于应用的。第三，此类检测方案需要监控、聚合、分析每个进程的行为，这可能会导致高开销，甚至降低物理服务器的性能。

（2）防止共同攻击。由于精确和有效地检测共同攻击的挑战，许多防御方案被提出，以最大限度地减少共同攻击成功的可能性。我们根据它们的工作机制对它们进行了进一步的讨论。

安全感知的虚拟机分配策略。针对某个目标发起一致攻击的攻击者必须首先将其恶意虚拟机放置在目标虚拟机所在的同一物理主机上。如果第一步失败，共同攻击就不能成功。因此，研究设计安全感知的虚拟机分配策略，将显著增加攻击者实现共存的难度。

研究了多种虚拟机分配策略，为虚拟机分配不同的初始位置。例如，提出了一种随机分配 VM 的方法[87]，使 VM 的部署无法预测攻击者。Han 等提出了一种抗共同攻击的虚拟机分配策略[88]，该策略通过优化云服务器的安全性、负载均衡和功耗需求来分配虚拟机。

除了虚拟机初始位置分配策略之外，还有一些研究调查虚拟机迁移策略，以减少共同攻击的可能性。例如，Li 和 Zhang 等设计了一种 Vickrey–Clarke–Groves（VCG）机制来定期迁移虚拟机，这样即使恶意虚拟机可以实现共存，也无法与目标虚拟机长期共存[89]。

增加了验证共存的难度。正如 9.2.1 节所讨论的，恶意虚拟机可以通过与目标虚拟机拥有相同的 DOM0 IP 地址来确认其共存状态。一个简单的解决方案是对云用户隐藏 DOM0 的 IP 地址。然而，当攻击者使用更复杂的策略来验证共存时，就需要更高级的防御解决方案。

模糊侧信道信息。另一种防止敏感信息在共同驻留的 VM 之间传输的方法是隐藏或混淆暴露在云基础设施不同级别侧通道上的信息。第一，从硬件级别[90-92]消除侧通道通常会提供更有效的防御。然而，由于在现有的云基础设施结构中引入新硬件的过程非常复杂，因此采用此类方案非常困难。第二，在 hypervisor 级别进行了广泛的研究[93-95]。例如，XenPump 被提议作为 hypervisor 中的一个模块[96]，它监视计时通道使用的超调用，并为潜在的恶意操作增加延迟，从而增加了计时通道中的错误率。另一个例子是调度机制，它通过限制抢占的频率来减轻共享核心侧通道攻击[97]。另外，在文献[94]中，作者提出通过移除 Xen-虚拟化的 x86 机器上的分辨率时钟，使计时器大幅粗糙，从而使恶意 VM 难以获得准确的时间测量。这些方案的主要缺点是它们通常需要对管理程序进行大量修改。第三，最近提出了一个名为 Düppel 的系统，用于减轻 VM 操作系统级别的跨 VM 侧通道，它不需要任何 hypervisor 修改[98]。具体来说，该系统定期执行分时缓存清理，以保护单个常驻 VM 免受公共云中基于缓存的侧通道攻击。第四，在应用层面提出了一些方案[99,100]。例如，文献[101]中的作者建议通过部署警察虚拟机来生成虚假信息，从而向用户虚拟机隐藏真实的电力消耗信息。这些方案不需要对云基础设施进行实质性的改变，因此很容易被采用。然而，它们经常受到云基础设施上层混淆侧通道信息所造成的沉重开销的困扰。

运行在隔离物理服务器上的虚拟机。由于在多租户云中完全减轻共同驻留攻击的挑战，一些安全感知云用户要求云服务提供商在隔离的物理服务器上运行他们的虚拟机。尽管该解决方案有效地避免了来自共同居民的攻击，但由于使用专用物理服务器，它牺牲了公共云的经济利益，这导致对成本敏感的个人或小型企业用户很少采用该解决方案。

此外，即使采用此解决方案的云用户仍然面临一个具有挑战性的问题，即如何验证其虚拟机的物理隔离。在该场景中，Zhang 等提出，正常的云用户也可以使用侧通道分析来验证他们对物理服务器的独占使用[102]。

9.3.6 建立云计算信任

基于信任的解决方案引导实体发现不当行为，采取规避风险的行动，并促进分布式实体之间的合作，在使云安全可信方面发挥着独特而不可缺少的作用。当前云计算信任的研究主要集中在建立云用户对 CSP 的信任上；确保云计算资源的可信度，如硬件、软件、应用程序等；评估云用户的可信依赖；对其他各方或实体的信任评估。

（1）建立用户对 CSP 的信任。如上所述，建立用户对 CSP 的信任对于快速采用云计算至关重要。因此，它已经成为值得信赖的云计算研究中最活跃的领域。一个典型的信任评估依赖于三个步骤。

① 确定评价标准。CSP 是否值得信任，或者 ASPA 是否比 CSPB 更值得信任，这是一个主观问题。根据评估标准的不同，答案可能会有所不同。因此，确定信任评价标准是信任研究的一个基础步骤。在文献[103]中，作者提出用户对 CSP 的信任与几个因素有关，包括数据位置、调查许可、数据隔离、可用性、长期可行性、法规遵从性、备份和恢复以及用户特权访问，通过调查和统计分析来评估这些因素的影响。在文献[104]中，作者提出了一种多方面的信任管理（TM）系统架构，通过对不同 CSP 属性（例如，安全性、性能、合规性）的多个来源的评估进行集成来评估可信的 CSP。此外，许多方案使用 CSP 和云用户之间的服务水平协议（SLA）作为评估标准。在文献[105]中，作者提出了一种基于 SLA 的信任模型来为云用户选择最合适的 CSP。在文献[106]中，作者提出了一种感知 SLA 的信任模型，在信任计算和遵从过程中考虑了云用户和 CSP 之间的各种 SLA 参数。在文献[107]中，作者提出了一种混合分布式信任模型，通过在服务选择阶段识别容易违反的服务来防止违反 SLA。

② 收集 CSP 行为的证据。CSP 的行为证据可以通过 CSP 的自我评估、第三方审计和云用户自身的体验来收集。

通过 CSP 的自我评估，启动多个程序收集 CSP 的安全控制信息。具体来说，“安全、信任和保证注册表（STAR）”计划是由云安全联盟（CSA）发起的，它是一个免费的、可公开访问的注册表，允许 CSP 发布其安全控制的自我评估[108]。除了 STAR 程序之外，由 CSC.com 提出并被 CSA 采用的 CloudTrust 协议（CTP）[109]为用户提供了请求-响应机制，以获取特定云的配置、漏洞、审计日志、服务管理等透明信息。这些程序为 CSP 提供了向用户披露其安全控制信息的标准，有助于云用户建立对 CSP 的信任。然而，CSP 可能会隐藏其安全性和隐私控制的潜在缺陷，这使得基于自我评估的证据收集的可靠性受到质疑。

第三方审计人员也参与了证据收集过程。云信任授权机构（CTA）[111]由 RSA 宣布为第三方提供信任即服务（TaaS）。具体来说，CTA 允许云用户根据一个公共基准查看多个云提供商的安全配置文件。在这种情况下，第三方审计的可信度是决定证据可靠性的关键。

证据也可以由云用户自己收集。这种证据包括用户的直接体验和间接观察（如推荐）。云用户最相信自己的体验。然而，作为一个单一的用户，直接体验的数量可能非常有限，难以做出有益的决定。在目前的许多研究中，云用户的反馈（即评级和评论）被收集起来作为间接观察。例如，有研究者提出服务代理可以根据用户的评级帮助用户选择一个值得信任的 CSP[112]。由于评级或评论可能是由不可信甚至恶意用户提供的，因此需要一种有效的保护方案。文献[113]将用户意见的不确定性引入到 CSP 的信任计算中。有研究者通过检测和过滤不诚实的反馈来保护实体在混合云中的声誉[114]，其中涉及个性化的相似度度量通过个性化体验计算反馈的可信度。

③ 推导信任聚合算法。人们提出了多种信任模型来评价 CSP 的可信度。有研究者提出了一种基于多层 Dirichlet 分布的动态信任评估方法[115]。有研究者提出了一种正式的信任管理模型[116]，通过集成各种信任属性，如直接信任、推荐信任、声誉因子等，来评估云计算环境中 SaaS 的可信度。有研究者提出了一种基于模糊集理论的信任管理模型[117]，帮助云用户选择值得信任的 CSP。有研究者将表示直接信任的时变综合评价方法和计算推荐信任的空变评价方法结合起来[118]，提出了一种可扩展的信任评价模型 ETEC 来计算 CSP 的信任度。一个多租户可信计算环境模型（MTCEM）被设计为两级层次传递信任链模型，以向客户保证可信云基础设施[119]。

此外，一些研究还将信任机制与现有技术相结合，以解决云计算中特定的安全和隐私挑战。有研究者提出了一种云信任模型[120]，该模型基于家族基因树集成了用户认证、授权管理和访问控制。有研究者结合域信任模型的优点和防火墙的特点[121]，提出了一种跨防火墙的协作信任模型，以保证云的安全。有研究者提出了一种可信的水印感运行环境[122]，以确保保护在云中运行的软件。有研究者将信任模型与基于加密的方案相结合[123]，以确保云计算中的数据机密性。

（2）评估云用户的可信度。一些研究开始评估云用户的可信度。在文献[51]中，作者提出了实用的用户行为证据收集方法，并提出了一种基于层次分析法（AHP）的信任模型来计算用户信任。在文献[124]中，提出了一种基于策略的用户信任模型，基于该模型，CSP 能够限制不可信用户对云资源的访问。与 CSP 的信任评估相比，对云用户可信度的评估被低估了，因此目前开展的工作有限。

（3）对其他当事人或者实体的信任评估。除了 CSP 和云用户之外，还有其他第三方，他们的可信度也可能影响云环境的整体安全。还开发了信任模型来评估这类团体。例如，提出了一种基于证据、属性认证、有效性认证等多种信任机制的信任框架，用于评估云中各方的可信度，如 CSP、云代理、第三方审计等[125]。在文献[126]中，提出了基于 DHT 的所有数据中心信任管理框架，以加强云应用中的安全性和私密性。Sato 等建议通过多层信任模型在 CSP 和云用户之间建立相互信任，通过可信平台模块确保云用户的“内部信任”，并通过包含服务策略/服务实践声明（SP/SPS）、ID 策略/ID 实践声明（IDP/IDPS）和合同[127]的协议建立 CSP 对用户的“契约信任”。

（4）优点和局限性。在云计算中建立信任促进了不同方之间的协作，进一步促进了云计算技术的广泛应用。此外，信任还可以支持不同的各方做出他们的决定。例如，有了准确的信任值，云用户可以选择最可靠的 CSP；CSP 可以决定是否允许特定的用户访问特定的资源；选择最值得信任的第三方来弥补云用户与 CSP 之间的信任差距。

目前的基于信任的方案也存在一些局限性。虽然对 CSP 可信度的评估已经进行了大量的研究，但对云用户和第三方的评估仍处于起步阶段。不同研究的信任评价标准不一致，由于缺乏标准化的评价标准，难以对不同的信任评价结果进行比较，对企业信誉度的评价主要是定性的。为了准确地评价和比较实体的可靠性，需要量化的信任计算算法。目前的方案大多是临时的，只能部分地保证云的安全性和隐私[128]。需要一个统一的框架，该框架集成了对云环境中涉及的各种实体的全面信任评估。目前，正在研究基于信任的高级解决方案，以解决这些限制。

9.4 未来的发展方向

在云计算迅速普及的同时，各种安全性、隐私性和信任问题也出现在这种新的计算范式面前。然而，国防解决方案的发展是滞后的。基于本章的讨论，我们展望未来的三个研究方向，以确保云环境的安全。

第一，一些传统的安全解决方案，如日志和监视、访问控制和加密，在确保安全的云环境方面仍然发挥着重要作用。然而，云计算中使用的独特特性和技术对这些解决方案提出了新的挑战，要求进一步对它们进行定制，以满足这种新的计算范式中的特殊需求。例如，访问控制方案必须能够处理广泛的网络访问，这是以前的系统从未遇到过的新挑战。由于数据所有者和数据处理程序之间的分离，基于加密的解决方案必须面对加密密钥管理的关键挑战。

第二，新兴的云计算安全解决方案，如虚拟隔离、共同居住攻击防御等还不成熟。最具挑战性的问题是如何实现资源的动态共享和扩展，同时消除恶意使用对用户合法资源消耗的干扰。此外，随着复杂攻击的迅速发展，需要增强解决方案。

第三，在云场景下，激发包括 CSP、云用户和许多第三方在内的不同利益相关者之间的安全合作是非常具有挑战性的。云计算中不同方面的参与使得安全、隐私和信任问题变得复杂，因为不同方面的安全目标可能非常不同，有时这些目标甚至可能相互冲突。例如，云用户可能要求 CSP 在其安全控制方面更加透明，而 CSP 可能需要通过不披露其安全设置的细节来保护其整个云基础设施。在各方之间建立信任关系，使谈判和权衡成为一个很有前景的解决方案。

第四，多个解决方案的集成提供了很大的潜力来解决安全性、隐私性和信任问题，这些问题不能通过单个临时解决方案来解决。例如，通过集成加密和访问控制，云用户能够确保他们的访问控制策略在云服务器上实现[62,129,130]。通过将信任模型与加密方案相结合，用户可以通过只允许可信的 CSP 对其敏感数据进行解密和处理来保护自己的数据机密性[123]。然而，如何无缝地集成不同的安全解决方案仍然是一个开放的挑战。

为了确保一个安全可靠的云计算环境，研究挑战和机遇并存。这些安全、隐私和信任问题的解决将成为快速采用云计算的关键。

9.5 小 结

云计算作为一种新兴且快速发展的计算场景，带来了许多安全性、私密性和信任方面的挑战。本章首先介绍了云计算的背景知识，如部署模型、服务模型、独特特征、关键技术等；然后简要讨论了这些技术带来各种安全、隐私和信任挑战的原因；最后在此基础上，对关键安全、隐私和信任问题进行了详细的研究，并提出了相应的解决方案，并对未来的研究方向进行了讨论。

参考文献

1. Peter Mell and Timothy Grance, The NIST definition of cloud computing, 2011, available at: http://dx.doi.org/10.6028/NIST.SP.800-145.
2. Priya Viswanathan, Cloud computing, is it really all that beneficial?, available at http://mobiledevices.about.com/od/additionalresources/a/Cloud-Computing-Is-It-Really-All-That-Beneficial.htm.
3. Michael Armbrust, Armando Fox, Rean Griffith, Anthony D. Joseph, Randy Katz, Andy Konwinski, Gunho Lee et al., A view of cloud computing, *Communications of the ACM*, 53(4): 50–58, 2010.
4. Yaju Jadeja and Kavan Modi, Cloud computing-concepts, architecture and challenges, in *2012 International Conference on Computing, Electronics and Electrical Technologies (ICCEET)*. IEEE, 2012, pp. 877–880.
5. Tharam Dillon, Chen Wu, and Elizabeth Chang, Cloud computing: Issues and challenges, in *2010 24th IEEE International Conference on Advanced Information Networking and Applications (AINA)*. IEEE, 2010, pp. 27–33.
6. Hassan Takabi, James B.D. Joshi, and Gail-Joon Ahn, Security and privacy challenges in cloud computing environments, *IEEE Security & Privacy*, (6): 24–31, 2010.
7. Understanding the Cloud Computing Stack: SaaS, PaaS, IaaS, https://support.rackspace.com/whitepapers/understanding-the-cloud-computing-stack-saas-paas-iaas/.
8. Cloud—Top 5 Risks with PAAS, https://www.owasp.org/index.php/Cloud_-_Top_5_Risks_with_PAAS.
9. Bhaskar Prasad Rimal, Eunmi Choi, and Ian Lumb, A taxonomy and survey of cloud

computing systems, in *NCM '09: Fifth International Joint Conference on INC, IMS and IDC*, Aug 2009, pp. 44–51.
10. Burton S. Kaliski, Jr. and Wayne Pauley, Toward risk assessment as a service in cloud environments, in *Proceedings of the 2nd USENIX Conference on Hot Topics in Cloud Computing*. 2010, HotCloud'10, pp. 13–13, USENIX Association.
11. Issa M. Khalil, Abdallah Khreishah, and Muhammad Azeem, Cloud computing security: A survey, *Computers*, 3(1): 1–35, 2014.
12. Abdeladim Alfath, Karim Baina, and Salah Baina, Cloud computing security: Fine-grained analysis and security approaches, in *Security Days (JNS3), 2013 National*, April 2013, pp. 1–6.
13. Wayne J. Brown, Vince Anderson, and Qing Tan, Multitenancy–Security risks and countermeasures, *2012 15th International Conference on Network-Based Information Systems*, 2012, pp. 7–13.
14. Akhil Behl and Kanika Behl, An analysis of cloud computing security issues, in *Information and Communication Technologies (WICT), 2012 World Congress on*. IEEE, 2012, pp. 109–114.
15. Shufen Zhang, Hongcan Yan, and Xuebin Chen, Research on key technologies of cloud computing, *Physics Procedia*, 33: 1791–1797, 2012.
16. Cloud Federation, available at http://searchtelecom.techtarget.com/definition/cloud-federation.
17. Definition of Cloud Federation, http://apprenda.com/library/glossary/definition-cloud-federation/.
18. Pengfei Sun, Qingni Shen, Liang Gu, Yangwei Li, Sihan Qing, and Zhong Chen, Multilateral security architecture for virtualization platform in multi-tenancy cloud environment, in *Conference Anthology, IEEE*. 2013, pp. 1–5.
19. Virtualization Special Interest Group PCI Security Standards Council, PCI DSS Virtualization Guidelines.
20. Katie Wood and Mark Anderson, Understanding the complexity surrounding multi-tenancy in cloud computing, in *2011 IEEE 8th International Conference on e-Business Engineering (ICEBE)*. IEEE, 2011, pp. 119–124.
21. Jaydip Sen, Security and privacy issues in cloud computing, arXiv preprint arXiv:1303.4814, 2013.
22. Zhenqian Feng, Bing Bai, Baokang Zhao, and Jinshu Su, Shrew attack in cloud data center networks, in *2011 Seventh International Conference on Mobile Ad-hoc and Sensor Networks (MSN)*. IEEE, 2011, pp. 441–445.
23. Thomas Ristenpart, Eran Tromer, Hovav Shacham, and Stefan Savage, Hey, you, get off of my cloud: Exploring information leakage in third-party compute clouds, in *Proceedings of the 16th ACM Conference on Computer and Communications Security*. ACM, 2009, pp. 199–212.
24. Ron Chi-Lung Chiang, Sundaresan Rajasekaran, Nan Zhang, and H. Howie Huang, Swiper: Exploiting virtual machine vulnerability in third-party clouds with competition for i/o resources, *IEEE Transactions on Parallel and Distributed Systems*, 26: 1732–1742, 2015.
25. Hussain Aljahdali, Paul Townend, and Jie Xu, Enhancing multi-tenancy security in the cloud iaas model over public deployment, in *Service Oriented System Engineering (SOSE), 2013 IEEE 7th International Symposium on*. IEEE, 2013, pp. 385–390.

26. Onur Aciiçmez, Çetin Kaya Koç, and Jean-Pierre Seifert, On the power of simple branch prediction analysis, in *Proceedings of the 2nd ACM Symposium on Information, Computer and Communications Security*. ACM, 2007, pp. 312–320.
27. Onur Acıiçmez, Çetin Kaya Koç, and Jean-Pierre Seifert, Predicting secret keys via branch prediction, in *Topics in Cryptology–CT-RSA 2007*, pp. 225–242. Springer, 2006.
28. Onur Aciiçmez, Yet another microarchitectural attack: Exploiting i-cache, in *Proceedings of the 2007 ACM Workshop on Computer Security Architecture*. ACM, 2007, pp. 11–18.
29. Dirk Grunwald and Soraya Ghiasi, Microarchitectural denial of service: Insuring microarchitectural fairness, in *Proceedings of the 35th Annual ACM/IEEE International Symposium on Microarchitecture*. IEEE Computer Society Press, 2002, pp. 409–418.
30. Thomas Moscibroda and Onur Mutlu, Memory performance attacks: Denial of memory service in multi-core systems, in *Proceedings of 16th USENIX Security Symposium on USENIX Security Symposium*. USENIX Association, 2007, p. 18.
31. Onur Aciicmez and J-P Seifert, Cheap hardware parallelism implies cheap security, in *Fault Diagnosis and Tolerance in Cryptography, 2007. FDTC 2007. Workshop on*. IEEE, 2007, pp. 80–91.
32. Paul A. Karger and John C. Wray, Storage channels in disk arm optimization, in *2012 IEEE Symposium on Security and Privacy*. IEEE Computer Society, 1991, pp. 52–52.
33. François-Xavier Standaert, Introduction to side-channel attacks, in *Secure Integrated Circuits and Systems*, pp. 27–42. Springer, 2010.
34. Venkatanathan Varadarajan, Thawan Kooburat, Benjamin Farley, Thomas Ristenpart, and Michael M. Swift, Resource-freeing attacks: Improve your cloud performance (at your neighbor's expense), in *Proceedings of the 2012 ACM Conference on Computer and Communications Security*. ACM, 2012, pp. 281–292.
35. Christof Momm and Wolfgang Theilmann, A combined workload planning approach for multi-tenant business applications, in *Computer Software and Applications Conference Workshops (COMPSACW), 2011 IEEE 35th Annual*. IEEE, 2011, pp. 255–260.
36. Xiangyang Luo, Lin Yang, Linru Ma, Shanming Chu, and Hao Dai, Virtualization security risks and solutions of cloud computing via divide-conquer strategy, in *2011 Third International Conference on Multimedia Information Networking and Security (MINES)*. IEEE, 2011, pp. 637–641.
37. Doug Hyde, A survey on the security of virtual machines, www1.cse.wustl.edu/˜jain/cse571-09/ftp/vmsec/index.html, 2009.
38. Ken Owens, Securing Virtual Computer Infrastructure in the Cloud, SavvisCorp.
39. Amarnath Jasti, Payal Shah, Rajeev Nagaraj, and Ravi Pendse, Security in multi-tenancy cloud, in *2010 IEEE International Carnahan Conference on Security Technology (ICCST)*. IEEE, 2010, pp. 35–41.
40. Minjie Zheng, Virtualization security in data centers and cloud, http://www.cse.wustl.edu/ jain/cse571-11/ftp/virtual/.
41. Top Threats Working Group et al., The notorious nine: Cloud computing top threats in 2013, Cloud Security Alliance, 2013.
42. Independently Conducted by Ponemon Institute LLC, Achieving Data Privacy in the Cloud, sponsored by Microsoft.
43. J. R. Raphael, The worst cloud outages of 2013, *InfoWorld*, http://www.infoworld.com/

slideshow/107783/the-worst-cloud-outages-of-2013-so-far-221831.
44. Siani Pearson and Azzedine Benameur, Privacy, security and trust issues arising from cloud computing, in *2010 IEEE Second International Conference on Cloud Computing Technology and Science (CloudCom)*. IEEE, 2010, pp. 693–702.
45. Richard Chow, Philippe Golle, Markus Jakobsson, Elaine Shi, Jessica Staddon, Ryusuke Masuoka, and Jesus Molina, Controlling data in the cloud: Outsourcing computation without outsourcing control, in *Proceedings of the 2009 ACM Workshop on Cloud Computing Security*. ACM, 2009, pp. 85–90.
46. Rich Maggiani, Cloud computing is changing how we communicate, in *Professional Communication Conference*, 2009. IPCC 2009. IEEE international. IEEE, 2009, pp. 1–4.
47. FTC questions cloud-computing security, http://news.cnet.com/8301-13578 3-1019 8577-38.html?part=rss&subj=news&tag=2547-1 3-0-20.
48. Ryan Singel, NetFlix cancels recommendation contest after privacy lawsuit, http://www.wired.com/2010/03/netflix-cancels-contest/.
49. Alan Murphy, Storing data in the cloud raises compliance challenges, http://www.forbes.com/sites/ciocentral/2012/01/19/storing-data-in-the-cloud-raises-compliance-challenges/.
50. Cliff Saran, Amazon gives users control over geographic location of cloud services, http://www.computerweekly.com/news/2240105257/Amazon-gives-users-control-over-geographic-location-of-cloud-services.
51. Li qin Tian, Chuang Lin, and Yang Ni, Evaluation of user behavior trust in cloud computing, in *2010 International Conference on Computer Application and System Modeling (ICCASM)*. IEEE, 2010, 7: V7–567.
52. Wei Wang, Guosun Zeng, Junqi Zhang, and Daizhong Tang, Dynamic trust evaluation and scheduling framework for cloud computing, *Security and Communication Networks*, 5(3): 311–318, 2012.
53. Don Sheppard, Is loss of control the biggest hurdle to cloud computing?, available at http://www.itworldcanada.com/blog/is-loss-of-control-the-biggest-hurdle-to-cloud-computing/95131.
54. Mohamed Almorsy, John Grundy, and Amani S. Ibrahim, Collaboration-based cloud computing security management framework, in *2011 IEEE International Conference on Cloud Computing (CLOUD)*. IEEE, 2011, pp. 364–371.
55. Jung-Ho Eom, Min-Woo Park, Seon-Ho Park, and Tai-Myoung Chung, A framework of defense system for prevention of insider's malicious behaviors, in *2011 13th International Conference on Advanced Communication Technology (ICACT)*, Feb. 2011, pp. 982–987.
56. C. Nithiyanandam, D. Tamilselvan, S. Balaji, and V. Sivaguru, Advanced framework of defense system for prevention of insider's malicious behaviors, in *2012 International Conference on Recent Trends in Information Technology (ICRTIT)*, April 2012, pp. 434–438.
57. Ma Tanzim Khorshed, A.B.M. Shawkat Ali, and Saleh Wasimi, Monitoring insiders activities in cloud computing using rule based learning, in *2011 IEEE 10th International Conference on Trust, Security and Privacy in Computing and Communications (TrustCom)*, Nov. 2011, pp. 757– 764.
58. Majid Raissi-Dehkordi and David Carr, A multi-perspective approach to insider threat detection, in *Military Communications Conference, 2011—MILCOM 2011*, Nov. 2011, pp. 1164–1169.

59. Hoda Eldardiry, Evgeniy Bart, Juan Liu, John Hanley, Bob Price, and Oliver Brdiczka, Multi-domain information fusion for insider threat detection, in *Security and Privacy Workshops (SPW)*, 2013 IEEE, May 2013, pp. 45–51.
60. Allen Oomen Joseph, Jaspher W. Katrine, and Rohit Vijayan, Cloud security mechanisms for data protection: A survey, *International Journal of Multimedia and Ubiquitous Engineering*, 9(9): 81–90, September 2014.
61. Shin-Jer Yang, Pei-Ci Lai, and Jyhjong Lin, Design role-based multi-tenancy access control scheme for cloud services, in *Biometrics and Security Technologies (ISBAST), 2013 International Symposium on*. IEEE, 2013, pp. 273–279.
62. Shucheng Yu, Cong Wang, Kui Ren, and Wenjing Lou, Achieving secure, scalable, and fine-grained data access control in cloud computing, in *INFOCOM, 2010 Proceedings IEEE*. IEEE, 2010, pp. 1–9.
63. Karen Scarfone, *Guide to Security for Full Virtualization Technologies*, DIANE Publishing, 2011.
64. Nasuni, Top 5 security challenges of cloud storage, available at http://www.nasuni.com/news/press releases/26-top 5 security challenges of cloud storage.
65. Yong Peng, Wei Zhao, Feng Xie, Zhong hua Dai, Yang Gao, and Dong Qing Chen, Secure cloud storage based on cryptographic techniques, *The Journal of China Universities of Posts and Telecommunications*, 19: 182–189, 2012.
66. Sherif El-etriby, Eman M Mohamed, and Hatem S. Abdul-kader, Modern encryption techniques for cloud computing, *ICCIT 2012*, 12–14 March 2012, Al-Madinah Al-Munawwarah, Saudi Arabia, 2012.
67. B. Raja Sekhar, B. Sunil Kumar, L. Swathi Reddy, and V. Poorna Chandar, Cp-abe based encryption for secured cloud storage access, *International Journal of Scientific & Engineering Research*, 3(9): 1–5, 2012.
68. Aderemi A. Atayero and Oluwaseyi Feyisetan, Security issues in cloud computing: The potentials of homomorphic encryption, *Journal of Emerging Trends in Computing and Information Sciences*, 2(10): 546–552, 2011.
69. Cong Wang, Qian Wang, Kui Ren, and Wenjing Lou, Ensuring data storage security in cloud computing, in *17th International Workshop on Quality of Service (IWQoS)*, July 2009, pp. 1–9.
70. Craig Gentry, Fully homomorphic encryption using ideal lattices, in *STOC*, 9: 169–178, 2009.
71. Marten Van Dijk, Craig Gentry, Shai Halevi, and Vinod Vaikuntanathan, Fully homomorphic encryption over the integers, in *Advances in Cryptology–EUROCRYPT* 2010, pp. 24–43. Springer, 2010.
72. Shai Halevi and Victor Shoup, Helib—An implementation of homomorphic encryption, https://github.com/shaih/HElib, 2014.
73. Cong Wang, Ning Cao, Kui Ren, and Wenjing Lou, Enabling secure and efficient ranked keyword search over outsourced cloud data, *Parallel and Distributed Systems, IEEE Transactions on*, 23(8): 1467–1479, 2012.
74. Raluca Ada Popa, Catherine Redfield, Nickolai Zeldovich, and Hari Balakrishnan, Cryptdb: Protecting confidentiality with encrypted query processing, in *Proceedings of the Twenty-Third ACM Symposium on Operating Systems Principles*. ACM, 2011, pp. 85–100.
75. Luca Ferretti, Michele Colajanni, and Mirco Marchetti, Distributed, concurrent, and independent access to encrypted cloud databases, *Parallel and Distributed Systems, IEEE Transactions on*, 25(2): 437–446, 2014.

76. Nauman Rafique, Won-Taek Lim, and Mithuna Thottethodi, Effective management of dram bandwidth in multicore processors, in *16th International Conference on Parallel Architecture and Compilation Techniques (PACT 2007)*. IEEE, 2007, pp. 245–258.
77. Kyle J. Nesbit, James Laudon, and James E Smith, Virtual private caches, *ACM SIGARCH Computer Architecture News*, 35(2): 57–68, 2007.
78. Paul Barham, Boris Dragovic, Keir Fraser, Steven Hand, Tim Harris, Alex Ho, Rolf Neugebauer et al., Xen and the art of virtualization, *ACM SIGOPS Operating Systems Review*, 37(5): 164–177, 2003.
79. Himanshu Raj, Ripal Nathuji, Abhishek Singh, and Paul England, Resource management for isolation enhanced cloud services, in *Proceedings of the 2009 ACM Workshop on Cloud Computing Security*. ACM, 2009, pp. 77–84.
80. Ajay Gulati, Arif Merchant, and Peter J. Varman, mclock: Handling throughput variability for hypervisor io scheduling, in *Proceedings of the 9th USENIX Conference on Operating Systems Design and Implementation*. USENIX Association, 2010, pp. 1–7.
81. Ben Verghese, Anoop Gupta, and Mendel Rosenblum, Performance isolation: Sharing and isolation in shared-memory multiprocessors, in *ACM SIGPLAN Notices*. ACM, 33: 181–192, 1998.
82. Alan Shieh, Srikanth Kandula, Albert Greenberg, and Changhoon Kim, Seawall: Performance isolation for cloud datacenter networks, in *Proceedings of the 2nd USENIX Conference on Hot Topics in Cloud Computing*. USENIX Association, 2010, pp. 1–1.
83. Sebastian Jeuk, Shi Zhou, and Miguel Rio, Tenant-id: Tagging tenant assets in cloud environments, in *Cluster, Cloud and Grid Computing (CCGrid), 2013 13th IEEE/ACM International Symposium on*. IEEE, 2013, pp. 642–647.
84. Michael Factor, David Hadas, Aner Hamama, Nadav Har'El, Elliot K. Kolodner, Anil Kurmus, Alexandra Shulman-Peleg, and Alessandro Sorniotti, Secure logical isolation for multi-tenancy in cloud storage, in *Mass Storage Systems and Technologies (MSST), 2013 IEEE 29th Symposium on*. IEEE, 2013, pp. 1–5.
85. Si Yu, Xiaolin Gui, and Jiancai Lin, An approach with two-stage mode to detect cache-based side channel attacks, in *2013 International Conference on Information Networking (ICOIN)*. IEEE, 2013, pp. 186–191.
86. Smitha Sundareswaran and Anna C. Squcciarini, Detecting malicious co-resident virtual machines indulging in load-based attacks, in *Information and Communications Security*, pp. 113–124. Springer, 2013.
87. Yossi Azar, Seny Kamara, Ishai Menache, Mariana Raykova, and Bruce Shepard, Co-location-resistant clouds, in *Proceedings of the 6th edition of the ACM Workshop on Cloud Computing Security*. ACM, 2014, pp. 9–20.
88. Yi Han, Jeffrey Chan, Tansu Alpcan, and Christopher Leckie, Using virtual machine allocation policies to defend against co-resident attacks in cloud computing, in *IEEE Transactions on Dependable and Secure Computing*, vol. 14, no. 1, Jan/Feb 2017.
89. Min Li, Yulong Zhang, Kun Bai, Wanyu Zang, Meng Yu, and Xubin He, Improving cloud survivability through dependency based virtual machine placement, in *SECRYPT*, 2012, pp. 321–326.
90. Zhenghong Wang and Ruby B. Lee, New cache designs for thwarting software cache-based side channel attacks, in *ACM SIGARCH Computer Architecture News*. ACM, 35: 494–505, 2007.
91. Georgios Keramidas, Alexandros Antonopoulos, Dimitrios N. Serpanos, and Stefanos Kaxiras, Non deterministic caches: A simple and effective defense against side chan-

nel attacks, *Design Automation for Embedded Systems*, 12(3): 221–230, 2008.
92. Robert Martin, John Demme, and Simha Sethumadhavan, Timewarp: Rethinking timekeeping and performance monitoring mechanisms to mitigate side-channel attacks, *ACM SIGARCH Computer Architecture News*, 40(3): 18–129, 2012.
93. Dan Page, Partitioned cache architecture as a side-channel defence mechanism, *IACR Cryptology ePrint Archive*, 2005: 280, 2005.
94. Bhanu C. Vattikonda, Sambit Das, and Hovav Shacham, Eliminating fine grained timers in xen, in *Proceedings of the 3rd ACM Workshop on Cloud Computing Security Workshop*. ACM, 2011, pp. 41–46.
95. Peng Li, Debin Gao, and Michael K. Reiter, Mitigating access-driven timing channels in clouds using stopwatch, in *2013 43rd Annual IEEE/IFIP International Conference on Dependable Systems and Networks (DSN)*. IEEE, 2013, pp. 1–12.
96. Jingzheng Wu, Liping Ding, Yuqi Lin, Nasro Min-Allah, and Yongji Wang, Xenpump: A new method to mitigate timing channel in cloud computing, in *2012 IEEE 5th International Conference on Cloud Computing (CLOUD)*. IEEE, 2012, pp. 678–685.
97. Venkatanathan Varadarajan, Thomas Ristenpart, and Michael Swift, Scheduler-based defenses against cross-vm side-channels, in *23rd USENIX Security Symposium (USENIX Security 14)*, 2014, pp. 687–702.
98. Yinqian Zhang and Michael K. Reiter, Düppel: Retrofitting commodity operating systems to mitigate cache side channels in the cloud, in *Proceedings of the 2013 ACM SIGSAC Conference on Computer & Communications Security*. ACM, 2013, pp. 827–838.
99. Bart Coppens, Ingrid Verbauwhede, Koen De Bosschere, and Bjorn De Sutter, Practical mitigations for timing-based side-channel attacks on modern x86 processors, in *Security and Privacy, 2009 30th IEEE Symposium on*. IEEE, 2009, pp. 45–60.
100. Robert Könighofer, A fast and cache-timing resistant implementation of the aes, in *Topics in Cryptology–CT-RSA 2008*, pp. 187–202. Springer, 2008.
101. Sajjad Waheed, Nazrul Islam, Barnaly Paul Chaity, and Saddam Hossain Bhuiyan, Security of side channel power analysis attack in cloud computing, *Global Journal of Computer Science and Technology*, 14(4): 2015.
102. Yinqian Zhang, Ari Juels, Alina Oprea, and Michael K. Reiter, Homealone: Co-residency detection in the cloud via side-channel analysis, in *Security and Privacy (SP), 2011 IEEE Symposium on*. IEEE, 2011, pp. 313–328.
103. Ahmad Rashidi and Naser Movahhedinia, A model for user trust in cloud computing, *International Journal on Cloud Computing: Services and Architecture (IJCCSA)*, 2(2): April, 2012.
104. Sheikh Habib, Sebastian Ries, and Max Muhlhauser, Towards a trust management system for cloud computing, in *2011 IEEE 10th International Conference on Trust, Security and Privacy in Computing and Communications (TrustCom)*, Nov 2011, pp. 933–939.
105. Mohammed Alhamad, Tharam Dillon, and Elizabeth Chang, Sla-based trust model for cloud computing, in *2010 13th International Conference on Network-Based Information Systems (NBiS)*, Sept 2010, pp. 321–324.
106. Tomar Deepak, Sla—Aware trust model for cloud service deployment, *International Journal of Computer Applications* (0975-8887), 90(10): 10, 2014.
107. Irfan Ul Haq, Rehab Alnemr, Adrian Paschke, Erich Schikuta, Harold Boley, and Christoph Meinel, Distributed trust management for validating sla choreographies, in *Grids and Service-Oriented Architectures for Service Level Agreements*, pp. 45–55. Springer, 2010.

108. CSA STAR (security, trust and assurance registry) program, Cloud Security Alliance. https://cloudsecurityalliance.org/star/. Accessed on Oct. 16, 2012.
109. R Knode, Digital trust in the cloud. CSC.com, 2009.
110. CSC, Cloudtrust protocol (CTP). Cloud Security Alliance, https://cloudsecurityalliance.org/research/ctp/, 2011.
111. RSA, RSA establishes cloud trust authority to accelerate cloud adoption. RSA, http://www.rsa.com/press release.aspx?id=11320, 2011.
112. Chaitali Uikey and D.S. Bhilare, A broker based trust model for cloud computing environment, *International Journal of Emerging Technology and Advanced Engineering*, 3(11): 247–252.
113. P.S. Pawar, M. Rajarajan, S. Krishnan Nair, and A. Zisman, Trust model for optimized cloud services, in *Trust Management VI*, Theo Dimitrakos, Rajat Moona, Dhiren Patel, and D. Harrison McKnight, Eds., vol. 374 of IFIP Advances in Information and Communication Technology, pp. 97–112. Springer Berlin Heidelberg, 2012.
114. Jemal Abawajy, Establishing trust in hybrid cloud computing environments, in *2011 IEEE 10th International Conference on Trust, Security and Privacy in Computing and Communications (TrustCom)*, Nov 2011, pp. 118–125.
115. Zhongxue Yang, Xiaolin Qin, Yingjie Yang, and Wenrui Li, A new dynamic trust approach for cloud computing, in *1st International Workshop on Cloud Computing and Information Security*. Atlantis Press, 2013.
116. Somesh Kumar Prajapati, Suvamoy Changder, and Anirban Sarkar, Trust management model for cloud computing environment, arXiv preprint arXiv:1304.5313, 2013.
117. Xiaodong Sun, Guiran Chang, and Fengyun Li, A trust management model to enhance security of cloud computing environments, in *2011 Second International Conference on Networking and Distributed Computing (ICNDC)*, Sept 2011, pp. 244–248.
118. Qiang Guo, Dawei Sun, Guiran Chang, Lina Sun, and Xingwei Wang, Modeling and evaluation of trust in cloud computing environments, in *2011 3rd International Conference on Advanced Computer Control (ICACC)*, Jan 2011, pp. 112–116.
119. Xiao-Yong Li, Li-Tao Zhou, Yong Shi, and Yu Guo, A trusted computing environment model in cloud architecture, in *Machine Learning and Cybernetics (ICMLC), 2010 International Conference on*, July 2010, vol. 6, pp. 2843–2848.
120. TieFang Wang, BaoSheng Ye, YunWen Li, and LiShang Zhu, Study on enhancing performance of cloud trust model with family gene technology, in *2010 3rd IEEE International Conference on Computer Science and Information Technology (ICCSIT)*, July 2010, vol. 9, pp. 122–126.
121. Zhimin Yang, Lixiang Qiao, Chang Liu, Chi Yang, and Guangming Wan, A collaborative trust model of firewall-through based on cloud computing, in *2010 14th International Conference on Computer Supported Cooperative Work in Design (CSCWD)*, April 2010, pp. 329–334.
122. Junning Fu, Chaokun Wang, Zhiwei Yu, Jianmin Wang, and Jia-Guang Sun, A watermark-aware trusted running environment for software clouds, in *ChinaGrid Conference (ChinaGrid), 2010 Fifth Annual*, July 2010, pp. 144–151.
123. Yuhong Liu, Jungwoo Ryoo, and Syed Rizivi, Ensuring data confidentiality in cloud computing: An encryption and trust-based solution, in *The 23rd Wireless and Optical Communication Conference (WOCC 2014)*, NJIT, Newark, NJ, May 9–10 2014.

124. Bendale Yashashree and Shah Seema, User level trust evaluation in cloud computing, *International Journal of Computer Applications*, 69(24): 2013.
125. Jingwei Huang and David M. Nicol, Trust mechanisms for cloud computing, *Journal of Cloud Computing*, 2(1): 1–14, 2013.
126. Kai Hwang, S. Kulkareni, and Yue Hu, Cloud security with virtualized defense and reputation-based trust management, in *2009 Eighth IEEE International Conference on Dependable, Autonomic and Secure Computing, 2009. DASC '09*, Dec 2009, pp. 717–722.
127. H. Sato, A. Kanai, and S. Tanimoto, A cloud trust model in a security aware cloud, in *Applications and the Internet (SAINT), 2010 10th IEEE/IPSJ International Symposium on*, July 2010, pp. 121–124.
128. Sheikh Mahbub Habib, Sascha Hauke, Sebastian Ries, and Max Mühlhäuser, Trust as a facilitator in cloud computing: A survey, *Journal of Cloud Computing*, 11: 1–18, 2012.
129. Sabrina De Capitani Di Vimercati, Sara Foresti, Sushil Jajodia, Stefano Paraboschi, and Pierangela Samarati, Over-encryption: Management of access control evolution on outsourced data, in *Proceedings of the 33rd International Conference on Very Large Data Bases*. VLDB endowment, 2007, pp. 123–134.
130. Vipul Goyal, Abhishek Jain, Omkant Pandey, and Amit Sahai, Bounded ciphertext policy attribute based encryption, in *Automata, Languages and Programming*, pp. 579–591. Springer, 2008.

第 10 章　物联网中的网络安全

本章介绍物联网（IoT）作为发展最快的网络安全领域之一，提出了物联网面临的大数据挑战，以及物联网中的各种安全要求和问题。物联网是一个包含各种应用和系统的巨大网络。每个应用程序或系统都有自己的设备、数据源、协议、数据格式等。因此，物联网中的数据具有极大的异构性和大容量特性，这就带来了异构大数据的安全与管理问题。当许多智能设备被发现容易受到黑客攻击并在最近的头条新闻中报道时，物联网的网络安全已经吸引了各种各样的兴趣。本章描述了当前的解决方案，并概述了在面对大数据时，大数据分析如何解决物联网中的安全问题。

10.1　引　　言

物联网是物理对象连接[1]的网络。这些实物可能包括我们日常生活中的每一样东西，如电视、冰箱、汽车、钱包等。在物联网中，这些物品要么是电子的，要么带有电子设备，如传感器或无线射频识别（RFID）标签[2]。物联网具有巨大的市场潜力，思科公司估计，在未来 10 年，物联网将创造高达 19 万亿美元的经济价值。

然而，随着越来越多的物联网设备被发现容易受到黑客攻击，人们开始关注物联网的安全性，这是最近的头条新闻报道。据 McAfee 报道，一款费雪智能玩具熊可能会被黑客用来窃取儿童[4]的信息。黑客可以远程摧毁一辆切诺基吉普车，这段视频被上传到 YouTube 上，很多在线媒体[5]都提到了这段视频。物联网与我们的日常生活有着密切的关系，因此物联网的安全性比任何其他系统或网络[1]对人类的影响都更大。目前，许多医疗设备变得越来越智能，这就增加了黑客攻击人类[6]的可能性。

物联网的网络安全面临诸多挑战：物联网是高度异构的，物联网中的设备是异构的，物联网中的数据是异构的，物联网中的协议是异构的。因此，物联网的安全问题十分复杂。物联网中的安全解决方案必须解决异构数据管理问题，以有效管理密钥和身份，在实体之间建立信任，保护隐私，防止欺诈等。

这些挑战已经在其他领域得到了研究，我们有一些传统的安全解决方案，如入侵检测系统（IDS）[7-9]，防火墙[10]等。然而，物联网中的数据量非常大。思科公司称，到 2013 年，物联网产生的数据将超过 100ZB，到 2018 年已达到 400ZB，其中 zettabyte 是 1 万亿 GB[11]。物联网的网络安全正面临大数据的挑战，传统的安全解决方案不能很好地应对大数据给网络安全带来的挑战。

网络安全大数据分析（big data analytic，BDA）方法采用大数据分析技术（如 Hadoop）解决大数据网络安全问题，BDA 可以解决一些传统安全解决方案无法解决的挑战。BDA 可以分析单个大数据集，也可以分析大量的小数据集。BDA 可以关联物联网中的异构数据源，管理大安全数据。利用 BDA，物联网安全解决方案可以实现动态特征选择和跨界智能。

10.2 物联网与大数据

物联网在 ITU-T Y.2060 建议中正式定义为“信息社会的全球基础设施，基于现有的和不断发展的可互操作的信息和通信技术，通过互联（物理和虚拟）事物来实现高级服务”[12]。简单地说，物联网是一个由大量智能设备连接而成的巨大网络。图 10.1[13]所示为物联网的概念框架。

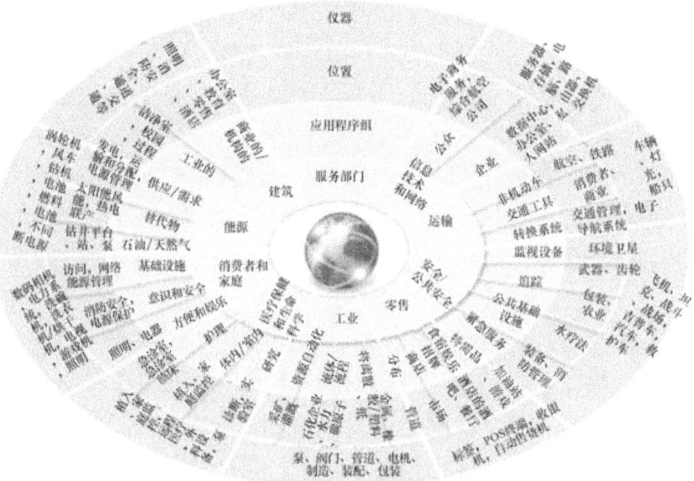

图 10.1 物联网概念框架。（基于 Jessgroopman。可视化物联网：物联网的地图、框架和信息图的综合。https://jessgroopman.wordpress.com/2014/08/25/visualizing-the-internet-of-things-around-up-of-maps-frameworks-and-infographics-of-iot/，2016 年 6 月 1 日访问。）

物联网与我们的日常生活密切相关，物联网的应用几乎涵盖了人们生活的方方面面。物联网技术被用于构建智能家居，所有的家电，如电视、冰箱、微波炉等，都是智能的。当你在智能手机上设置早上 7 点的闹钟时，你的手机可能会自动通知咖啡机为你煮咖啡。而且，当你起床的时候，你的咖啡已经准备好了。当墨盒电量不足时，打印机可以在网上自动下单。利用物联网技术构建智能电网，即智能网[14-17]。聪明的网格提供了许多高级功能，包括实时能源使用监控、实时定价、自修复等。使用物联网技术，汽车将会成为智能[18]。当你开会迟到时，你的汽车可能会根据你的行程自动向会议组织者发送信息。物联网技术已经应用到许多其他领域，如工业、农业、零售等，见表 10.1[19]。

表 10.1 物联网中的应用和设备

应用	功能	描述	设备
智慧城市	结构健康	监测桥梁、建筑物等的振动	传感器
	废物管理	监控垃圾状况	传感器
运输	智能停车	监控停车位	传感器
	交通拥堵	监控交通状况	传感器
	智能驱动	根据日历协助您的时间表，路线等	智能汽车
家庭自动化	远程控制设备	远程打开/关闭家用电器	智能电视，智能冰箱，智能微波炉等
	能源和水的使用	监控家用电器的能源使用情况	智能电表
电子健康	紧急通知	协助老年人或残疾人	智能的看护者，可穿戴的心脏监视器
	患者监测	协助病人护理	止痛，可穿戴，智能椅
	体育锻炼援助	辅助体育锻炼	智能秤
教育	儿童教育	协助儿童教育	智能玩具
智能环境	森林火灾探测	监测森林，报告火灾	传感器
	空气污染	监测空气	传感器
	地震早期检测	监测地震灾区	传感器
智能水	河流化学物质泄漏检测	监测河流的化学物质泄漏	传感器
	漏水	监察水管漏水情况	传感器
	洪水	监测河流的洪水情况	传感器
智能计量	智能电网	监测能源使用情况	智能电表
	罐测量	监测油罐中的油、气的数量	传感器
零售	供应链控制	监控存储条件	传感器、射频识别
	智能产品管理	控制产品的循环	传感器、射频识别
工业控制	温度监控	制造过程温度控制	传感器
智能农业	提高葡萄酒质量	控制葡萄含糖量	传感器
	温室	控制温室条件	传感器
	动物跟踪	动物追踪地点	无线射频识别

来源：物联网应用 50 强。http://www.libelium.com/top_50_iot_sensor_applications_ranking/（访问时间：2016 年 5 月 8 日）

物联网有着巨大的新兴市场，到 2011 年，带有 RFID 标签的设备数量为 1200 万[8]。这些设备用于监控对象、收集数据或跟踪运动。据估计，这一数字将继续增长，到 2021 年将达到 2090 亿。Gartner 表示，到 2020 年[21]，物联网带来的增量收入将超过 3000 亿美元。

然而，随着越来越多的智能设备加入物联网，物联网中的数据将变得非常大。以波音 787 飞机为例；它每小时生成 40 TB 的数据。如图 10.2[22]所示，智能设备从工厂、电网、家庭等收集数据，并发送到云服务器。

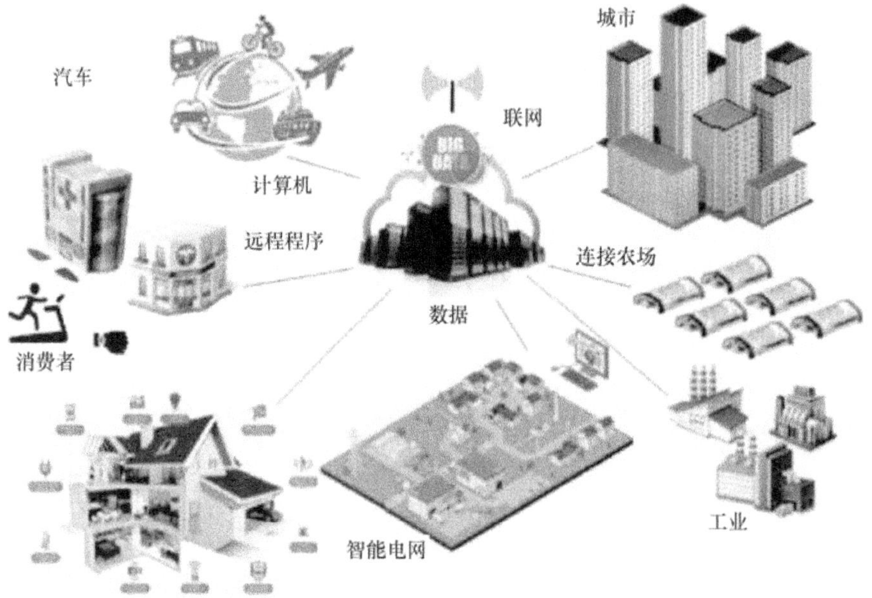

图 10.2　物联网与大数据（基于欧洲物联网世界 https://opentechdiary.wordpress.com/tag/internet-of-things/，登录：2016 年 5 月 19 日。）

众所周知，大数据有四个“v”，分别是 volume、velocity、variety 和 accuracy。体积指数据的规模；速度指数据流的速度；多样性指不同的数据源和数据类型；准确性意味着数据的质量。在某些领域，大数据问题可能只有一个“v”。例如，视频流中的大数据只有“速度”。然而，物联网中的大数据具有所有四个“v”属性。物联网中的大数据量非常大。物联网中的大数据流在某些应用中速度非常快，如病人监控。数据源和数据类型特别多样和异构。此外，由于数据的多样性，物联网中的数据质量也各不相同。

10.3 安全要求和问题

物联网是由多个子网组成的庞大复杂网络，涉及大量的设备、不同的协议、不同的数据结构、不同的消息格式和不同的系统要求。因此，物联网的安全要求和问题是复杂的。物联网的安全威胁如图 10.3[23]所示。

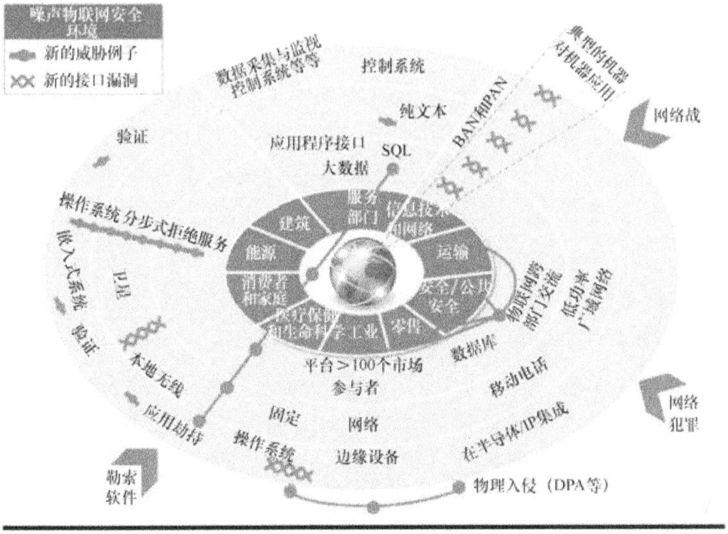

图 10.3　IoT 安全威胁图（基于 Beecham Research。IoT 安全威胁地图。http://www.beechamresearch.com/download.aspx?id=43，访问时间：2016 年 5 月 19 日。）

我们将研究物联网环境下的各种安全需求和问题，并在本节中提出主要的安全需求和问题。

10.3.1 异构大数据安全与管理

物联网是一个包含各种应用和系统的巨大网络，每个应用程序或系统都有自己的设备、数据源、协议、数据格式等。因此，物联网中的数据具有极大的异构性和大容量，这就构成了异构大数据的安全和管理问题。

物联网的输入数据是来自传统网络空间和物理世界的异构大数据。传统的网络空间数据包括网络流量数据、操作系统日志数据、工作站日志数据、基于云的主机日志数据、防病毒日志数据、防火墙日志数据、Web 代理日志数据等。物理世界数据包括家用电器数据、智能电表数据、变电站数据、智能汽车数据、智能手表数据等。输出包括归档数据和实时警报。

10.3.2 轻量级加密

物联网中的许多应用都是以人为中心的，如早期教育、家庭自动化和电子健康。这些应用的安全性是至关重要和迫切的，数据加密是一个基本要求。然而，这些应用中的智能设备通常资源有限，它们具有有限的能量、存储和处理能力，如智能玩具、身体区域传感器和智能仪表。这些应用程序和设备需要轻量级的加密技术来加密和身份验证，但安全强度不应“轻”[24,25]。

10.3.3 通用安全基础设施

如表 10.1 所列，物联网有很多应用和系统，每个应用程序或系统都有自己的安全基础设施。在智能电网中，利用监控与数据采集（supervisory control and data acquisition，SCADA）[5]对发电、输电、配电和再分配过程进行监控。智能电表采用对称密钥加密和认证，如数据加密标准（DES）和加密算法（AES）。在 RFID 中，各种各样的安全系统已经被提出，如 Deckard[26]。各种 RFID 设备的加密方法已经被提出，如蜂鸟[27]。这些安全基础设施具有完全不同的加密、身份验证和威胁处理流程，它们生成的安全事件、日志和警报完全不同[28]。

现有的安全解决方案，如各种 IDS、防火墙、杀毒软件、蜜罐等，通常单独工作，很少协同工作，它们可能对系统中的相同威胁执行类似的冗余操作，或者它们可能会生成重复的甚至是冲突的安全事件和警报。需要一个通用的物联网安全基础设施来集成物联网中各种应用的安全基础设施，并将来自不同来源的安全信息关联起来。

10.3.4 信任管理

信任管理是建立和管理物联网中两个实体之间的信任。在物联网中，数据源、数据类型和格式也是异构的。因此，信任管理在物联网中至关重要，以支持信息关联、数据融合、上下文感知智能以及信息安全和隐私。文献[29]总结了物联网信任管理的目标，包括信任关系与决策、数据感知信任、数据融合与挖掘信任、数据传输与通信信任、物联网服务质量、隐私保护、人机交互信任等。

10.3.5 密钥管理

密钥管理是在安全解决方案中安全地生成、分发和存储加密及身份验证密钥的过程。公钥基础设施（PKI）用于最复杂的身份验证和密钥管理系统。PKI 广泛应用于基于互联网的安全解决方案中，其安全性得到了广泛的研究和验证。PKI 的发展是为了克服对称密钥在密钥分配、存储和撤销等方面的不足。然而，对称密钥比公钥更容易生成，也更轻量级。

物联网中的许多设备都是资源受限的，它们的处理和存储能力有限。这些设备包括各种传感器、可穿戴设备、智能仪表、RFID 标签对象等。传统的 PKI 不适用于这些设备，因为它不可能管理大量的证书。开发轻量级密码学是解决这个问题的一个趋势。目前的轻量级密码学，如蜂鸟和 AES-EAX[30]，都是对称密钥加密，管理成本较高。

一些最近的研究建议使用带轻量级证书或不带证书的 PKI。文献[30]提出了将无证书 PKI 应用于智能电网。文献[31]提出了一种基于微证书的物联网密钥管理方案，证书只需要几字节。

10.3.6 隐私保护

隐私保护在物联网的不同应用领域引起了人们的广泛关注，包括联网汽车[32]、联网智能电表[15]、无线传感器网络（WSN）[33,34]等。物联网中的隐私保护就是通过一系列技术、机制、立法等来保护物联网中智能设备所有者的隐私。然而，物联网的复杂性在隐私保护方面带来了许多挑战。

10.3.6.1 身份隐私

身份隐私是隐藏智能设备的身份，从而保护设备所有者的隐私。传统上，身份包括真实身份、姓名、地址或真实身份的假名。在物联网中，人脸识别、语音识别、监控摄像头、指纹识别等新兴技术，使人脸、声音、指纹等作为身份识别成为可能。这些生物特征的身份更难以隐藏，现有的隐私保护技术可能不适用。

10.3.6.2 位置隐私

位置隐私是隐藏智能设备的位置和移动，从而保护设备所有者的隐私。如果智能设备的位置或动向暴露在对手面前，这些信息就可能被用于劫持和跟踪等犯罪活动。然而，定位和跟踪是许多物联网应用的主要功能。此外，物联网中位置资源的多样性可以为对手提供多个数据源。

10.3.6.3 分析隐私

在许多物联网应用中，企业根据用户行为分析生成客户档案，并使用这些档案制定营销策略。然而，Profiling 可能会导致隐私侵犯，如未经请求的广告、价格歧视等。

10.3.6.4 连杆隐私

以前分离的系统可能有自己的隐私保护机制和策略。然而，当这些分离的系统在物联网环境下协作时，来自不同来源的数据的组合可能会潜在地导致新的隐私侵犯问题。

10.3.6.5 交互隐私

在许多物联网应用中，智能设备和设备所有者之间的交互是主要功能之一。交互包括触摸、摇晃或与智能设备对话。然而，这些交互可能会被附近的人观察到，从而导致侵犯隐私的问题。

10.3.7 透明度

“透明”一词经常与“隐私”一起出现，隐私保护是指如何保护用户的隐私。透明度与隐私密切相关，但它指的是让用户知道他们的数据是如何被收集和使用的。在传统的基于互联网的系统中，由于设备有足够的显示和处理能力与终端用户交互，因此更容易将透明度集成到隐私保护设计中。在物联网中，设备是高度异构和资源约束的。当设备的大部分功能都用于保证功能时，考虑透明度是非常困难的。

10.3.8 欺诈保护

欺诈是利用伪造的对象或陈述欺骗受害人，获取非法利益。物联网为欺诈创造了新的机会，从而蔓延到数十亿台智能设备上。智能设备通常是资源受限的设备，用于使用的安全机制的编程内存有限[30]。因此，他们更有可能被恶意软件感染，并被骗子利用。物联网中典型的欺诈行为包括广告欺诈[37]、ATM 欺诈[38]、非技术损失欺诈（NTL）[39]等。

10.3.8.1 广告欺诈

广告欺诈是指骗子利用僵尸网络刺激人流，窃取广告商的预算。一个典型的例子是一个广告客户想要增加他或她拥有的网站的流量，流量代理网站承诺会带来高质量的客户。但事实上，代理网站的所有者是一个骗子，他传播恶意软件感染许多智能设备，并形成僵尸网络，增加广告客户网站的流量。

10.3.8.2 ATM 欺诈

ATM 欺诈是指诈骗者强行进入网络可配置的 ATM，通过更改系统参数或进行欺诈交易来获取非法利益。一个典型的例子是，诈骗者利用基于网络的控制，让银行忽略被盗账户上的余额。

10.3.8.3 NTL 欺诈

NTL 欺诈是智能电网中一种典型的欺诈行为，欺诈者危及智能电表，并向公用事业公司发送欺诈的账单信息，以降低电费。NTL 欺诈在电网中有很长的历史。然而，随着智能电表的兴起，诈骗者有更多的方式来实施 NTL 欺诈。

10.3.9 身份管理

Identity 是标识域中对象的唯一值。在物联网中，新兴技术带来了使用人脸、语音、指纹等作为身份的可能性，这带来了如何管理这些身份的新挑战。同时，IP 地址等传统身份在物联网中可能无法作为身份，这又增加了新的挑战。物联网中身份管理的主要挑战包括以下几点。

10.3.9.1 身份与地址

物联网中的一些设备是基于 IP 的，如智能电表，它们可以使用地址作为身份。物联网中的一些设备将 RFID 应用于动物追踪器等应用中，它们不是建立在 IP 地址上的，因此不能使用地址作为身份。

10.3.9.2 身份和所有权

智能设备的所有者、用户或运营商可能会随着时间的推移而改变。在物联网中，身份和所有权之间的关系会影响其他过程，如身份验证。设备之间的所有权也是一个问题，如嵌入在智能手机中的指纹传感器是一个单一的设备。

10.3.9.3 身份与域

在物联网中，设备可以使用不同的协议相互连接。例如，在智能电网中，一个智能电表通过 Zigbee 与多个智能家电连接，形成一个家庭区域网络[40]。同时，仪表和家用电器应采用 ANSI C12 系列[41]协议加入计量网络。在不同的域中管理同一设备的身份是一个问题，或者应该为每个设备使用通用标识吗?

10.3.9.4 身份与生命周期

传统的用户身份管理中，身份的生命周期通常很长，与此不同的是，物联网中的身份生命周期从几分钟到一生。

10.4 物联网网络安全的大数据分析

物联网的传统安全解决方案包括 IDS、防火墙、杀毒软件和监控系统。然而，这些解决方案在存储、处理和整合大数据方面存在困难。面对大数据的挑战，大数据分析（BDA）是解决物联网网络安全问题的良好选择。BDA 解决方案经常使用 Hadoop 技术来处理大数据，如 MapReduce、HDFS、Hive、Pig 等。MapReduce 是一种使用并行分布式算法处理大型数据集[42]的编程模型；HDFS 是一种类似 SQL 的查询语言；Hadoop 能够将大型安全分析任务或大型流量数据集划分为许多小的子任务或子数据集。当这些子任务或子数据集以并行和分布式的方式处理时，安全分析过程将会加速数千倍。

除了大数据处理，这些传统的安全解决方案不能简单地存储数据。NoSQL 数据库，如 MongoDB、HBase、Cassandra、CouchDB 等，通常用于存储许多安全事件、警报和日志。

在本节中，将介绍传统物联网安全解决方案的缺点以及采用 BDA 解决方案的好处。

10.4.1 单大数据集安全分析

IDS 是对抗网络攻击最常用的方法之一[7-9]，传统的入侵检测系统有误用检测和异常检测两种。它们分析主机或网络的流量和事件，并生成安全警报。然而，物联网中的单个数据集可能非常大，如空间探索。2018 年，最大的射电望远镜平方千米阵列（SKA）将建成。SKA 每秒将产生 700Tbit 的数据。正如文献[44]所报道的，对于传统 IDS 来说，速度为 1Gb/s 的流量就足以造成大数据问题。大数据集包含图像、视频流、高维科学数据等“重”属性，使得传统的 IDS 很难进行深度分析。

在文献[45]中，作者提出了一个基于 hadoop 的流量监控系统来检测 DDoS 攻击。实验中使用的回放文件从 1TB 到 5TB 不等，它们可以实现从 6Gb/s 到 14Gb/s 的吞吐量。在文献[45]中，作者提出了一种针对入侵检测系统的 BDA 解决方案，如果大数据需要立即处理，则可以使用 HDFS，使用云计算存储系统（cloud computing storage system，CCSS）将大数据存储在本地，以便后续分析。在文献[47]中，作者介绍了 Hadoop 技术如何解决传统 IDS 中的大数据问题，以及将 BDA 应用于入侵检测时的问题。

10.4.2 海量数据集安全分析

与单个大数据集相比，物联网中的一些系统或应用程序生成的数据集较小。例如，智慧城市中的道路交通数据、天气数据、污染数据都是具有特定属性[48]的小数据集。风力涡轮机通过感知和生成带有温度、风速、风向和振动属性的小型数据集来进行自我调节。然而，一个智慧城市有很多风力涡轮机和其他智能设备，这些小数据集的体积变得非常大。

传统的物联网安全解决方案可以处理这些小数据集，但耗时较长。BDA 解决方案可以并行处理这些小数据集，而不是逐一处理这些数据集。根据文献[49]的报道，使用他们的传统安全解决方案，查询一个月的安全数据需要 20min 到 1h。当他们切换到 BDA 解决方案时，只需要 1min 就可以得到相同的结果。在文献[50]中，作者提出了一个基于 Hadoop 和 Snort 的分布式 BDA 解决方案。他们的实验使用了 8 个奴隶和一个主节点。与仅使用一个节点相比，使用九个节点的处理速度提高了 4 倍以上。

10.4.3 海量异构安全数据

物联网数据属于异构数据，数据源、数据格式、数据类型多种多样。当异构数据遇到大数据时，就成了异构大数据的问题。传统的物联网安全解决方案要么无法处理异构数据，要么缺乏物联网系统所需要的可扩展性。文献[51]对不同类型的大异构安全数据进行如下介绍。

10.4.3.1 输入数据异构

1．海量异构网络空间数据

大的异构网络空间数据是指由网络层监控系统采集或关联于各种主机的传统流量数据，这里介绍了一个将网络流量监控和 IDS 外包给云提供商的例子，其中使用的示例是一个吞吐量高达 1Gb/s 的大学网络。

除了网络流量数据之外，网络空间数据的另一种类型是主机事件日志。物联网中的主机类型多种多样，包括工作站、服务器、基于云的主机、设备等。物联网日志文件的类型也多种多样，从操作系统日志、杀毒软件日志、服务器日志、代理日志到防火墙日志等。Beehive[53]是基于大规模日志分析的 BDA 安全解决方案。Beehive 在 EMC 公司实施两周，可以很好地解决 EMC 每天产生 14 亿条日志消息的大异构数据问题。

2．产业大数据异构

物联网的一个重要应用是工业过程控制，如智能电网、智能水表、智能工厂等。大异构工业数据是指在工业控制过程中，由不同设备产生的数据，具有不同的类型和格式，SCADA 是传统工业过程控制中一个典型的安全解决方案。然而，SCADA 也面临着大数据的挑战。文献[51]研究了 BDA 在 SCADA 中应用的可行性，实验结果表明，所提出的 BDA 解决方案能够满足 SCADA 对大异构数据的处理要求。

10.4.3.2 异构输出数据

1．大档案安全数据

大档案安全数据是指被归档以供日后分析或数字取证的输出数据。物联网中的归档安全数据对存储大的异构数据构成了巨大挑战，特别是当需要存储每秒生成的数据时。在文献[55]中，提出了一种 BDA 模型来提高长期数字取证的能力。研究表明，1Gb/s/h 的流量需要 5TB 的存储空间。文献[55]还指出，传统的安全解决方案，如 IDS 和防火墙，往往不能获得足够的取证信息。

2．大警报数据

另一种类型的输出数据是大警报数据，安全系统在检测到威胁时产生安全警报。单个 ID 可以生成许多安全警报，物联网中各种异构数据源产生异构的安全警报，警报量很大。

10.4.4 信息关联与数据融合

将 BDA 应用于物联网网络安全的一个好处是，BDA 解决方案可以关联来自各种数据源的安全信息。传统的物联网安全解决方案，如 IDS、防火墙、杀毒软件等，在应对各种威胁方面都有自己的专长。然而，它们通常是分开工作的。或者它们一起工作来保护一个系统，但它们没有很好地集成。信息关联和数据融合是对安全事件、安全告警等安全信息进行整合和关联，以提高检测精度，降低误报率。

信息关联与数据融合的基本思想是利用 BDA 方法建立关联层，对异构安全系统产生的各种安全信息进行分析。图 10.4 所示是信息关联和数据融合框架[56]，网络中部署了大量的观察者来监视和收集数据。一些从节点充当本地分析器，执行给定的检测算法，每个分析器与几个观察者有关。主节点充当全局分析器，它完成相关过程。

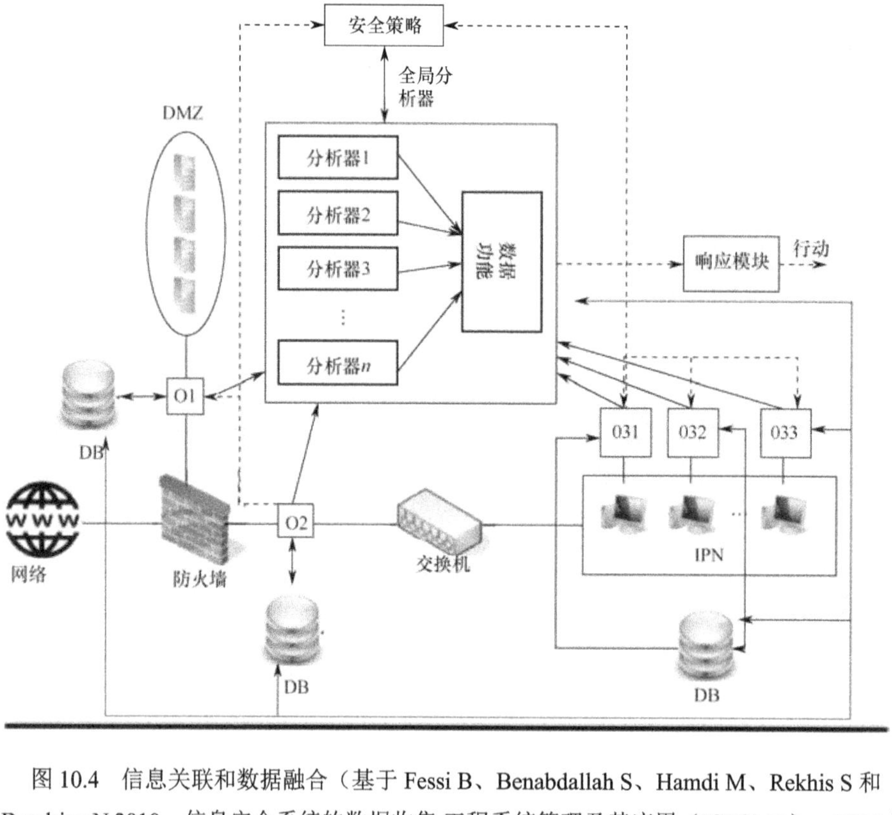

图 10.4 信息关联和数据融合（基于 Fessi B、Benabdallah S、Hamdi M、Rekhis S 和 Boudriga N.2010。信息安全系统的数据收集.工程系统管理及其应用（ICESMA），2010 年第二届信息安全国际会议。IEEE，阿拉伯联合酋长国沙迦；2010：1-8。）

另一种信息关联是安全警报关联，警报关联是一种用于停止连续生成类似警报的技术。文献[57]提出了一种基于知识发现的安全态势感知改进框架。

10.4.5 动态安全特性选择

特征选择是安全解决方案识别各种威胁、攻击、异常行为和潜在异常的关键技术。传统的安全解决方案是研究包含异常流量的静态数据集：首先使用机器学习或其他技术从异常流量中提取特征；然后将这些特征与进入的流量进行匹配，从而对攻击进行分类。更准确的特征选择将显著提高分类准确率，降低误报率。特征选择过程需要存储和计算，特别是当数据很大的时候。因此，现有的大多数安全解决方案都采用离线特征选择来实现更好的准确性。

然而，物联网中的网络安全是动态变化和多样化的，越来越多的攻击是零日攻击，今天选择的特性明天可能就不适用了。动态特征选择是指实时地从输入的流量中选择特征，动态特征选择可以大大提高威胁检测的效率和准确性。动态特征选择要求具备大数据存储、快速处理和快速分类的能力，这些都是 BDA 解决方案能够提供的能力。

文献[58]提出了一种实时检测僵尸网络攻击的 BDA 框架。该框架构建在 Hadoop、Hive 和 Mahout 之上。Hive 用于网络流量嗅探，实现动态特性选择。利用 Mahout 建立了一个基于随机森林的决策树模型，该框架如图 10.5 所示。

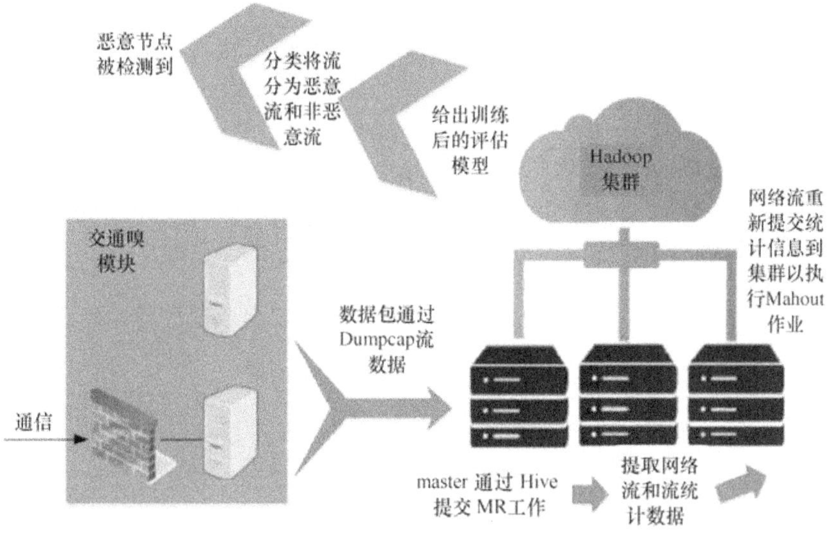

图 10.5 A 动态特征选择的 BDA 框架（基于 K.Singh，S.Guntuku，A.Thakur 和 C.Hota，2014。基于随机森林的 p2p 僵尸网络检测大数据分析框架。信息科学 278：488-497）

10.4.6 跨境情报

传统的物联网安全解决方案，如 IDS、防火墙、杀毒软件等，都是针对各自域内的威胁进行解决，但它们相互独立，很少相互配合。BDA 可以帮助安全解决方案实现跨界情报，有助于做出更好的决策，保护各个领域的安全。例如，在智能电网中启用 BDA 的安全解决方案可以检测威胁并防御攻击者。同时，当出现泄漏或短循环时，它可以发出警报，它甚至可以提醒客户提高能源效率和节约能源。

文献[59]提出了支持跨界智能的启用 BDA 的安全解决方案。如图 10.6 所示，安全解决方案集成了来自多个来源的安全事件，包括网络、主机、应用程序、数据库和目录。漏洞管理、反恶意软件、防火墙、IDS 等多种技术协同工作来保护安全性。智能行动和决策基于多个情报来源，如威胁情报、脆弱性情报、人群情报等。文献[59]还介绍了跨境情报在俄罗斯铁路智能控制系统建设中的作用。智能铁路控制系统利用 BDA 工具构建多层次的智能，并基于粗糙集提出更好的决策方案。

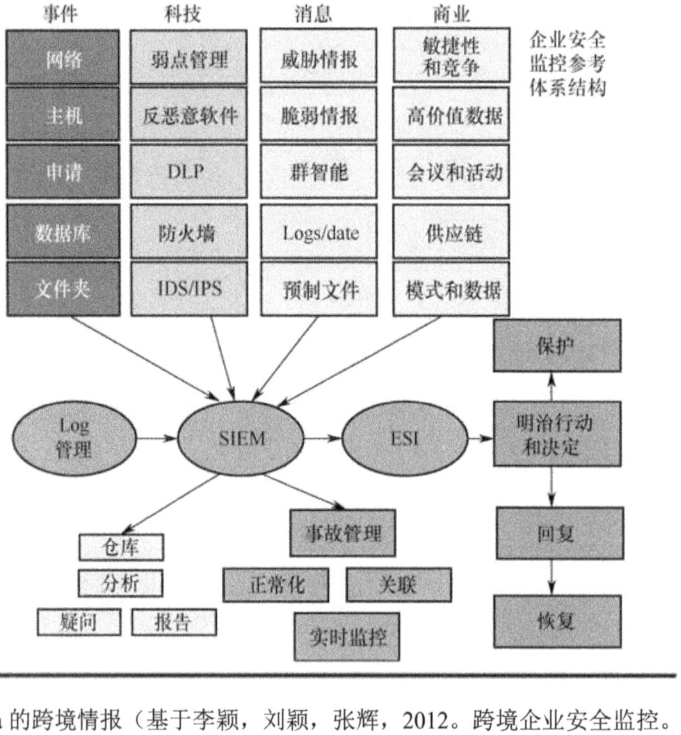

图 10.6　启用 bda 的跨境情报（基于李颖，刘颖，张辉，2012。跨境企业安全监控。计算问题解决（ICCP），2012 国际会议。IEEE，中国，乐山，127-136 页。）

10.5 小　　结

在本章中，介绍了物联网和物联网中的大数据挑战。介绍了物联网的各种安全需求和问题，包括密钥管理、身份管理、轻量级加密、隐私保护和透明度。并介绍了 BDA 如何在面对大数据时解决物联网的安全问题。

参考文献

1. J. Liu, Y. Xiao, and C. L. P. Chen. Internet of Things' authentication and access control, *International Journal of Security and Networks (IJSN)*, 7(4): 228–241, 2012. doi:10.1504/IJSN.2012.053461.
2. Y. Xiao, S. Yu, K. Wu, Q. Ni, C. Janecek, and J. Nordstad. Radio frequency identification: Technologies, applications, and research issues, *Wireless Communications and Mobile Computing (WCMC) Journal*, John Wiley & Sons, 7(4): 457–472, May 2007.
3. O. Kharif. 2014. Cisco CEO Pegs Internet of Things as $19 Trillion Market. http://www.bloomberg.com/news/articles/2014-01-08/cisco-ceo-pegs-internet-of-things-as-19-trillion-market (accessed May 19, 2016).
4. G. Davis. Another Day, Another Smart Toy Hack: This Time, It's Fisher-Price. https://blogs.mcafee.com/consumer/fisher-price-toy-vulnerability/ (accessed May 19, 2016).
5. J. Gao, J. Liu, B. Rajan, R. Nori, B. Fu, Y. Xiao, W. Liang, and C. L. P. Chen. Scada communication and security issues. *Security and Communication Networks Security Comm*, 7(1): 175–194, 2014.
6. Y. Xiao, X. Shen, B. Sun, and L. Cai. Security and privacy in RFID and applications in telemedicine, *IEEE Communications Magazine, Special issue on Quality Assurance and Devices in Telemedicine*, 44(4): 64–72, Apr. 2006.
7. B. Sun, L. Osborne, Y. Xiao, and S. Guizani. Intrusion detection techniques in mobile ad hoc and wireless sensor networks, *IEEE Wireless Communications Magazine, Special Issue on Security in Wireless Mobile Ad Hoc and Sensor Networks*, 56–63, 2007.
8. B. Sun, K. Wu, Y. Xiao, and R. Wang. Integration of mobility and intrusion detection for wireless ad hoc networks, (Wiley) *International Journal of Communication Systems*, 20(6): 695–721, June 2007.
9. B. Sun, Y. Xiao, and R. Wang. Detection of fraudulent usage in wireless networks, *IEEE Transactions on Vehicular Technology*, 56(6): 3912–3923, Nov. 2007.
10. V. Ndatinya, Z. Xiao, V. Manepalli, K. Meng, and Y. Xiao. Network forensics analysis using wireshark, *International Journal of Security and Networks*, 10(2): 91–106, 2015.
11. D. Worth. Internet of Things to generate 400 zettabytes of data by 2018. http://www.v3.co.uk/v3-uk/news/2379626/internet-of-things-to-generate-400-zettabytes-of-data-by-2018, 2014 (accessed May 19, 2016).
12. Y.2060. Overview of the Internet of Things. https://www.itu.int/rec/T-REC-Y.2060-201206-I (accessed May 19, 2016).
13. JessGroopman. Visualizing the Internet of Things: A round-up of maps, frameworks, and infographics of IoT. https://jessgroopman.wordpress.com/2014/08/25/visualizing-the-internet-of-things-a-round-up-of-maps-frameworks-and-infographics-of-iot/ (accessed June 1, 2016).
14. J. Gao, Y. Xiao, J. Liu, W. Liang, and C. L. P. Chen. A survey of communication/networking in smart grids, (Elsevier) *Future Generation Computer Systems*, 28(2): 391–404, Feb. 2012. doi:10.1016/j.future.2011.04.014.
15. J. Liu, Y. Xiao, S. Li, W. Liang, and C. L. P. Chen. Cyber security and privacy issues in smart grids, *IEEE Communications Surveys & Tutorials*, 14(4): 981–997, 2012. doi:10.1109/SURV.2011.122111.00145.

16. W. Han and Y. Xiao. NFD: A practical scheme to detect non-technical loss fraud in smart grid. In *Proceedings of the 2014 International Conference on Communications (ICC'14)*, pp. 605–609, June 2014.
17. W. Han and Y. Xiao. FNFD: A fast scheme to detect and verify non-technical loss fraud in smart grid. *International Workshop on Traffic Measurements for Cybersecurity (WTMC'16)*, accepted, doi:http://dx.doi.org/10.1145/2903185.2903188, 2016.
18. W. Han and Y. Xiao. IP2DM for V2G networks in smart grid. In *Proceedings of the 2015 International Conference on Communications (ICC'15)*, pp. 782–787, June 2015.
19. Top 50 Internet of Things Applications. http://www.libelium.com/top_50_iot_sensor_applications_ranking/ (accessed May 8, 2016).
20. T. Dull. Big data and the Internet of Things: Two sides of the same coin? http://www.sas.com/en_us/insights/articles/big-data/big-data-and-iot-two-sides-of-the-same-coin.html (accessed May 19, 2016).
21. Gartner Says the Internet of Things Installed Base Will Grow to 26 Billion Units By 2020. http://www.gartner.com/newsroom/id/2636073 (accessed May 19, 2016).
22. Internet of Things World, Europe. https://opentechdiary.wordpress.com/tag/internet-of-things/ (accessed May 19, 2016).
23. Beecham Research. IoT Security Threat Map. http://www.beechamresearch.com/download.aspx?id=43 (accessed May 19, 2016).
24. A. Olteanu, Y. Xiao, F. Hu, B. Sun, and H. Deng. A lightweight block cipher based on a multiple recursive generator for wireless sensor networks and RFID, *Wireless Communications and Mobile Computing (WCMC) Journal*, John Wiley & Sons, 11(2): 254–266, Feb. 2011, doi:10.1002/wcm.988.
25. B. Sun, C. Li, K. Wu, and Y. Xiao. A lightweight secure protocol for wireless sensor networks, *Computer Communications Journal, special issue on Wireless Sensor Networks: Performance, Reliability, Security and Beyond*, 29(13–14): 2556–2568, Aug. 2006.
26. L. Mirowski and J. Hartnett. Deckard. A system to detect change of RFID tag ownership. *IJCSNS International Journal of Computer Science and Network Security*, 7(7); 2007.
27. B. J. Mohd, T. Hayajneh, and A. V. Vasilakos. A survey on lightweight block ciphers for low-resource devices: Comparative study and open issues. *Journal of Network and Computer Applications*, 58:73–93, 2015.
28. L. Zeng, Y. Xiao, and H. Chen. Auditing overhead, auditing adaptation, and benchmark evaluation in Linux, (Wiley Journal of) *Security and Communication Networks*, 8(18): 3523–3534, Dec. 2015, doi:10.1002/sec.1277.
29. Z. Yan, P. Zhang, and A. V. Vasilakos. A survey on trust management for Internet of Things. *Journal of Network and Computer Applications* 42:120–134, 2014.
30. W. Han and Y. Xiao. Non-technical loss fraud in advanced metering infrastructure in smart grid. *The 2nd International Conference on Cloud Computing and Security (ICCCS 2016)*, Nanjing, China, July 29–31, 2016.
31. L. Du, F. Feng, and J. Guo. Key management scheme based on micro-certificate for Internet of Things. *International Conference on Education Technology and Information System (ICETIS 2013)*, pp. 701–711, 2013.
32. W. Han and Y. Xiao. CO_2: A fault-tolerant relay node deployment strategy for throwbox-based DTNs. *The 11th International Conference on Wireless Algorithms, Systems, and Applications (WASA 2016)*, August 8–10, 2016, Bozeman, MT.

33. Y. Xiao, H. Chen, K. Wu, B. Sun, Y. Zhang, X. Sun, and C. Liu. Coverage and detection of a randomized scheduling algorithm in wireless sensor networks, *IEEE Transactions on Computers*, 59(4): 507–521, Apr. 2010. doi:10.1109/TC.2009.170.
34. Y. Xiao, V. Rayi, B. Sun, X. Du, F. Hu, and M. Galloway. A survey of key management schemes in wireless sensor networks, *Computer Communications Journal*, 30(11–12): 2314–2341, Sept. 2007.
35. J. Ziegeldorf, O. Morchon, and K. Wehrle. Privacy in the Internet of Things: Threats and challenges. *Security and Communication Networks*, 7(12), 2014.
36. W. Han and Y. Xiao. Privacy preservation for V2G networks in smart grid: A Survey. Submitted.
37. Here Are 4 Common Methods That Ad Fraudsters Use to Make Their Ill-Gotten Money. http://www.adweek.com/news/technology/here-are-4-common-methods-ad-fraudsters-use-make-their-ill-gotten-money-169285 (accessed May 19, 2016).
38. B. Baesens, W. Verbeke, and V. Vlasselaer. *Fraud Analytics Using Descriptive, Predictive, and Social Network Techniques*. Wiley, 2015.
39. W. Han and Y. Xiao. CNFD: A novel scheme to detect colluded non-technical loss fraud in smart grid. *The 11th International Conference on Wireless Algorithms, Systems, and Applications (WASA 2016)*, Bozeman, MT, August 8–10, 2016.
40. J. Liu, Y. Xiao, and J. Gao. Achieving accountability in smart grids, *IEEE Systems Journal*, 8(2): 493–508, June 2014. doi:10.1109/JSYST.2013.2260697.
41. W. Han and Y. Xiao. Combating TNTL: Non-technical loss fraud targeting time-based pricing in smart grid. *The 2nd International Conference on Cloud Computing and Security (ICCCS 2016)*, Nanjing, China, July 29–31, 2016.
42. Z. Xiao and Y. Xiao. Achieving accountable MapReduce in cloud computing, (Elsevier) *Future Generation Computer Systems*, 30(1): 1–13, Jan. 2014. doi:10.1016/j.future.2013.07.001.
43. W. Han, W. Xiong, Y. Xiao, M. Ellabidy, A. V. Vasilakos, and N. Xiong. A class of non-statistical traffic anomaly detection in complex network systems. In *Proceedings of the 32nd International Conference on Distributed Computing Systems Workshops (ICDCSW'12)*, pp. 640–646, June 2012.
44. M. Nassar, B. Bouna, and Q. Malluhi. Secure outsourcing of network flow data analysis. *2013 IEEE International Congress on Big Data*, pp. 431–432, 2013.
45. Y. Lee. Toward scalable internet traffic measurement and analysis with hadoop. *ACM SIGCOMM Comput Commun Rev.* 43(1): 5–13, 2013. 10.1145/2427036.2427038.
46. S. Suthaharan. Big data classification: Problems and challenges in network intrusion prediction with machine learning. In *Big Data Analytics Workshop, in Conjunction with ACM Sigmetrics*. ACM, Pittsburgh, PA, 2013.
47. H. Jeong, W. Hyun, J. Lim, and I. You. Anomaly teletraffic intrusion detection systems on hadoop-based platforms: A survey of some problems and solutions. In *15th International Conference on Network-Based Information Systems (NBiS)*, IEEE, Melbourne, Australia, pp. 766–770, 2012. 10.1109/NBiS.2012.139
48. Dataset Collection. http://iot.ee.surrey.ac.uk:8080/datasets.html (accessed May 19, 2016).
49. E. Chickowski. 2012. A case study in security big data analysis. http://www.darkreading.com/analytics/security-monitoring(accessed May 19, 2016).
50. J. Cheon and T-Y. Choe. Distributed processing of snort alert log using hadoop.

International Journal of Engineering & Technology 5(3): 2685–2690, 2013.
51. R. Zuech, T. M Khoshgoftaar, and R. Wald. Intrusion detection and big heterogeneous data: A survey. *Journal of Big Data*, 2015.
52. M. Nassar, B. al Bouna, and Q. Malluhi. Secure outsourcing of network flow data analysis. In *IEEE International Congress on Big Data (BigData Congress)*, IEEE, Santa Clara, CA, pp. 431–432, 2013. 10.1109/BigData.Congress.2013.71.
53. T.-F. Yen, A. Oprea, K. Onarlioglu, T. Leetham, W. Robertson, A. Juels, and E. Kirda. Beehive: Large-scale log analysis for detecting suspicious activity in enterprise networks. In *Proceedings of the 29th Annual Computer Security Applications Conference*. ACM, New Orleans, LA, pp. 199–208, 2013. 10.1145/2523649.2523670.
54. X-B. Xu, Z-Q. Yang, J-P. Xiu, and C. Liu. A big data acquisition engine based on rule engine. *J China Universities Posts Telecommunications 2013*, 20: 45–49, 2013. 10.1016/S1005-8885(13)60250-2.
55. R. Hunt and J. Slay 2010. The design of real-time adaptive forensically sound secure critical infrastructure. In *The 4th International Conference on Network and System Security (NSS)*. IEEE, Melbourne, Australia, pp. 328–333, 2010. 10.1109/NSS.2010.38.
56. B. Fessi, S. Benabdallah, M. Hamdi, S. Rekhis, and N. Boudriga. Data collection for information security system. In *Second International Conference on Engineering Systems Management and Its Applications (ICESMA)*, IEEE, Sharjah, United Arab Emirates, pp. 1–8, 2010.
57. F. Lan, W. Chunlei, and M. Guoqing. A framework for network security situation awareness based on knowledge discovery. In *2nd International Conference on Computer Engineering and Technology (ICCET)*, IEEE, Chengdu, China, pp. 1–226, 2010.
58. K. Singh, S. Guntuku, A. Thakur, and C. Hota. Big data analytics framework for peer-to-peer botnet detection using random forests. *Information Sciences* 278: 488–497, 2014.
59. Y. Li, Y. Liu, and H. Zhang. Cross-boundary enterprise security monitoring. In *International Conference on Computational Problem-Solving (ICCP)*, IEEE, Leshan, China, pp. 127–136, 2012.
60. A.V. Chernov, M.A. Butakova, and E.V. Karpenko. Security incident detection technique for multilevel intelligent control systems on railway transport in Russia. *23rd Telecommunications Forum TELFOR*, pp. 1–4, November 2015.

第 11 章　面向雾计算安全的大数据分析

本章介绍了一个新的网络安全领域雾计算，并讨论了为什么大数据分析对雾计算很重要，以及雾计算中的安全问题。雾计算是最近提出的一种全新的解决方案，以支持物联网、云计算和大数据技术的快速发展。作为一种新兴的计算范式，其概念是将云计算范式扩展到网络的边缘，在互联网的边缘提供弹性资源，以支持许多新的应用和服务。雾计算作为云计算的一种扩展，不可避免地继承了云计算的一些类似的安全问题，同时由于其独特的性质又增加了新的复杂性。由于雾计算仍处于初级阶段，在 IT 行业大规模采用雾计算之前，必须仔细考虑它的安全问题。

11.1 引　　言

现在正处于大数据时代，由于数据[1]的体积和复杂性越来越大，仅使用传统的 IT，数据集变得越来越难以处理。然而，挖掘和分析这些数据是至关重要的，因为这些数据可以为商业业务、IT 行业生物医学研究、治理和国家安全等领域的决策提供有价值的见解和好处。尽管理解处理大数据的重要性，但将其付诸实践并非易事。作为一个关键的推动者，云计算已经成为一种革命性的技术，它弹性地整合资源（如计算、内存存储等），使组织能够以“随用随付”的方式[2]处理大数据问题。虽然云计算多年来一直是主要的计算范式，但在采用云计算时存在一些重大挑战，如不可预测的延迟、缺乏移动支持和位置感知等。因此，雾计算[3]作为一种全新的解决方案被提出，以支持物联网、云计算和大数据技术的快速发展。雾计算的基本思想是将云计算范式扩展到网络的边缘，在网络的边缘，大规模的物联网设备便利了终端设备与云之间计算、存储和网络服务的操作。

作为云计算的扩展，雾计算不可避免地继承了一些与云计算[4]类似的安全问题。此外，雾计算位于互联网的边缘，与数据中心基础设施中的远程云相比保护较少，这使得雾计算基础设施和服务成为更具吸引力的目标。雾计算的独特性质也会增加雾计算安全性的复杂性。例如，雾节点的地理分布会使安全相关的维护任务变得非常困难和费力。现在可能需要更好的方法来跟踪、预测和为有安全问题的节点打补丁。在数据领域，由于终端设备规模庞大，，以及产生的数据量巨大，雾计算中的大多数数据分析任务都是大数据问题，这些分析安全相关数据的任务是企业和研究人员识别和防御安全威胁和攻击的兴趣所在。数据驱动技术为安全研究开辟了一条新途径，而不是逐个案例地识别各种安全威胁和攻击：挖掘和理解这些数据可以提高系统的安全性。目前，关于雾计算中的数据分析平台这一课题，已有的研究成果有限[5-11]。然而，它们中没有一个是针对雾计算安全的大数据分析。由于雾计算仍处于初级阶段，在 IT 行业大规模采用雾计算之前，必须仔细考虑安全问题。大数据分析对于雾计算安全的研究具有重要意义，可以解决雾计算安全的独特挑战。

在本章中，以认为大数据安全分析是一个新的方向来探索，以提高雾计算的安全性。通过对相关论文的调研，试图了解大数据安全技术如何走出云，进入雾，并回答这些大数据安全问题是什么，它们的区别是什么，如何解决这些问题。

11.2 雾计算背景

在本节中，将简要介绍雾计算中的大数据分析的定义、特性、架构、现有实际情况和最新进展。

11.2.1 定义

目前，雾计算仍然是一个流行词，从不同的角度有几个定义。下面将简单地讨论这些定义，以便对雾计算的概念有一个全面的理解。雾计算是 Cisco 在一份文献[3]中引入的，该论文将雾计算定义为互联网边缘云计算的扩展，为大规模物联网设备提供弹性资源。Work[12]对雾计算给出了一个综合的观点，理解了诸如云、传感器网络、点对点网络、网络功能虚拟化（NFV）等底层技术。在之前的工作中[13]，提供了一个更一般的定义，可以抽象出类似的概念：雾计算是一种地理分布的计算架构，其资源池由一个或多个遍布网络边缘的异构设备（包括边缘设备）组成，并不是完全由云服务无缝支持，协同提供弹性计算、存储以及在隔离环境中与邻近的大规模客户端进行通信（以及许多其他新服务和任务）。

11.2.2 特性

有许多特性使雾计算区别于云计算等其他计算范式。雾计算可以支持需要最小延迟的应用程序，如游戏、增强现实和实时视频流处理。这主要是因为雾计算的边缘位置可以提供丰富的信息，如本地网络状况、本地流量统计、客户端信息等。与集中式云不同，雾计算在资源和数据方面更加地理分布。雾计算中提供弹性资源的计算节点称为雾节点，有大量的异构节点以不同的形式出现，这与云节点有很大的不同。同样不像云计算，无线接入在雾计算网络中占主导地位。最后，雾计算对移动性有更好的支持，因为它需要直接与移动设备通信。

11.2.3 体系结构和现有实现

雾计算通常具有三层架构，由终端用户、雾和云组成，如图 11.1[14]所示。文献[13]讨论了标准雾计算平台的设计目标和挑战，基于 OpenStack 构建概念验证的雾计算平台。目前，已有几种雾计算平台的实现。Cloudlet[15]是一个资源丰富的雾节点实现，即一个盒子中的数据中心，它以更集中的方式遵循云计算范式，并构建在大容量服务器上。IOx 是一个商业平台，支持开发人员运行脚本、编译代码和安装自己的操作系统[16]。这两种实现都使用管理程序虚拟化来提供隔离。Para Drop[17]是另一个构建在无线路由器上的雾节点实现，它适用于轻量级任务。由于无线路由器上的资源有限，Para Drop 利用容器来提供操作系统级别的虚拟化。无线路由器是理想的雾节点选择，因为它的普遍性、全连接性和接近终端用户。

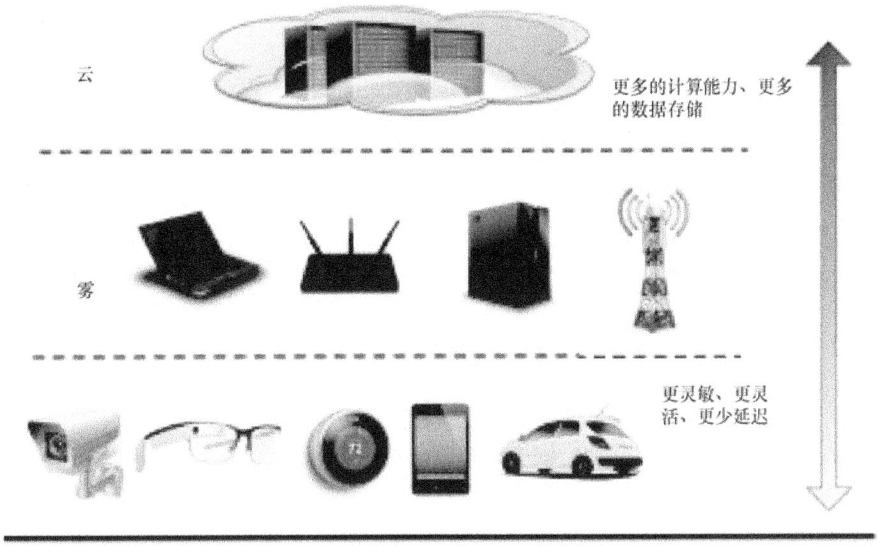

图 11.1 user/fog/cloud 的典型概念架构

（作者：Yi S.，Qin Z.，Li Q.：雾计算的安全和隐私问题：一项调查。载于：无线算法、系统和应用，第 685～695 页。Springer，2015。）

11.2.4 雾计算中数据分析的最先进技术

由于雾计算仍是一种新兴技术，所以现有的雾计算数据分析研究工作还很有限。Work[10]设计了一个分层分布式雾计算架构，用于在智能城市环境中集成大量基础设施组件和服务。GeeLytics[6]提供了一种地理分布式边缘分析平台的设计，旨在网络边缘和云中的实时流处理。GeeLytics 利用云上或边缘上运行实例的拓扑结构进行优化调度。Work[9]提出了 MigCEP，用于解决雾计算中复杂事件处理

（CEP）的操作员放置和迁移问题，其中考虑了用户的移动性、延迟和带宽约束。Xu 等[11]已经实现了一个基于消息的边缘分析平台，使用集成了 SDN 的交换机作为雾节点。Yu 等[5]实现了一种雾计算辅助的分布式分析系统（FAST），其目的是实时检测坠落。CARDAP[8]是一个面向雾计算的上下文感知实时数据分析平台，可以考虑能源、资源和查询处理的成本，高效地交付数据。除了上述的数据分析平台，一些基于雾的应用程序也参与了多媒体数据分析，包括图像和视频。Ha 等[7]在 Google Glass 上设计了一款可穿戴的认知助手，该助手依靠 Cloudlet 进行实时图像数据处理和分析。Zhang 等[18]建立了一个无线视频监控系统，该系统依赖于雾服务器，为企业园区、零售商店和整个智能城市的跟踪和监控提供实时视频分析。因此，可以很容易地发现，现有的工作中没有一个是关于安全性的数据分析。目前在雾计算数据分析方面的研究工作中，没有一项是与安全相关的数据。

11.3 当大数据遇上雾计算

大数据分析将成为雾计算不可缺少的组成部分。有趣的数据分析应用，包括智能交通灯系统、智能城市版权材料——Taylor & Francis 提供的人群预测和分布式对象跟踪，通常需要实时数据处理和响应。雾计算作为计算的前沿，可以提供理想的资源来处理数据，充当决策的控制器，并将预处理后的信息上传到远程云上进行深入分析。总结一下为什么雾计算是大数据分析必须的原因。

（1）雾计算可以提供足够的资源，在网络边缘进行大数据分析，而无须将大量数据上传到云端。

（2）雾计算可以为某些时间关键的任务提供低延迟响应。例如，如果远程云检测到某一地区的关键机器出现故障，可能已经太晚了，这可能已经给企业带来了重大的经济损失。

（3）雾和云之间的相互作用可以克服当前大数据分析中的几个安全问题，如数据完整性、数据隐私性、数据来源等。

（4）雾节点可以更低的成本收集更多的信息，边缘位置使雾节点能够收集更有用的特定领域甚至更敏感的数据。这些数据的处理可以提供深刻的知识，可以帮助各种决策。

在本节中，将解释雾计算可以为大数据处理带来的几个优势，这些好处将从根本上为雾计算中的大数据分析安全做出贡献。

（1）实时大数据分析。实时数据处理是许多大数据分析应用的主要目标之一。Phan 等[19]提供了一个关于云中数据密集型应用的 MapReduce 作业调度的案例研究，表明处理有期限的作业需要改进。众所周知，云中的大数据分析通常由于不可预测的延迟而不能满足实时性要求。与云计算不同，雾计算支持边缘的多级处理，可以在不同级别处理事件，以满足不同的截止日期要求。初步研究中的测量表明，与云计算相比，雾计算在延迟和吞吐量[13]方面具有明显的优势。

（2）地理分布式大数据处理。地理分布被认为是大数据的第四维。通过将资源推到边缘，雾计算可以处理大规模的地理分布数据。例如，许多数据处理任务本质上是解决分布式优化问题。Lubel-Doughtie 等[20]实现了一种基于 MaPreduce 的乘法器交替方向法（ADMM）算法，用于分布式优化。在这些应用程序中，雾计算可以在延迟、成本和可伸缩性方面提供更好的服务。

（3）客户端信息。雾计算可以轻松地收集和利用客户端信息，以便更好地向附近的客户端提供服务。传统的 Web 技术一旦在服务器端进行了优化，就无法适应用户的请求。但是，可以在客户端或客户端网络中收集知识，如本地无线网络状况或流量统计信息。文献[21]使用了一个边缘路由器作为云节点，它可以很容易地利用客户端网络条件来动态优化网页加载。类似地，客户端检测（如流氓无线接入点（AP）[22]、会话劫持、跨站点请求伪造等）可以很容易地集成到雾计算中，以增强安全性。

11.4 雾计算安全中的大数据分析

随着雾计算基础设施在智能家居/城市、电子健康、人群外包、移动应用等各种应用中变得至关重要，与安全相关的挑战将成为影响这种新技术采用选择的主要因素。同时，不难推断，由于底层物联网设备规模庞大，雾计算环境下的大多数安全问题将具有大数据属性。在本节中，我们将主要讨论一些与雾计算中的安全问题显著不同的问题，并展示雾计算如何利用大数据技术来解决这些安全问题。我们还将讨论雾计算为大数据安全分析带来的好处或新机遇。

11.4.1 信任管理

雾计算中的信任管理非常重要，因为服务是由异构的雾节点提供给大规模的终端设备的，这些节点可能属于不同的组织，如互联网服务提供商、云服务提供商，甚至终端用户。这与云计算不同，在云计算中，各种权威机构可以很容易地验证或审计服务提供商。作为一种潜在的信任解决方案，基于声誉的信任模型已广泛应用于点对点[23]、电子商务[24]、在线社交网络[25]和众包应用[26]。但是，其移动性、大规模、地理分布等特点使其难以缩小范围，必须借助大数据技术在大范围内解决。例如，可以不断收集和更新设备标识、指纹、行为概要文件、配置概要文件、位置和许多其他元数据的大型存储库，并在此基础上构建信任管理。Bao 等提出了一种基于事件驱动的社会事件发生的信任管理协议。然而，由于在使用大量设备的雾计算中收敛速度较慢，他们的方案将存在可伸缩性问题。作为深度学习在有效挖掘大数据方面的优势，Zhou 等[28]已经证明，一种上下文模版深度学习方法可以实现更好的鲁棒性和整体更高的先验信任推理精度。

11.4.2 身份与访问管理

在高度复杂的环境中，对正确的资源访问的要求越来越高，身份和访问管理（IAM）是其中的一个重要组成部分用于管理访问控制、身份验证、单点登录、数字身份、安全令牌等的雾计算安全性。IAM 大数据分析可以通过发现 IAM 活动中的异常，自动生成访问控制策略等，提高雾计算的安全性。

（1）身份验证。身份验证是雾计算的一个重要安全问题，因为雾计算的服务面向大量的最终用户。在将任何任务从终端设备卸载到任何雾节点之前，必须对雾节点进行身份验证。Stojmenovic 等[29]讨论了可用于雾计算的身份验证和授权技术。Bouzefrane 等[30]提出了一种基于 NFC 的 cloudlet 认证方案。智能设备的进步在多因素认证、使用各种生物特征、硬件/软件令牌等方面开辟了新的机会。与此同时，基于大数据分析的认证可以让这些过程不那么突兀，更安全。Kent 等提出了一种认证图来分析企业网络中的网络认证活动。认证图模型可以很容易地扩展到常见的云计算场景。Freeman 等[32]评估了一个企业大规模统计框架，可以检测可疑的登录尝试。其基本思想是根据源 IP、地理位置、浏览器配置和一天中的时间等特性将登录尝试分为正常和可疑活动。

（2）访问控制。与移动客户端平台类似，雾节点被设计为在具有有限权限的孤立环境中运行应用程序。在这种情况下，如何授予访问权限变得非常重要，因为它应该是无中断的、自动的和自适应的。此外，访问控制是许多安全性增强的重要方法之一。然而，在一个雾节点中手工生成访问控制策略是不现实的，因为单个雾节点可能为大量的终端设备提供服务。如果不能智能地处理这些任务，策略的实施对系统管理员来说也是一个很大的负担。

Work[33]在云环境中提出了一种基于源的安全访问控制，可以很容易地在雾计算环境中采用。来源是一种元数据，它详细描述了数据的历史，包括源、处理历史等，可以作为基于属性的访问控制系统的基础。Dsouza 等在雾计算中提出了一种基于策略的资源访问管理，其中设计了一个策略驱动的安全管理框架来支持雾计算中各种资源之间的协作和互操作性。

11.4.3 可用性管理

作为信息安全的“三联体”之一，雾计算可用性管理中存在大量的安全问题，如拒绝服务攻击、API 的安全控制和安全系统升级等。

（1）DoS 攻击检测。网络流量分析一直是 DoS 攻击检测[35]的主要研究方向。Lee 等[36]实现了一种基于 MapReduce 的互联网流量分析方法，流量统计计算时间提高了 72%。在文献[37]中给出了一个使用 MapReduce 进行 DoS 检测的例子。由于雾计算中连接的设备数量众多，在这样的环境中更容易产生 DoS 攻击，而且攻击规模非常大。大数据环境中异常检测的最新进展可能会为物联网和雾计算中的 DoS 攻击检测提供一些帮助。文献[38]已经建立在 Kafka 队列和 Spark 流的两个指标上，相对熵和皮尔逊相关，以动态检测大数据场景中的异常。Eagle[39]提出了一种基于用户配置文件的异常检测方法，通过收集审计日志，分析用户行为，并根据之前的配置文件预测异常活动。然而，在雾计算的 DoS 攻击检测中还有一些其他的挑战需要解决，如占主导地位的无线基础设施、大规模移动、节点异构等。雾计算也将在[40]的攻击缓解和防御中发挥重要作用。

（2）安全接口或 API。接口或 API 的可用性是光纤陀螺计算应用程序或服务可靠性和健壮性的关键。此外，针对雾计算的统一接口和编程模型将减轻开发人员将应用程序移植到雾计算平台的负担。Hong 等[41]提出了一种面向物联网的移动雾高级编程模型，该模型具有大规模、地理分布、延迟敏感等特点。然而，关于这些接口的安全问题没有讨论，我们认为大数据分析可以加强这些安全问题。不安全 API 的滥用可能会给用户带来重大风险，因为黑客可以大规模地提取用户的敏感信息。工作[42,43]显示了如何利用未保护和未归档的 API 来支持移动操作系统中的恶意攻击。大数据分析可以用来监控和跟踪 API 的使用情况，发现异常的使用模式，预测和防止利用这些不安全 API 的大规模攻击。

11.4.4 安全信息与事件管理

安全信息和事件管理（SIEM）是一个必要的 IT 安全服务以来雾计算 SIEM 负责实时分析与安全相关的信息和事件，这将受益于在入侵检测等任务，僵尸网络检测、先进的持续检测等方面的大数据分析。

（1）入侵检测。由于距离终端用户较近，后续攻击资源丰富，雾节点是入侵攻击的首选目标之一。入侵检测通常通过分析大量的系统日志或网络流量来对抗系统入侵者，因此面临着大数据的挑战。所以，研究用于入侵检测的大数据技术已经引起了业界和学术界[44]的广泛关注。

在早期阶段，Ryan 等[45]已经证明，学习用户档案是检测入侵的一种有效方法。Lee 等研究了一种基于数据挖掘的实时入侵检测系统。为了获得实时性，特征提取和建模的计算成本被用于基于多模型的方法，以获得最小的计算成本和足够的精度。从更实际的角度来看，Sommer 和 Paxson[47]指出了在“真实世界”大规模操作环境中应用机器学习入侵检测的困难。大数据的特性将使入侵检测系统更具挑战性。如何提高大数据输入的入侵检测性能已成为人们研究的热点。Guilbault 和 Guha[49]使用亚马逊公司的弹性计算云设计了一个入侵检测系统的实验。MIDeA[50]是一种针对高速网络的多并行入侵检测体系结构，它结合了多 CPU 和 GPU 的计算能力。Beehive[51]提出了一种从大型企业各种安全产品产生的脏日志数据中自动提取特征的方案，以检测可疑活动。通过应用 MapReduce，Aljarah 等[52]已经证明，所提出的入侵检测系统可以很好地扩展数据集的大小。Marchal 等的[53]已经引入了一种入侵检测体系结构，该体系结构利用了可扩展的分布式数据存储和管理，并通过先进的大数据分析工具（如 Hadoop、Spark、Storm 等）进行评估。Cuzzocrea 等[54]实现了一种基于自适应集成的入侵检测系统，以满足分布式、协作性、可扩展性、多尺度网络流量分析的需求。

在雾计算的背景下，雾作为一个屏蔽层，不仅可以对客户端进行入侵检测，也可以对集中式云进行入侵检测，为我们提供了新的机会。Shi 等[55]设计了一种基于 cloudlet mesh 的入侵检测系统，可以识别对远程云的入侵，保护终端设备、cloudlet 和云之间的通信通道。cloudlet mesh 中的分布式 IDS 可以协同检测，提高了检测率。以移动社交网络上的垃圾邮件检测应用为例，cloudlet mesh 将尝试识别垃圾邮件，只有 cloudlet mesh 无法识别是否为垃圾邮件时，才使用 MapReduce 过滤将大文件卸载到远程云。

（2）僵尸网络检测。物联网僵尸网络（IoT Botnet）或物联网机器人（Thing Bot）是对当前物联网的一个具体威胁，也会以一种自然的方式扰乱计算。由于雾节点广泛部署在交换机/路由器、机顶盒、工业控制器、嵌入式服务器和网络摄像机中，这些节点也有可能被感染，成为僵尸网络的僵尸节点。Proofpoint 的一项研究表明，智能冰箱或智能电视都可能被用来发起垃圾邮件攻击[56]。就僵尸网络而言，与物联网相比，雾节点更受攻击者的青睐，因为它们通常拥有丰富的资源、完整的连接和虚拟化环境。僵尸网络一旦形成，它可以成为攻击者自己感兴趣的强大工具，用于网络扫描、密码破解、DoS 攻击、垃圾邮件、单击欺诈、加密货币挖掘等。

虽然这些检测方法大多建立在分析网络流量的基础上，但它们通常面临处理大量流量数据的挑战。BotMiner[57]提出了一种检测框架，可以在对通信流量进行聚类后识别出恶意集群。为了减少业务量，采用流聚合的方法使问题具有可扩展性。针对聚类的计算复杂度，在两步聚类方法中采用了降维技术。BotGrep[58]专注于通过子图上随机游动的相对混合率来检测点对点僵尸网络，这些子图由一个大型图上的有效预过滤器获得的候选 P2P 节点组成。作为这些数据缩减技术的补充，通常使用大规模并行处理技术。BotGraph[59]利用 MapReduce 框架，通过高效计算一个大型用户-用户图来检测垃圾邮件机器人。BotCloud[60]在 Hadoop 集群中使用了主机依赖图模型和经过调整的 PageRank 算法，在 PageRank 迭代的平均执行时间上带来了性能优势。BotFinder[61]可以通过机器学习命令与控制（C&C）通信的关键特征来发现机器人。由于特征的独立性，使用多处理库可以加快提取过程。Singh 等[62]使用 Hadoop、Hive 和 Mahout 为点对点僵尸网络攻击构建了一个基于学习的入侵检测系统。由于雾计算也依赖于虚拟化，所以僵尸网络检测应该在虚拟化环境中完成。Hsiao 等[63]提出了一种监控客户操作系统的检测方案，并使用基于学习的方法生成客户操作系统行为概要，用于检测僵尸网络。

（3）先进的持续威胁。安全大数据分析为高级持续性威胁（APT）攻击检测奠定了新方向。APT 攻击是由经验丰富的攻击者针对知名公司和政府的特定信息进行的攻击[64]。渗透是持久的，通常是长期的，攻击方法涉及不同的步骤和不同的技术。尽管目前没有证据表明 APT 攻击存在于雾计算中，但在许多与雾计算相关的领域，如无线基础设施、hypervisor 和物联网，已经发现了 APT 攻击。在雾计算中利用大数据分析进行 APT 检测的优势在于：由于距离用户较近，以较低的成本收集更多的信息；在边缘处进行检测，使早期检测时间大大提前；与集中云协作，可以为提高检测准确率和减少误报创造机会。现有的基于 MapReduce 的 APT 检测可以很容易地集成到分布式雾计算平台中。Giura 等[65]提出并实现了一种 APT 检测模型，通过使用带有 MapReduce 的大规模分布式计算框架记录所有系统事件并对其进行计算，该框架可以提供近实时检测。Kim 等[66]通过 MapReduce 提出了一个安全事件聚合系统，用于 APT 的可伸缩态势分析，它提供了安全事件的周期性和特别聚合，并支持分析查询。

11.4.5 数据保护

雾计算中的数据保护面临着严峻的挑战，一些数据保护继承自云计算，一些数据保护在雾计算中具有独特性。我们将从数据审计和数据泄漏检测两个方面简要讨论大数据分析技术如何提高光纤陀螺计算中的数据保护。

（1）数据审计。与云计算类似，用户需要将数据控制权移交给雾云，才能使用其服务。这种外包计算模型将需要对光纤陀螺计算中的数据进行审计。然而，在雾计算中，我们必须解决数据审计的一个独特挑战，即地理分布。地理分布不仅仅是指地理分布的资源，还包括由于终端用户的移动性而导致的地理分布的数据。因此，可证明的数据拥有必须以分布式的方式部署，以在资源和数据分布的约束下最大限度地实现某个目标（如最小的延迟）。Zhang 等[67]利用 MapReduce 的特殊特性，根据数据的安全级别自动划分计算作业，并跨混合云安排计算。该任务可以是一个审计任务，并且雾计算之间的计算安排可以根据各个雾节点上可用的资源和数据进行调整。除此之外，数据审计的一个重要要求是保持数据的私密性；否则，恶意的被审核方可以很容易地伪造理想的结果。Zhang 等[68]提出了一种基于 MapReduce 的云平台数据匿名化方法，该方法可移植到雾计算，由于其具有 MapReduce 框架和隐私保护匿名化，有利于数据审计。

（2）数据泄漏检测。雾计算在保护用户数据隐私方面的一个潜在的安全增强应用是将敏感数据保存在本地的雾节点上，并在本地处理它们，而不上传到任何远程云。然而，客户端需要确保在数据控制移交给雾计算的过程中不会发生敏感数据泄漏。数据泄漏检测（DLD）在复杂系统中至关重要，因为许多数据计算是以外包的方式完成的。为了使用所提供的服务或资源来处理数据，用户（分销商）必须信任代理，如云计算或雾计算服务提供商。Borders 等[69]提出了一种量化出站网络流量中的信息泄漏能力的方案。文献[70]使用了一个罪责代理模型来表征数据泄漏检测问题，并研究了识别罪责代理时的数据分配策略和虚假数据注入。Shu 等[71]提出了一种基于网络的 DLD 检测方法，该方法基于少量专用摘要，而不揭示敏感数据。随着数据量的不断增加，大数据分析在 DLD 中得到了广泛的应用。Liu 等[72]利用 MapReduce 框架计算数据泄漏检测的集合交集。雾计算的范例可以很好地用于识别和防止数据泄漏。Davies 等[73]在类似 cloudlet 的数据所有者架构上设计了一个隐私中介，它可以执行隐私数据混淆、隐私政策强制执行和许多其他隐私保护技术，以避免潜在的泄漏。

11.5 小　结

我们简要介绍了雾计算及其在大数据分析中的最新进展，确定了信任管理、身份和访问管理、可用性管理、安全信息和雾计算事件管理中的安全问题，调查了利用大数据分析来解决雾计算领域或相关基础领域安全问题的现有工作。大数据安全分析将是解决雾计算中的许多安全问题的一种有前途的技术。

参考文献

1. Chen, M., Mao, S., Liu, Y.: Big data: A survey. *Mobile Networks and Applications* 19(2), 171–209 (2014).
2. Assunção, M.D., Calheiros, R.N., Bianchi, S., Netto, M.A., Buyya, R.: Big data computing and clouds: Trends and future directions. *Journal of Parallel and Distributed Computing* 79, 3–15 (2015).
3. Bonomi, F., Milito, R., Zhu, J., Addepalli, S.: Fog computing and its role in the internet of things. In: *Proceedings of the First Edition of the MCC Workshop on Mobile Cloud Computing*. pp. 13–16. ACM (2012).
4. Takabi, H., Joshi, J.B., Ahn, G.J.: Security and privacy challenges in cloud computing environments. *IEEE Security & Privacy* (6), 24–31 (2010).
5. Cao, Y., Chen, S., Hou, P., Brown, D.: Fast: A fog computing assisted distributed analytics system to monitor fall for stroke mitigation. In: *2015 IEEE International Conference on Networking, Architecture and Storage (NAS)*, pp. 2–11. IEEE (2015).
6. Cheng, B., Papageorgiou, A., Cirillo, F., Kovacs, E.: Geelytics: Geo-distributed edge analytics for large scale iot systems based on dynamic topology. In: *2015 IEEE 2nd World Forum on Internet of Things (WF-IoT)*, pp. 565–570. IEEE (2015).
7. Ha, K., Chen, Z., Hu, W., Richter, W., Pillai, P., Satyanarayanan, M.: Towards wearable cognitive assistance. In: *Proceedings of the 12th Annual International Conference on Mobile Systems, Applications, and Services*. pp. 68–81. ACM (2014).
8. Jayaraman, P.P., Gomes, J.B., Nguyen, H.L., Abdallah, Z.S., Krishnaswamy, S., Zaslavsky, A.: Scalable energy-efficient distributed data analytics for crowdsensing applications in mobile environments. *IEEE Transactions on Computational Social Systems* 2(3), 109–123 (2015).

9. Ottenwälder, B., Koldehofe, B., Rothermel, K., Ramachandran, U.: Migcep: Operator migration for mobility driven distributed complex event processing. In: *Proceedings of the 7th ACM International Conference on Distributed Event-Based Systems*. pp. 183–194. ACM (2013).
10. Tang, B., Chen, Z., Hefferman, G., Wei, T., He, H., Yang, Q.: A hierarchical distributed fog computing architecture for big data analysis in smart cities. In: *Proceedings of the ASE Big Data & Social Informatics 2015*. p. 28. ACM (2015).
11. Xu, Y., Mahendran, V., Radhakrishnan, S.: Towards sdn-based fog computing: Mqtt broker virtualization for effective and reliable delivery. In: *2016 8th International Conference on Communication Systems and Networks (COMSNETS)*. pp. 1–6. IEEE (2016).
12. Vaquero, L.M., Rodero-Merino, L.: Finding your way in the fog: Towards a comprehensive definition of fog computing. *ACM SIGCOMM Computer Communication Review* 44(5), 27–32 (2014).
13. Yi, S., Hao, Z., Qin, Z., Li, Q.: Fog computing: Platform and applications. In: *2015 Third IEEE Workshop on Hot Topics in Web Systems and Technologies (HotWeb)*, pp. 73–78. IEEE (2015).
14. Yi, S., Qin, Z., Li, Q.: Security and privacy issues of fog computing: A survey. In: *Wireless Algorithms, Systems, and Applications*, pp. 685–695. Springer (2015).
15. Satyanarayanan, M., Schuster, R., Ebling, M., Fettweis, G., Flinck, H., Joshi, K., Sabnani, K.: An open ecosystem for mobile-cloud convergence. *Communications Magazine*, IEEE 53(3), 63–70 (2015).
16. Cisco: Iox overview. https://developer.cisco.com/site/iox/ technical-overview/ (2014).
17. Willis, D.F., Dasgupta, A., Banerjee, S.: Paradrop: A multi-tenant platform for dynamically installed third party services on home gateways. In: *ACM SIGCOMM Workshop on Distributed Cloud Computing* (2014).
18. Zhang, T., Chowdhery, A., Bahl, P.V., Jamieson, K., Banerjee, S.: The design and implementation of a wireless video surveillance system. In: *Proceedings of the 21st Annual International Conference on Mobile Computing and Networking*. pp. 426–438. ACM (2015).
19. Phan, L.T., Zhang, Z., Zheng, Q., Loo, B.T., Lee, I.: An empirical analysis of scheduling techniques for real-time cloud-based data processing. In: *2011 IEEE International Conference on Service-Oriented Computing and Applications (SOCA)*, pp. 1–8. IEEE (2011).
20. Lubell-Doughtie, P., Sondag, J.: Practical distributed classification using the alternating direction method of multipliers algorithm. In: *BigData Conference*. pp. 773–776 (2013).
21. Zhu, J., Chan, D.S., Prabhu, M.S., Natarajan, P., Hu, H., Bonomi, F.: Improving web sites performance using edge servers in fog computing architecture. In: *2013 IEEE 7th International Symposium on Service Oriented System Engineering (SOSE)*, pp. 320–323. IEEE (2013).
22. Han, H., Sheng, B., Tan, C.C., Li, Q., Lu, S.: A timing-based scheme for rogue ap detection. *IEEE Transactions on Parallel and Distributed Systems*, 22(11), 1912–1925 (2011).
23. Damiani, E., di Vimercati, D.C., Paraboschi, S., Samarati, P., Violante, F.: A reputation-based approach for choosing reliable resources in peer-to-peer networks. In: *2015 IEEE International Conference on Big Data (Big Data)*, pp. 1910–1916. IEEE (2015).

24. Standifird, S.S.: Reputation and e-commerce: Ebay auctions and the asymmetrical impact of positive and negative ratings. *Journal of Management* 27(3), 279–295 (2001).
25. Hogg, T., Adamic, L.: Enhancing reputation mechanisms via online social networks. In: *Proceedings of the 5th ACM Conference on Electronic Commerce.* pp. 236–237. ACM (2004).
26. Zhang, Y., Van der Schaar, M.: Reputation-based incentive protocols in crowdsourcing applications. In: *INFOCOM, 2012 Proceedings IEEE.* pp. 2140–2148. IEEE (2012).
27. Bao, F., Chen, I.R.: Dynamic trust management for internet of things applications. In: *Proceedings of the 2012 International Workshop on Self-Aware Internet of Things.* pp. 1–6. ACM (2012).
28. Zhou, P., Gu, X., Zhang, J., Fei, M.: A priori trust inference with context-aware stereotypical deep learning. *Knowledge-Based Systems* 88, 97–106 (2015).
29. Stojmenovic, I., Wen, S., Huang, X., Luan, H.: An overview of fog computing and its security issues. *Concurrency and Computation: Practice and Experience* (2015).
30. Bouzefrane, S., Mostefa, B., Amira, F., Houacine, F., Cagnon, H.: Cloudlets authentication in nfc-based mobile computing. In: *2014 2nd IEEE International Conference on Mobile Cloud Computing, Services, and Engineering (MobileCloud)*, pp. 267–272. IEEE (2014).
31. Kent, A.D., Liebrock, L.M., Neil, J.C.: Authentication graphs: Analyzing user behavior within an enterprise network. *Computers & Security* 48, 150–166 (2015).
32. Freeman, D.M., Jain, S., Dürmuth, M., Biggio, B., Giacinto, G.: Who are you? A statistical approach to measuring user authenticity. *NDSS* (2016).
33. Bates, A., Mood, B., Valafar, M., Butler, K.: Towards secure provenance-based access control in cloud environments. In: *Proceedings of the Third ACM Conference on Data and Application Security and Privacy.* pp. 277–284. ACM (2013).
34. Dsouza, C., Ahn, G.J., Taguinod, M.: Policy-driven security management for fog computing: Preliminary framework and a case study. In: *2014 IEEE 15th International Conference on Information Reuse and Integration (IRI)*, pp. 16–23. IEEE (2014).
35. Yu, S., Zhou, W., Jia, W., Guo, S., Xiang, Y., Tang, F.: Discriminating ddos attacks from flash crowds using flow correlation coefficient. *IEEE Transactions on Parallel and Distributed Systems*, 23(6), 1073–1080 (2012).
36. Lee, Y., Kang, W., Son, H.: An internet traffic analysis method with mapreduce. In: *Network Operations and Management Symposium Workshops (NOMS Wksps), 2010 IEEE/IFIP.* pp. 357–361. IEEE (2010).
37. Lee, Y., Lee, Y.: Detecting ddos attacks with hadoop. In: *Proceedings of the ACM CoNEXT Student Workshop.* p. 7. ACM (2011).
38. Rettig, L., Khayati, M., Cudre-Mauroux, P., Piorkowski, M.: Online anomaly detection over big data streams. In: *2015 IEEE International Conference on Big Data (Big Data)*, pp. 1113–1122. IEEE (2015).
39. Gupta, C., Sinha, R., Zhang, Y.: Eagle: User profile-based anomaly detection for securing hadoop clusters. In: *2015 IEEE International Conference on Big Data (Big Data)*, pp. 1336–1343. IEEE (2015).
40. Zargar, S.T., Joshi, J., Tipper, D.: A survey of defense mechanisms against distributed denial of service (ddos) flooding attacks. *Communications Surveys & Tutorials*, IEEE 15(4), 2046–2069 (2013).

41. Hong, K., Lillethun, D., Ramachandran, U., OttenwŠlder, B., Koldehofe, B.: Mobile fog: A programming model for large-scale applications on the internet of things. In: *Proceedings of the second ACM SIGCOMM Workshop on Mobile Cloud Computing.* pp. 15–20. ACM (2013).
42. Zheng, M., Xue, H., Zhang, Y., Wei, T., Lui, J.: Enpublic apps: Security threats using ios enterprise and developer certificates. In: *Proceedings of the 10th ACM Symposium on Information, Computer and Communications Security.* pp. 463–474. ACM (2015).
43. Wang, T., Lu, K., Lu, L., Chung, S.P., Lee, W.: Jekyll on ios: When benign apps become evil. In: *Usenix Security.* 13 (2013).
44. Zuech, R., Khoshgoftaar, T.M., Wald, R.: Intrusion detection and big heterogeneous data: A survey. *Journal of Big Data* 2(1), 1–41 (2015).
45. Ryan, J., Lin, M.J., Miikkulainen, R.: Intrusion detection with neural networks. *Advances in Neural Information Processing Systems*, pp. 943–949 (1998).
46. Lee, W., Stolfo, S.J., Chan, P.K., Eskin, E., Fan, W., Miller, M., Hershkop, S., Zhang, J.: Real time data mining-based intrusion detection. In: *DARPA Information Survivability Conference & Exposition II, 2001. DISCEX'01. Proceedings.* 1, 89–100. IEEE (2001).
47. Sommer, R., Paxson, V.: Outside the closed world: On using machine learning for network intrusion detection. In: *2010 IEEE Symposium on Security and Privacy (SP)*, pp. 305–316. IEEE (2010).
48. Suthaharan, S.: Big data classification: Problems and challenges in network intrusion prediction with machine learning. *ACM SIGMETRICS Performance Evaluation Review* 41(4), 70–73 (2014).
49. Guilbault, N., Guha, R.: Experiment setup for temporal distributed intrusion detection system on amazon's elastic compute cloud. In: *2009 IEEE International Conference on Intelligence and Security Informatics (ISI'09)*, pp. 300–302. IEEE (2009).
50. Vasiliadis, G., Polychronakis, M., Ioannidis, S.: Midea: A multi-parallel intrusion detection architecture. In: *Proceedings of the 18th ACM Conference on Computer and Communications Security.* pp. 297–308. ACM (2011).
51. Yen, T.F., Oprea, A., Onarlioglu, K., Leetham, T., Robertson, W., Juels, A., Kirda, E.: Beehive: Large-scale log analysis for detecting suspicious activity in enterprise networks. In: *Proceedings of the 29th Annual Computer Security Applications Conference.* pp. 199–208. ACM (2013).
52. Aljarah, I., Ludwig, S.: MapReduce intrusion detection system based on a particle swarm optimization clustering algorithm. In *2013 IEEE Congress on Evolutionary Computation (CEC)*, pp. 955–962. IEEE (2013).
53. Marchal, S., Jiang, X., State, R., Engel, T.: A big data architecture for large scale security monitoring. In: *2014 IEEE International Congress on Big Data (BigData Congress)*, pp. 56–63. IEEE (2014).
54. Cuzzocrea, A., Folino, G., Sabatino, P.: A distributed framework for supporting adaptive ensemble-based intrusion detection. In: *2015 IEEE International Conference on Big Data (Big Data),*. pp. 1910–1916. IEEE (2015).
55. Shi, Y., Abhilash, S., Hwang, K.: Cloudlet mesh for securing mobile clouds from intrusions and network attacks. In: *2015 3rd IEEE International Conference on Mobile Cloud Computing, Services, and Engineering (MobileCloud)*, pp. 109–118. IEEE (2015).
56. Proofpoint: Proofpoint uncovers internet of things (iot) cyberattack. http:// investors.proofpoint.com/releasedetail.cfm?releaseid=819799 (2014).

57. Gu, G., Perdisci, R., Zhang, J., Lee, W. et al.: Botminer: Clustering analysis of network traffic for protocol-and structure-independent botnet detection. In: *USENIX Security Symposium*. 5, 139–154 (2008).
58. Nagaraja, S., Mittal, P., Hong, C.Y., Caesar, M., Borisov, N.: Botgrep: Finding p2p bots with structured graph analysis. In: *USENIX Security Symposium*. pp. 95–110 (2010).
59. Zhao, Y., Xie, Y., Yu, F., Ke, Q., Yu, Y., Chen, Y., Gillum, E.: Botgraph: Large scale spamming botnet detection. In: *NSDI*. 9, 321–334 (2009).
60. Francois, J., Wang, S., Bronzi, W., State, R., Engel, T.: Botcloud: Detecting bot-nets using mapreduce. In: *2011 IEEE International Workshop on Information Forensics and Security (WIFS)*. pp. 1–6. IEEE (2011).
61. Tegeler, F., Fu, X., Vigna, G., Kruegel, C: Botfinder: Finding bots in network traffic without deep packet inspection. In: *Proceedings of the 8th International Conference on Emerging Networking Experiments and Technologies*. pp. 349–360. ACM (2012).
62. Singh, K., Guntuku, S.C., Thakur, A., Hota, C: Big data analytics framework for peer-to-peer botnet detection using random forests. *Information Sciences* 278, 488–497 (2014).
63. Hsiao, S.W., Chen, Y.N., Sun, Y.S., Chen, M.C.: A cooperative botnet profiling and detection in virtualized environment. In: *2013 IEEE Conference on Communications and Network Security (CNS)*, pp. 154–162. IEEE (2013).
64. Chen, P., Desmet, L., Huygens, C.: A study on advanced persistent threats. In: *Communications and Multimedia Security*. pp. 63–72. Springer (2014).
65. Giura, P., Wang, W.: Using large scale distributed computing to unveil advanced persistent threats. *Science J* 1(3), 93–105 (2012).
66. Kim, J., Moon, I., Lee, K., Suh, S.C., Kim, I.: Scalable security event aggregation for situation analysis. In: *2015 IEEE First International Conference on Big Data Computing Service and Applications (BigDataService)*, pp. 14–23. IEEE (2015).
67. Zhang, K., Zhou, X., Chen, Y., Wang, X., Ruan, Y.: Sedic: Privacy-aware data intensive computing on hybrid clouds. In: *Proceedings of the 18th ACM Conference on Computer and Communications Security*. pp. 515–526. ACM (2011).
68. Zhang, X., Yang, C, Nepal, S., Liu, C, Dou, W., Chen, J.: A mapreduce based approach of scalable multidimensional anonymization for big data privacy preservation on cloud. In: *2013 Third International Conference on Cloud and Green Computing (CGC)*, pp. 105–112. IEEE (2013).
69. Borders, K., Prakash, A.: Quantifying information leaks in outbound web traffic. In *2009 30th IEEE Symposium on Security and Privacy*, pp. 129–140. IEEE (2009).
70. Papadimitriou, P., Garcia-Molina, H.: Data leakage detection. *Knowledge and Data Engineering, IEEE Transactions on* 23(1), 51–63 (2011).
71. Shu, X., Yao, D.D.: Data leak detection as a service. In: *Security and Privacy in Communication Networks*, pp. 222–240. Springer (2012).
72. Liu, F., Shu, X., Yao, D., Butt, A.R.: Privacy-preserving scanning of big content for sensitive data exposure with mapreduce. In: *Proceedings of the 5th ACM Conference on Data and Application Security and Privacy*. pp. 195–206. ACM (2015).
73. Davies, N., Taft, N., Satyanarayanan, M., Clinch, S., Amos, B.: Privacy mediators: Helping IoT cross the chasm. In: *Proceedings of the 17th International Workshop on Mobile Computing Systems and Applications*. pp. 39–44. ACM (2016).

第 12 章　使用基于社会网络分析和网络取证的方法分析异常社会技术行为

在线社交网络（OSN）在短时间内呈指数级增长，这种增长彻底改变了社会之间的互动方式。全世界许多人每天都在使用社交媒体：例如，Twitter 的注册用户约有 13 亿，平均每天有 1 亿活跃用户，仅在美国就有 6500 万用户[1]。除了 Twitter，Facebook 是世界上最大的社交网络。这个社交网站每月约有 16.5 亿活跃用户，美国和加拿大每天约有 1.67 亿活跃用户，他们每天平均用 20min 的时间在 Facebook 上[2]。

12.1　引　言

具体而言，社交媒体的使用已从娱乐来源或寻找和联系朋友或家人的方式（无论他们在全球何处）转变为越轨使用目的，如进行网络犯罪、黑客攻击、网络恐怖主义、传播宣传或错误信息、实施网络战战术，或其他类似的越轨行为。这些行为往往表现出一种闪电暴徒式的行为，即一群人聚集在网络空间，进行一种越轨行为，然后消失在匿名的互联网中，我们把这种行为称为“越轨网络快闪暴徒”（DCFM）[4]。

这些恶意使用社交媒体的行为对社会构成重大威胁，因此需要特别关注研究。对 OSN 中的越轨行为现象进行新的研究，尤其是对不同社交媒体上不断产生的大量证据信息，将有利于信息保障领域及其各自的子领域。本章主要研究以下几个研究问题。

（1）越轨集团，例如，跨国犯罪组织，使用什么战略和工具来传播其宣传?谁来负责传播这些信息（如有权势的行动者）?

（2）我们能否用集体行动的理论建构来衡量个人在传播过程中的利益、控制和权力，从而对个人参与宣传传播的动机进行建模?

（3）僵尸网络是否参与了传播过程?这些僵尸网络有多复杂?这些机器人在信息机动中扮演什么角色?机器人网络中是否存在结构模式？我们怎样才能发现它们呢?

为了回答上述研究问题，我们在本章做以下工作。

（1）我们开发了一个系统的方法，可以遵循其分析宣传传播，这种方法是在为上述不同事件收集的数据集上进行的几个实验中获得的。

（2）我们确定了越轨群体进行这种越轨行为所使用的策略和工具，如宣传传播。

（3）我们展示了如何使用网络取证来发现信息行动者之间的隐藏联系，以及如何使用网络取证来研究跨媒体关联。

本章的结构如下：在 12.2 节中提供了一个简短的文献综述。12.3 节讨论了我们的方法；在 12.4 节中讨论了我们调查的两个案例（Daesh 或 ISIS/ISIL 和 Novorossiya），以及我们在每个案例中获得的结果和分析；12.5 节对本研究进行了总结，并提出了未来可能的研究方向。

12.2 文献综述

在我们的方法中，应用了一种称为焦点结构（FSA）的算法，这是 Sen 等[5]开发的一种算法，用于发现大型网络中一组有影响的节点。这组节点不必紧密相连，也可能不是最有影响力的节点，但通过共同作用，它形成了一种令人信服的力量。这一算法在许多现实世界的信息宣传活动中进行了测试，如 Twitter 上的沙特阿拉伯妇女 OCT26 驾车运动①以及 2014 年乌克兰危机期间②总统亚努科维奇拒绝签署欧洲联盟协议。

僵尸网络/机器人/或自动社交角色（ASA）/代理不是新发明。自 1993 年起，它们就被用于互联网中继聊天（IRC），也称为 Eggdrop。他们过去常常做一些非常简单的任务，如问候新参与者，提醒他们注意其他用户的动作[6]。随着时间的推移，僵尸网络的使用也在不断发展，因为它们具有可执行的多功能和易于实现。在我们的工作中，能够识别和研究所有上述事件中的僵尸网络的网络结构（网络的样子）。在 2012 年叙利亚内战期间，用于传播宣传的叙利亚社交机器人[7]也进行了类似的研究。

我们还使用了一些网络取证工具和技术来发现不同博客网站之间隐藏的关系，我们使用了 Maltego 工具，这是一个开源的情报和取证应用程序，它在挖掘和收集信息以及以易于理解的格式表示这些信息方面节省了大量时间。除此之外，我们还使用了一些网络取证技术，如 Google Analytics ID，这是一种在线分析工具，允许网站所有者收集有关其网站访问者的一些统计信息，如浏览器、操作系统和国家，多个网站可以管理在一个单一的 Google Analytics 账户。该账户有一个唯一的识别“UA”号，通常嵌入网站代码中[8]。使用此代码可以识别在同一 UA 编号下管理的

① 推动运动#octzbdriving 的权利（可在 http://bit.ly/IO my CIO 获得）。

② 亚努科维奇欧盟交易被拒绝后乌克兰抗议(见 http://bbc.in/1ghcybV)。

其他博客站点。Wired 在 2011 年报道了这种方法，FBI 网络犯罪专家 Michael Bazzell 在《开源情报技术》一书中也引用了这种方法[8,9]。

12.3 方　　法

在本节中，我们将介绍为获得 12.4.1 节和 12.4.2 节中提到的结果和发现而采用的方法。图 12.1 显示了我们与软件结合使用的操作流程图。接下来是对图中每个步骤/组件的逐步说明，我们使用了以下软件。

（1）Maltego：一个网络取证工具，有助于发现不同博客网站之间隐藏的联系，网址：http://bit.ly/1OoxDCD。

（2）GoogleTAG：用于连续收集数据。网址：http:// bit.ly/1KPrRH2。

（3）TAGSExplorer：要实时可视化 GoogleTAG 收集的数据。访问：http:// bit.ly/24NmFjy。

（4）Blogtrackers：分析我们收集数据的博客。可通过以下 URL 访问该工具：blogtrackers.host.ualr.edu。

（5）CytoScape：一个用于数据可视化的开源软件平台，位于 http://bit.ly/1VTWOow。

（6）NodeXl：要收集和分析数据。访问：http://bit.ly/1WKA5u9。

（7）语言查询和字数统计（LIWC）：要计算情感分数。访问：http://bit.ly/1WKAyN3。

（8）IBM Watson Analytics：要探索数据集并获得进一步的见解，如对话的性质和类型。请访问：http://ibm.co/214CjoD。

（9）TouchGraph SEO 浏览器：要检查关键字或标签在不同网站上的使用情况，它会显示网站之间的连接网络（按关键字或标签），如谷歌数据库所报告。可从以下网址获得：http://bit.ly/1Tm8Cz4。

（10）ORA-LITE：评估和分析数据的动态元网络。网址：http://bit.ly/27fu Hnv。

（11）Web 内容提取器：一种 Web 提取软件，可以以高度准确和高效的方式提取网站内容，网址：http:// bit.ly/1uUtpeS。

（12）Merjek：在线工具，可用于识别 FSA。网址：http://bit.ly/21YV5OC。

我们从一个事件的种子知识开始。这些种子知识可以是关键词、标签、Twitter 账户或博客站点。一旦这些知识变得清晰，那么使用图 12.1 所示的流程图，我们就可以执行 7 种类型的分析/场景。接下来，我们给出了这 7 个场景中的每个步骤；这些也可以很容易地通过查看流程图来完成。编号是为了区分每种场景或分析类型。

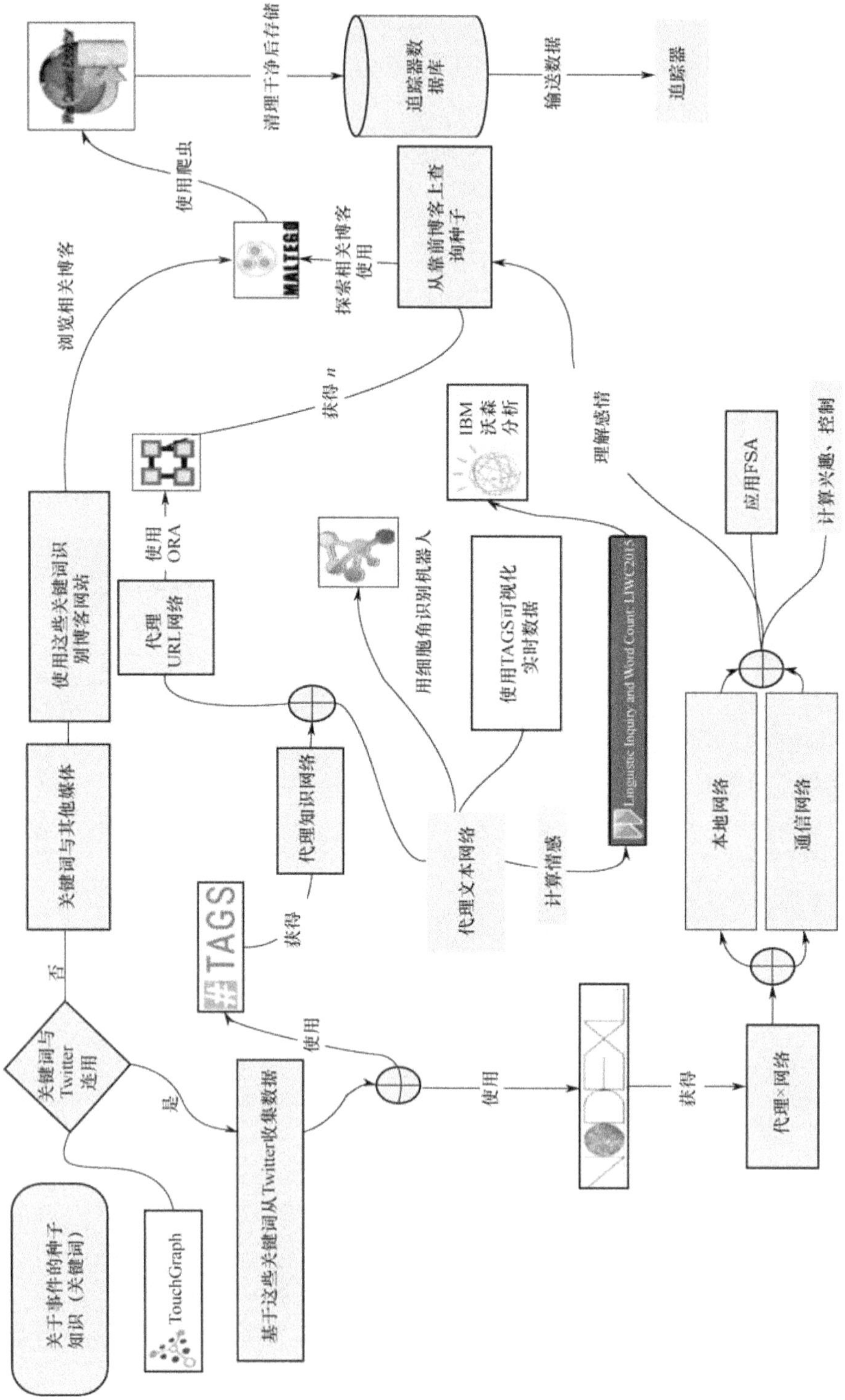

图 12.1　我们研究的两种情况的操作流程图

（1）FSA 的应用。首先要获取事件的种子知识；然后检查这些关键词在互联网上是如何使用的。首先识别 Twitter 上使用的关键字；然后使用 NodeXl 基于这些关键字收集数据。一旦完成，我们将拥有一个代理-代理网络，它既包含使用这些关键字的用户的社交网络（他们的朋友和追随者网络），也包含交流网络（任何发推、提到或转发的用户和包含目标关键字的文本）。最后，可以利用 Merjek 来应用 FSA 来发现大型网络中的个人影响群体。

（2）计算网络中的强大参与者。可以通过使用我们开发的公式来计算个人的权力，该权力基于他们对传播消息的兴趣和他们对传播该消息的控制，从而计算我们为应用 FSA 收集的数据集中的强大用户。该公式来源于集体行动理论，用于计算 ISIL 前 10 大传播者的权力[10,11]。

（3）识别僵尸网络。首先获得有关事件的种子知识；然后检查这些关键字在互联网上的使用情况：首先识别 Twitter 上使用的关键字；然后使用 GoogleTAG 收集基于这些关键字的数据；最后通过知识网络得到一个 agent。把它变成一个文本代理网络（文本包括 Twitter、转发、提及和回复），并使用 CytoScape 可以识别网络中的僵尸网络。我们使用这种方法来识别那些传播 ISIL 斩首视频宣传的僵尸网络[4]。

（4）理解情绪。我们可以使用上一步提到的同一个网络来理解公众对某个特定事件的情绪，如公众对某个问题的感觉如何，或者在宣传中正在推动什么样的叙事？这可以通过使用 LIWC 来计算文本情感的得分，然后使用 IBMWatson 分析来提出感兴趣的问题，然后找到答案。

（5）对数据进行实时可视化。在第（3）步中收集的相同数据上，可以使用 TAGSExplorer 连续收集数据，并对用户谈论事件的 Twitter 提要进行实时可视化。

（6）使用 Maltego 发现相关博客站点。只要我们有种子博客或 Twitter 账号，就可以使用 Maltego 发现由同一个人拥有或由相同唯一标识“UA”号管理的其他博客。也可以从 Twitter 上找到博客，或者从 Twitter 上找到博客，用 Maltego 研究跨媒体联系。

（7）使用 Blogtracker 进行博客分析。一旦确定了感兴趣的博客，就可以使用 Web 内容提取器工具抓取它们的数据，提取出该博客网站的内容，然后清理数据，并将其提供给 Blogtracker 工具进行进一步分析。

12.4 案例研究

12.4.1 DAESH 或 ISIS/ISIL 案例研究：动机、演变和发现

我们对研究伊斯兰国（也称为 ISIL、ISIS 或 Daesh）在社交媒体上的行为的兴

趣始于对 ISIL 在社交媒体上的十大传播者网络进行的一项研究[11]，该研究于 2014 年 9 月由国际激进与政治暴力研究中心（ICSR）发布[12]。在 Carter 等的研究中，他们在社交媒体上采访了 ISIL 的传播者和招聘者，并公布了他们的身份。在我们的工作中：首先搜索了招聘人员的朋友和追随者的网络（2014 年 8 月）；然后应用我们开发的框架来识别该网络中的强大参与者。有影响力的行动者是那些声称对信息的传播有很大控制权的个人，并对传播这些信息有极大兴趣的个人[10,11]。我们发现，顶层传播者节点不仅是最中心（连接最紧密）的节点，而且它们还构成了一个焦点结构，这意味着顶级传播者正在相互协调。他们正在协调传播 ISIS 的宣传，形成一个强大的运动组织网络。图 12.2（a）和（b）显示了从伊斯兰国网络收集的两条推文样本，其中既有宣传信息，也有给追随者的信息。我们对从他们的网络中收集到的账户进行了后续调查发现，其中一些账户被 Twitter 暂停使用，其他账户遭到了 Anonymous①（一个黑客组织）的攻击，而其余账户的所有者则被执法部门抓获。因此我们决定在 2015 年 2 月（6 个月后）重新搜索网络，以了解暂停和网络攻击对整个网络的影响。我们发现，伊斯兰国的招募活动几乎增加了 1 倍。此外，我们还发现一些账号的用户不止一个，如@shamiwitness 的用户被执法部门抓获，但当重新搜索网络时，该账号仍然很活跃，吸引了更多的用户。

(a) (b)

图 12.2　从 Daesh/ISIL 网络收集的推文样本（其中包含对他们追随者的宣传和信息）

（a）宣传是由我们数据集中的十大传播者之一发布的；（b）推文包含给该账户关注者的信息。

图 12.3 是重新抓取 6 个月后的旧网络和新网络，其中红色节点②表示仍然存在的节点，白色节点表示 Twitter 挂起的节点，蓝色节点表示新增的节点。大的 10 个节点代表 ICSR 确定的伊斯兰国的十大传播者。

① 匿名“黑客主义分子”打击 ISIS(网址：http//bit.ly/1vzrTSQ)。

② 原著就是黑白图——译者注。

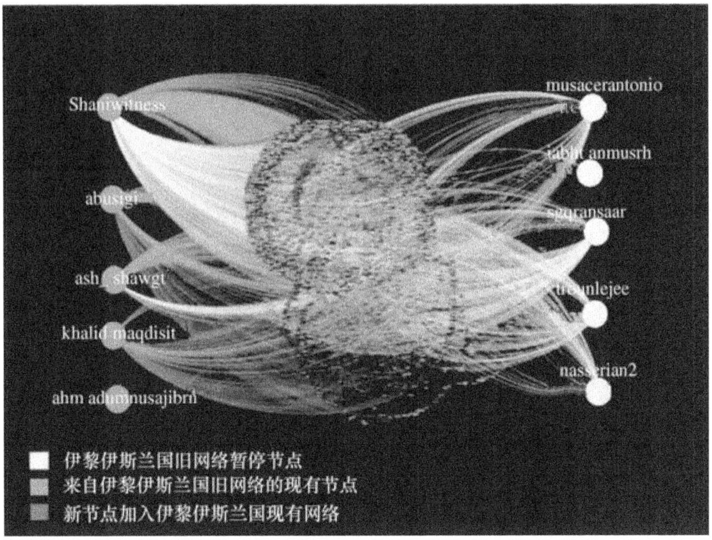

图 12.3 总共 16 539 个节点和 21 878 条边（ISIL 前 10 名传播者/强大参与者的朋友/追随者）

因为很少有用户在推特上分享他们的位置，所以我们试图用他们所遵循的时区来推断那些推特账户的位置，我们收集的大多数用户都可以使用这个时区，并用不同颜色区分排名前 10 位的传播者和他们的其他朋友及追随者。我们放大了前十大传播者中的两位：@Shamiwitness 和@Ash_shawqi，发现，许多用户并没有遵循他们实际居住的时区，这表明他们要么使用代理服务器来隐藏他们的物理位置，要么他们负责向他们所关注的不同时区的受众传播信息。例如，@Shamiwitness 遵循中非时区，但他在印度班加罗尔①被捕。我们还发现，在搜索了网络后，一些账户改变了他们的身份。例如，@Ash_shawqi 账号：在收集数据时，该账号有 5 990 条推文，3 867 名关注者，并关注 279 名用户。他的时区是澳大利亚布里斯班。6 个月后，这个账户看起来完全不同了。首先，他清除了他的旧推文和朋友/关注者（只有三条推文和一个关注者）；其次，他的个人资料语言从阿拉伯语变成了俄语；然后，他在“Москва”中分享了他的位置，在英语中意为“莫斯科”；最后，他曾经将自己描述为 Ahlu-Sunnah Wal Jama'ah（Tawhid 和圣战平台）的成员，但 6 个月后，他的描述变成了俄语“Помощьдолжнасовершатьсянепротивволитого，комупомогает,”使用谷歌翻译服务将其翻译成英语，即“援助不应违背帮助者的意愿”。

12.4.2 新科学案例研究：动机、演变和发现

在这个案例中，我们研究了新西亚的影响。遵循我们在 ISIL 案例研究中遵循

① 沙米证人的逮捕在推特上扰乱了 ISIS 的笼子（网址：http://bit.ly/1TyTum0）。

② 原著就是黑白图——译者注。

的类似方法，但在这里添加了网络取证方面，以揭示不同组织群体之间的隐藏联系，并研究个人和群体的跨媒体联系。

我们研究了针对美国军队和北约进行的两次军事演习的宣传计划，即龙骑骑乘演习①和“三叉戟”联合穿刺演习②（TRJE2015）。在龙骑演习中，美国士兵被派去执行大西洋决议行动的任务，并开始了龙骑行动（2015 年 3 月 21 日），以行使该部队的维护和领导能力，并展示北约内部存在的行动自由。这次游行跨越了 1100 多英里，跨越了 5 个国际边界，包括爱沙尼亚、拉脱维亚、立陶宛、波兰和捷克。“三叉戟”联合穿刺演习有来自 30 多个国家的 36000 人参加，在比利时、德国、荷兰、挪威、西班牙、葡萄牙、意大利、加拿大、地中海和大西洋各地举行，以展示北约应对当前和未来安全挑战的能力和能力。

在这两次军事演习中，有很多宣传计划。除此之外，参与国的一些当地居民不喜欢这些演习。有人呼吁内乱，并进行大量宣传，要求人们抗议并对参加这两次演习的部队采取暴力行动。对于龙骑运动，这主要是由一组僵尸网络来完成的。这些僵尸网络是通过使用 Scraawl（一个可在 www.scraawl.com 上提供的在线社交媒体分析工具）来识别的。我们收集了 2015 年 5 月 8 日晚上 8:09:02 到 2015 年 6 月 3 日晚上 11:21:31 期间这些机器人的 73 个推特账户，包括朋友-追随者关系和推特-提及-回复关系。结果产生了 24446 个唯一节点和 31352 条唯一边，其中包括：35197 条朋友和追随者边，14428 条推文边，358 条提及边和 75 条回复边。我们研究了它们的网络结构，了解它们是如何运作的，如图 12.4 所示。这里的机器人不遵循“跟随我，我跟随你”（FMIFY）和“我跟随你，跟随我”（IFYFM）的原则，但这些机器人的识别一直具有挑战性，因为这里的机器人也在协调。这种行为在通信网络中更为明显（转发+提到+回复）。这意味着，如果我们看看朋友-追随者网络，我们不会看到太多的协调（不像克里米亚水危机的简单机器人）。在观察通信网络时，它确实反映了协调，这也可以通过应用一个非常复杂的网络结构分析算法来观察到，即我们的 FSA 方法[5]。

在“三叉戟”穿刺演习中，我们对在推特和博客圈上组织的 anti-OTAN 和 anti-TRJE2015 年网络宣传活动进行了实证研究。领域专家确定了 6 个在社交媒体上传播信息的组织，邀请人们反对北约和 2015 年 TRJE。我们使用谷歌搜索和网络取证技术确定了他们的博客网站以及他们的推特账号，然后我们收集了他们从 2014 年 8 月 3 日下午 4:51:47 到 2015 年 9 月 12 日上午 3:22:24 的推特网络。结果是 10805 个朋友关注、68 个回复、654 条推文、1365 次提及、9129 个唯一节点和 10824 个唯一边。

① “大西洋决议行动”演习在东欧开始（网址：http://1.usa.gov/1rDSxcb，最后访问日期：2016 年 6 月 12 日）。

② “三叉戟”穿刺 2015（网址：http://bit.ly/1OdqxpG，最后访问日期：2016 年 6 月 12 日）。

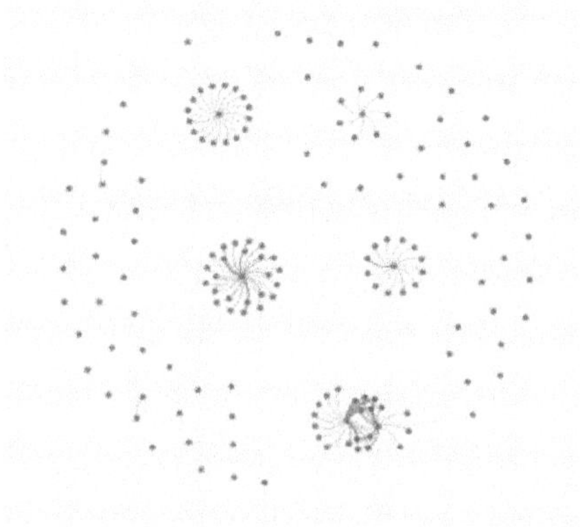

图 12.4　在检查通信网络时发现的龙骑（2015）机器人之间的协调
（社交网络不表现出任何协调能力）

我们使用了网络取证工具（Maltego：一个开源的智能和取证应用程序。它节省了很多时间在挖掘和收集信息以及这些信息表示在一个容易理解的格式（图 12.5））和网络取证技术，如跟踪（Google Analytics）ID，这是一个在线分析工具，允许网站所有者收集一些统计关于他们的网站访客，如他们的浏览器、操作系统和国家。如图 12.5 所示，通过一个 Google Analytics 账户可以管理多个站点。利用文献[8,9]的技术，我们能够揭示不同博客网站之间的隐藏关系，也能够研究不同群体的跨媒体隶属关系。

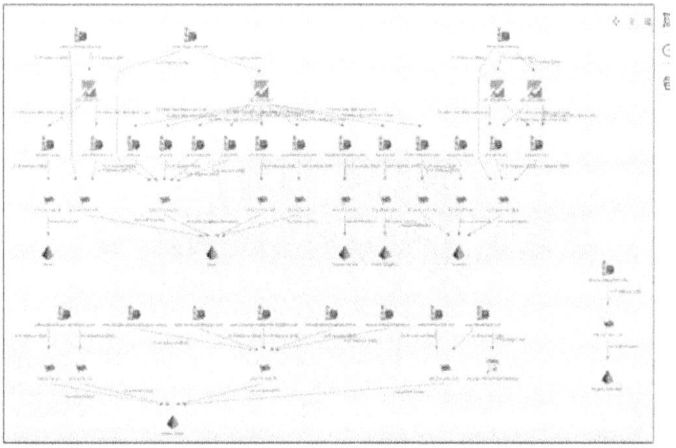

图 12.5　使用 Maltego 工具和唯一标识符（Google Analytics ID）
查找相关网站、网站的 IP 地址和位置

在确定了这些博客之后，我们对它们进行了爬行，并将它们的数据输入了我们内部开发的博客跟踪器工具，在那里可以对博客级别进行进一步的分析。使用博客跟踪器，我们可以看到在“三叉戟”穿刺练习之前，博客活动（博客文章数量）的峰值（图 12.6）。我们还能够确定最有影响力的帖子[17]，同时有很多宣传和明确呼吁反对北约部队的内乱（图 12.7）。

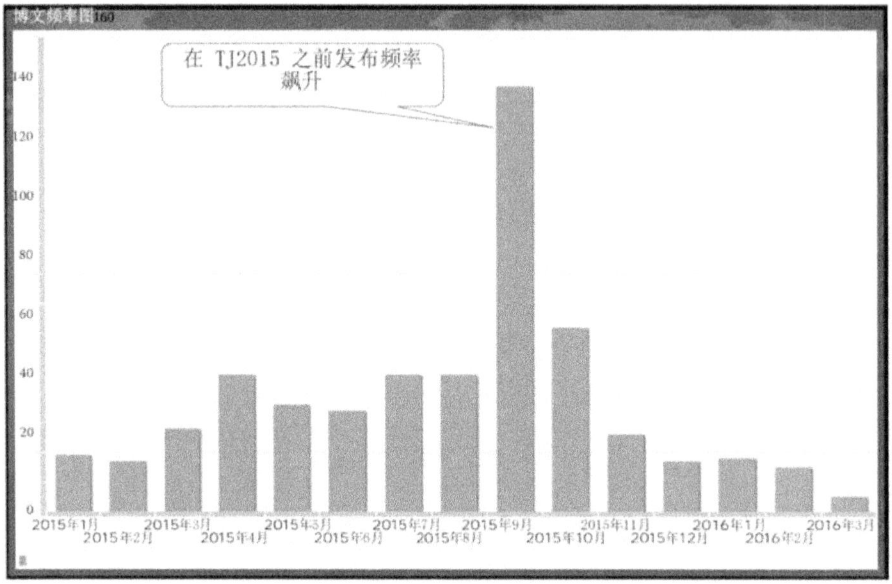

图 12.6　在“三叉戟”穿刺练习之前的博客发布活动的峰值

camp program: TODAY October 11, 2015 **EVENT Antimilitarist** TO 18 IN CAGLIARI. CONCENTRATION PIAZZA D'ARMI. THE **CAMP IS LOCATED IN THE FORMER QUARRY OF MONTE URPINU (NEAR THE URBAN GARDENS)** VIA RAFFA GARZIA. For visitors REMAINS THE APPOINTMENT this morning on October 9, UP TO 11 IN PIAZZA DEL CARMINE. **Friday, October 9: From 9 to 11 reception in the square of the carmine** - the opening of the camp in the former quarry at Monte Urpinu- afternoon initiatives in the city '21.00 dinner - Assembly of the camp Saturday, October 10 18:00 meeting on the prospects for anti-militarist struggle and against the trident juncture - PRESENTATION oF THE NEW CALENDAR oF EXERCISES iN SARDINIA following dinner Sunday, October 11 Morning conclusive Assembly Afternoon parade The program potra 'vary due to weather issues, because of the cops or contingency. **PORT TENT, SLEEPING BAG, FLAT AND SERVERS.** THE LOCATION OF THE CAMP WILL 'PUBLISHED TOMORROW MORNING, THEN Meet RECEPTION !! **CAMPING Antimilitarist FIGHT - AROUND CAGLIARI 9-10-11 October 2015** Out of the mobilization against the Capo Frasca polygon of 13 September 2014, **initiatives and actions directed against the military presence in Sardinia** have multiplied and diversified to try to jam the mechanism of the war. **Cuts of networks, slowing the means and blocking exercises have taken the "necessary serenity" to the conduct of military activities.** Thanks to its experience and in the wake of the procession of 11 June 2015 in Decimomannu, as No Bases Network here or elsewhere we decided to **call for the second weekend of October an anti-militarist struggle camping.** These three days they want to continue and refine the forms of struggle practiced until now, with the aim of sabotaging the military and everything revolves around us. For this **we would like active participation and contribution by all and all,** then it can be a starting point for a reproducibility of the practices in their contexts and territories. **The campground also wants to act as a springboard for international mobilization, called for the second half of October, against the exercise Trident Juncture 2015.** With this exercise, NATO intends to test its intervention force in the short term, to prepare for the increasingly Possible conflict on Middle East fronts, North African and Russian. 36000 men, hundreds of vehicles, aircraft and ships will fire in Sardinia, Sicily, Spain and Portugal. **For this exercise, the largest since 2002, NATO once again a tribute in terms of pollution, resource exploitation and militarization of the territories to train for war.** As it has been for the exercises of Aries brigade, the brigade of Aosta and STAREX, **we can not make ourselves complicit in all of this, do not let them rest assured.** Proposal mobilization against the Trident DOWNLOAD INFORMATION MEMORANDUM ON TRIDENT Juncture 2015

图 12.7　最具影响力的职位，它明确呼吁对北约部队发动内乱

12.5 小　结

随着技术的快速进步，人们之间的联系比以往任何时候都更加紧密。互联网和社交媒体极大地提高了全球信息传播的速度。因此，传播有关事件的宣传或错误信息，即进行越轨行为，就会变得方便、有效和迅速。目前，偏差团体可以协调网络活动，以实现战略目标，影响大众思维，并以一种非常复杂（难以发现）但容易完成的方式引导对事件的行为或观点。在本章中，我们提供了两个重要而详细的案例研究，即达伊沙（ISIS：伊拉克和叙利亚伊斯兰国/ISIS/ISIL）和新西亚。我们采用计算社交网络分析和网络取证知情的方法，分析了这些事件内部和周围真实世界信息环境的情境感知，研究信息竞争对手寻求主动和战略信息，以推进自己的议程。我们展示了我们所遵循的方法和我们从每个案例研究中获得的结果。

致　谢

本研究部分由美国海军研究办公室（ONR）（奖励编号：N00010141010091、N000141410489、N000141612016 和 N00014141612412）、美国海军小企业技术转让（STTR）项目（奖励编号：N00014-15-P-1187）、美国陆军研究办公室（ARO）（奖励编号：W911NF1610189）和阿肯色大学阿肯色分校 Jerry L·Matergy/Entrgy 基金资助。研究人员非常感谢他们的支持。在本材料中所表达的任何意见、发现、结论或建议都是作者的意见，并不一定反映资助组织的观点。

参 考 文 献

1. Smith, Craig. 2016. By The Numbers: 170+ Amazing Twitter Statistics. *DMR (Digital Marketing Ramblings)*. April 30. http://bit.ly/1bSfjNi.
2. Smith, Craig. 2016. By The Numbers: 200 Surprising Facebook Statistics (April 2016). *DMR (Digital Marketing Ramblings)*. June 1. http://bit.ly/1qVayhl.
3. Sindelar, Daisy. 2014. The Kremlin's Troll Army: Moscow Is Financing Legions of pro-Russia Internet Commenters. But How Much Do They Matter? *The Atlantic*, August. http://www.theatlantic.com/international/archive/2014/08/the-kremlins-troll-army/375932/.
4. Al-khateeb, Samer, and Nitin Agarwal. 2015. Examining Botnet Behaviors for Propaganda Dissemination: A Case Study of ISIL's Beheading Videos-Based Propaganda. In *Data Mining Workshop (ICDMW), 2015 IEEE International Conference on*, 51–57. IEEE.

5. Sen, Fatih, Rolf Wigand, Nitin Agarwal, Serpil Yuce, and Rafal Kasprzyk. 2016. Focal Structures Analysis: Identifying Influential Sets of Individuals in a Social Network. *Social Networks Analysis and Mining* 6: 1–22. doi:10.1007/s13278-016-0319-z.
6. Rodríguez-Gómez, Rafael A., Gabriel Maciá-Fernández, and Pedro García-Teodoro. 2013. Survey and Taxonomy of Botnet Research through Life-Cycle. *ACM Computing Surveys (CSUR)* 4(4): 45.
7. Abokhodair, Norah, Daisy Yoo, and David W. McDonald. 2015. Dissecting a Social Botnet: Growth, Content and Influence in Twitter. In *Proceedings of the 18th ACM Conference on Computer Supported Cooperative Work & Social Computing*, 839–51. ACM. http://dl.acm.org/citation.cfm?id=2675208.
8. Alexander, Lawrence. 2015. Open-Source Information Reveals Pro-Kremlin Web Campaign. News Website. *Global Voices*. July 13. https://globalvoices.org/2015/07/13/open-source-information-reveals-pro-kremlin-web-campaign/.
9. Bazzell, Michael. 2014. Open Source Intelligence Techniques: Resources for Searching and Analyzing Online Information. 4th ed. CCI Publishing. https://inteltechniques.com/book1.html.
10. Al-khateeb, Samer, and Nitin Agarwal. 2014. Developing a Conceptual Framework for Modeling Deviant Cyber Flash Mob: A Socio-Computational Approach Leveraging Hypergraph Constructs. *The Journal of Digital Forensics, Security and Law: JDFSL* 9 (2): 113.
11. Al-khateeb, Samer, and Nitin Agarwal. 2015. Analyzing Deviant Cyber Flash Mobs of ISIL on Twitter. In *Social Computing, Behavioral-Cultural Modeling, and Prediction*, 251–57. Springer.
12. Carter, Joseph A., Shiraz Maher, and Peter R. Neumann. 2014. #Greenbirds: Measuring Importance and Influence in Syrian Foreign Fighter Networks. The International Center for the Study of Radicalization and Political Violence (ICSR). http://icsr.info/wp-content/uploads/2014/04/ICSR-Report-Greenbirds-Measuring-Importance-and-Infleunce-in-Syrian-Foreign-Fighter-Networks.pdf.
13. DeHaan, Mike. 2012. Introducing Math Symbols for Union and Intersection. *Decoded Science*. July 26. http://www.decodedscience.org/introducing-math-symbols-union-intersection/16364.
14. Al-khateeb, Samer, and Nitin Agarwal. 2016. Understanding Strategic Information Manoeuvres in Network Media to Advance Cyber Operations: A Case Study Analysing pro-Russian Separatists' Cyber Information Operations in Crimean Water Crisis. *Journal on Baltic Security* 2(1): 6–17.
15. Ghosh, Saptarshi, Bimal Viswanath, Farshad Kooti, Naveen Kumar Sharma, Gautam Korlam, Fabricio Benevenuto, Niloy Ganguly, and Krishna Phani Gummadi. 2012. Understanding and Combating Link Farming in the Twitter Social Network. In *Proceedings of the 21st International Conference on World Wide Web*, 61–70. ACM. http://dl.acm.org/citation.cfm?id=2187846.
16. Labatut, Vincent, Nicolas Dugue, and Anthony Perez. 2014. Identifying the Community Roles of Social Capitalists in the Twitter Network. In *The 2014 IEEE/ACM International Conference on Advances in Social Networks Analysis and Mining*, China. doi:10.1109/ASONAM.2014.6921612.
17. Agarwal, Nitin, Huan Liu, Lei Tang, and Philip S. Yu. 2012. Modeling Blogger Influence in a Community. *Social Network Analysis and Mining* 2(2): 139–62.

第三部分

网络安全工具和数据集

第 13 章　安全工具

当人们准备将网络安全的思想和理论应用于现实世界中的实际应用时，他们就会为自己装备一些工具，以更好地努力取得成功。然而，选择正确的工具一直是一个挑战。

本章的重点是确定网络安全工具可用的功能领域，并列出每个领域的示例，以演示工具如何更适合提供一个领域对另一个领域的见解。我们特别讨论了边界工具、网络监控工具、内存保护工具、内存取证工具和密码管理工具。这些讨论以 NIST 的网络安全框架为指导，旨在为保护美国的关键基础设施提供明确的指导和标准，但也适用于网络安全的所有方面。我们还讨论了如何实现传统的网络安全工具，如网络监控、防火墙或防病毒工具，以处理大的和更高速的数据。

13.1 引　言

当人们准备将网络安全的思想和理论应用于现实世界中的实际应用时，他们就会为自己装备一些工具，以更好地使他们的努力取得成功。但是他们选择了正确的工具吗？这些工具是多用途的，还是针对一个更具体的功能？即使工具是多用途的，它们仍然应该以专用能力使用，还是应该在不同的目标之间分开使用？网络安全市场上充斥着广告、研究和经过认证的专业人士，他们都在争夺注意力和时间，以增加对各种工具的采用，从而进一步增加收入、研究资助和个人目标。那么，人们又如何才能选择正确的工具呢？

本章的重点是确定网络安全工具可用的功能领域，并列出每个领域的示例，以演示工具如何更适合提供一个领域对另一个领域的见解。本章绝不是一个详尽的列表，而是网络安全工具包开发的一个起点。我们开发这个工具包的第一阶段是确定网络安全的功能领域。值得庆幸的是，已经有了许多功能模型，但有一个核心挑战是试图以一种标准化和简化的方法来绘制网络安全功能。2014 年，美国国家标准与技术研究所发布了旨在改进关键基础设施的第一部《网络安全框架》。在这种情况下，无数的网络安全方面被压缩为 5 个功能，分别标记为框架核心（表 13.1）。

每个核心组件都有能够更好地定义特定需求的类别，在可用的类别中，这些类别似乎是我们可以讨论实际网络安全工具的最相关的类别。

表 13.1 NIST 的网络安全框架核心[①]

识别	保护	发现	回应	恢复
资产管理	访问控制	异常和事件	响应计划	恢复计划
商业环境	意识和培训	安全持续监控	通信	改进
治理	数据安全	检测过程	分析	通信
风险评估	信息保护流程和程序		减轻	
风险管理策略	维护		改进	
	保护技术			

① 资料来源：http://www.nist.gov/cyberframework/upload/cybersecurity-framework-021214.pdf。

13.2 界定个人网络安全的领域

NIST 发布的网络安全框架旨在提供明确的指导和标准，以保护美国关键基础设施，但该框架的基础是建立在许多人通过认证获得认可的网络安全知识之上的，如 CompTIA 安全+，ec 委员会认证的伦理黑客，和 ISC2 认证的信息系统安全专业人员。此外，NIST 还收集了美国政府内部的网络安全专家以及商业组织和个人主题专家的意见。政府机构甚至商业组织在考虑将哪些工具纳入网络安全工具包时，都会关注 NIST 的网络安全框架和其中的概念。即使缩小了这种方法的规模，也有几个领域仍然适用于在个人层面上实施和保持强大的网络安全档案。例如，在图 13.1 中可以可视化一个企业的安全足迹。

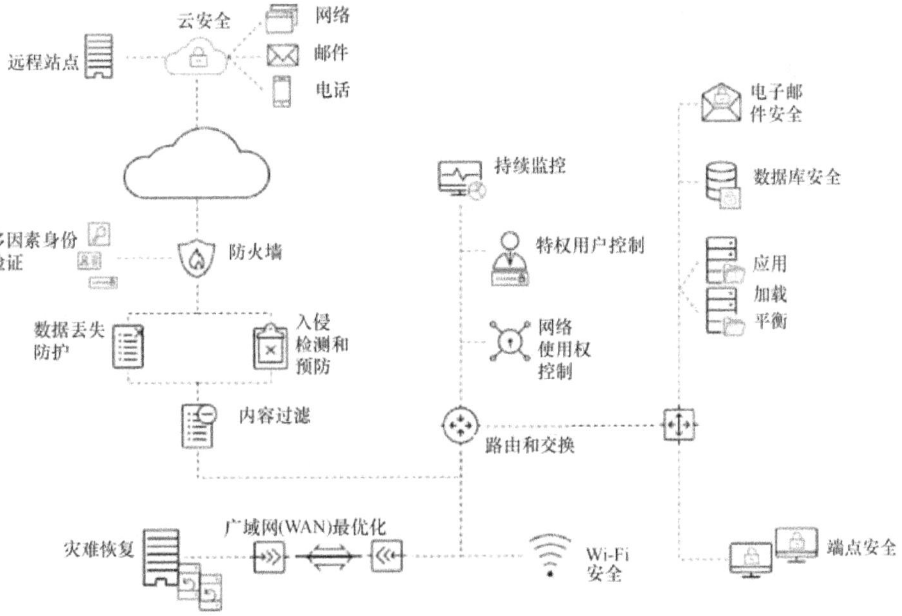

图 13.1 一个企业网络安全足迹的可视化示例

将 NIST 定义的和网络安全专业人员需要在他们的家庭网络上保护的网络安全领域结合起来，似乎提供了适用于这两个领域的工具集类别。

13.3 用于大数据分析的工具

在大数据分析和传统网络安全工具之间很难划清界限。

（1）传统的网络安全工具，如网络监控、防火墙或防病毒工具，可以用于处理大数据量和更高速度的数据。在这种情况下，这些工具利用了负载平衡、并行数据摄取、分布式数据存储或其他为云计算设计的可伸缩服务。从这个角度来看，挑战在于使用适当的软件或服务来使应用程序更具可扩展性。例如，人们可以使用一个流行的网络监控工具的各种副本，即 Wireshark，使用一个可扩展的框架，如 Kafka/Storm 组合，并分配每个副本来监控网络的不同部分。在这个例子中，Wireshark 成为了一个“大数据工具”，不是因为它实现时考虑到了可伸缩性，而是因为它利用了大数据软件。在另外一个例子中，一个执行简单的机器学习操作的工具。例如，分类或聚类可以使用一个可伸缩的编程框架来实现，如 MapReduce 或 Spark，因此它们可以成为一个大数据分析工具。

（2）大数据分析工具也可以作为将实用和可扩展的机器学习和人工智能应用于网络安全的工具来实现。注意，这些工具还不能运行一个简单的应用程序或算法，而是被部署和专门用来解决复杂的网络安全问题，通常是在企业级别。这些工具的第三个例子是 IBM 认知安全——沃森网络安全①、天睿网络安全②和 Sqrrl 企业③。就本书而言，我们不会深入研究这些应用程序，并让读者参考它们各自的手册。

在这两种情况下，大数据都在旁观者的眼中钉之中。即使是相对简单的任务，如记录网络数据包，在大规模上也是不可行的。因此，挑选更适合当前网络安全问题规模的工具更为有益。大数据工具还带来计算和维护等开销，在较小规模上，它们可能不是最有效的解决方案。我们建议读者首先学习和体验基本的分析工具；然后再使用更高级的工具。因此，我们从研究边界工具作为第一道防线开始。注意，这些工具的输出（如被阻塞的流量的日志）也可以用于支持数据分析。

13.4 边界工具

类似于屏障如何控制物理领域中的访问，防火墙提供的逻辑屏障强制执行边界

① http://www-03.ibrn.com/security/cognitive/。

② http://www.teradata.com/solutions-and-indusrries/cyber-sccurity-analytics。

③ http://sqrrl.com/。

分离，以帮助定义“受信任”区域和“不可受信任”区域。大多数人认为“可信任”和“不可信任”是局域网和广域网，但它们也可以是网段 A 和网段 B，它们都居住在互联网无法访问的 IP 空间中。在企业网络中，大型防火墙的名称包括帕洛阿尔托公司、CheckPoint、思科公司和瞻博公司。

13.4.1 防火墙

对大多数人来说，从上述公司购买设备作为家庭网络的防火墙是成本过高的，但仍然需要保护家庭中连接的设备免受攻击而妥协。值得庆幸的是，如果一个家庭是与互联网连接的，互联网服务提供商在提供他们的路由器或有线调制解调器时提供基本的防火墙功能。正是在这个 ISP 提供的防火墙上，我们回顾了我们的第一个实用的网络安全工具，因为在没有任何其他手段的情况下，了解那些防火墙功能是有用的。

13.4.1.1 ISP 防火墙

在本例中，我们回顾 Verizon 提供的 ActinontecMI424WR-F 路由器以及可用的防火墙设置。无论 ISP 提供什么硬件，大多数都有类似的设置，只是以不同的方式安排。在图 13.2 中，我们展示了 Verizon 路由器的主显示器。登录时，仪表板会显示各种抬头显示，以显示是否检测到互联网、提供了什么互联网公共 IP 地址、家庭中连接的设备以及连接到其他配置区域的快捷方式。

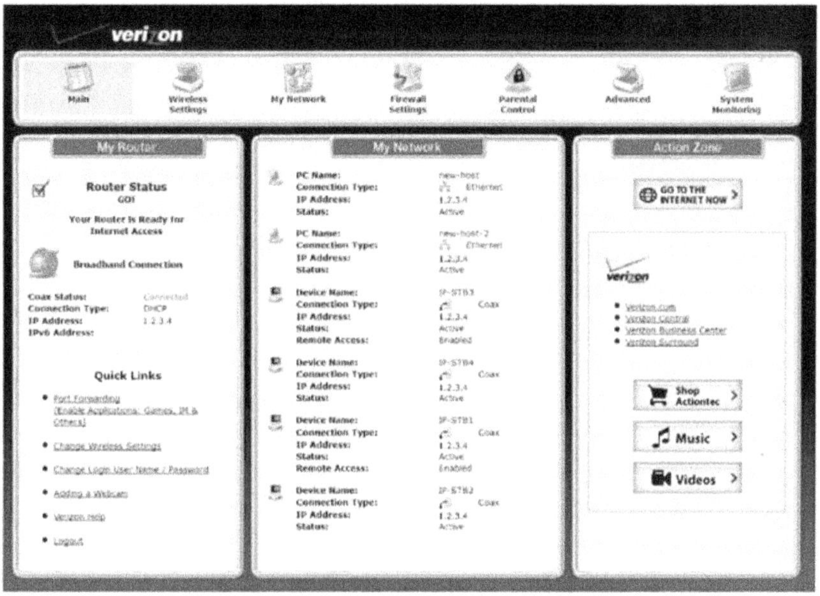

图 13.2　Verizon 路由器：主显示器

许多人可能认为这种显示是理所当然的，但连接设备的列表是一个重要的可见性因素，它属于 NIST 网络安全框架核心的“识别”组件。在此示例中，Actiontec 设备不提供任何 WiFi 服务，这就是设备连接类型仅为以太网和同轴电缆的原因。无线安全设置是跨设备的标准设置，互联网提供了许多关于如何设置 WiFi 设置的例子和建议，但对防火墙设置的解释并不常见。

对防火墙设置的回顾显示了 Actionontec 中许多与企业级防火墙中相同的基本保护控件。这些控件映射了 NIST 网络安全框架中的保护组件。为了便于部署和配置，ISP 选择了一种初始操作模式，使大多数家庭用户访问互联网而不会造成问题，以便分配到安装的 ISP 技术人员可以快速部署和离开，而不会陷入故障排除。

注意，在图 13.3 中，将接受所有的出站流量。与基于家庭的防火墙配置不同，在像 PaloAlto 这样流行的企业防火墙中，该配置不是预先准备好以供快速部署的，而是必须从头开始构建。在 PaloAlto 上定义一个类似于 Verizon 路由器提供的策略，将类似于图 13.4。比较图 13.3 和图 13.4，许多菜单选项总体上反映了相同的配置设置概念，但以不同的方式实现。例如，Verizon 路由器上的访问控制和高级过滤选项等同于在 PaloAlto 防火墙中设置安全策略规则，其策略视图如图 13.4 所示。PaloAlto 等防火墙供应商提供的好处是建立在核心防火墙配置元素之上，以包括 SSL/TLS 解密、URL 内容过滤和应用程序签名识别等功能。

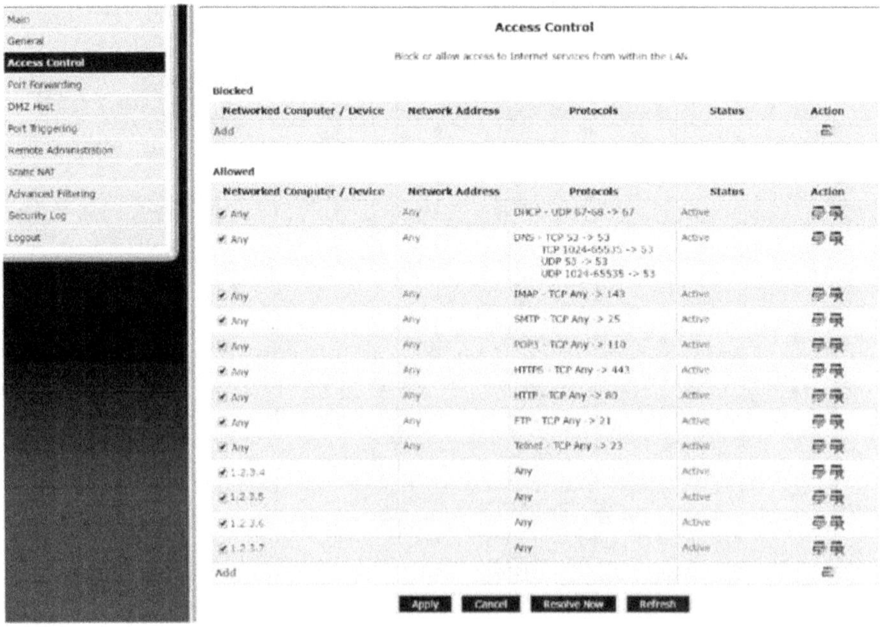

图 13.3　Verizon 路由器防火墙设置

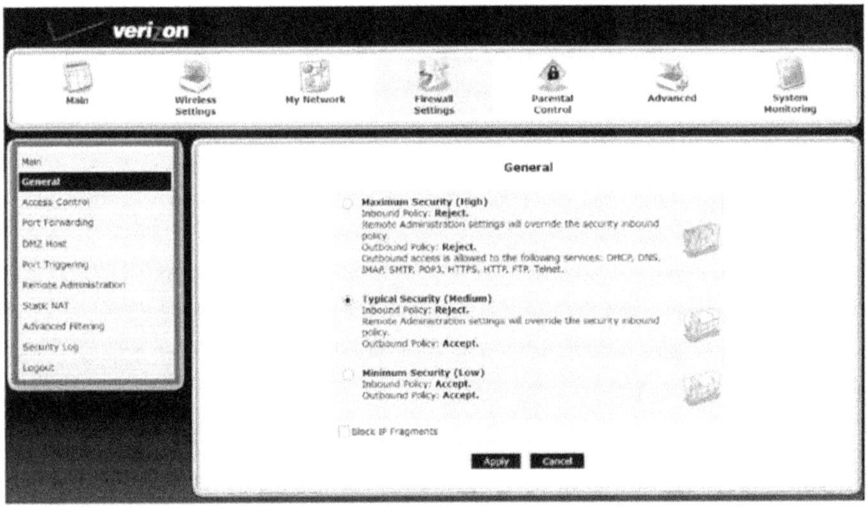

图 13.4　Palo Alto 防火墙策略视图

防火墙最佳做法建议默认情况下拒绝，只允许例外，并对入站和出站策略这样做。但是，要阻止所有出站流量并仅在例外情况下允许，则必须审查每个互联网出站请求以确定是否应允许。这种方法延迟了服务的实施，而且在没有战略实施计划的情况下可能很难部署，这就是为什么许多家庭网络甚至中小型企业都有允许所有出站流量的防火墙策略。如果选择拒绝所有出站流量，则 Verizon 路由器防火墙策略中需要的规则示例，如图 13.5 所示。

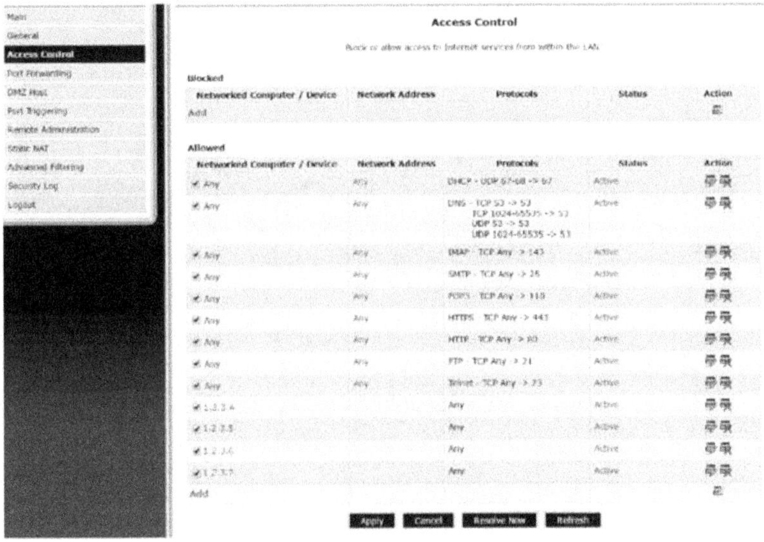

图 13.5　Verizon 路由器严格规则集

探索 ISP 提供的路由器，以确定在防火墙区域可以实现的控制粒度是值得的，因为在某些情况下缺少所需的功能或特性。经常旅行的人可能需要在路上访问家庭网络资源，而最安全的远程访问方法是使用虚拟专用网（VPN）连接建立的加密隧道。通常，ISP 提供的路由器不在设备上提供 VPN 服务，但建立到家庭网络的 VPN 连接是一个足够常见的用例，有无数种可供选择。

13.4.1.2 家庭防火墙

实现 VPN 的一个选项是从不同的供应商购买一个路由器，如华硕或 Netgear，购买的设备可以把 VPN 功能作为一种功能来销售。例如，在 ASUSRT-AC68U 上，设置一个 VPN 位于高级设置区域，并提供在 PPTP 和 OpenVPN 之间的 VPN 服务器选择。OpenVPN 设置视图如图 13.6 所示。

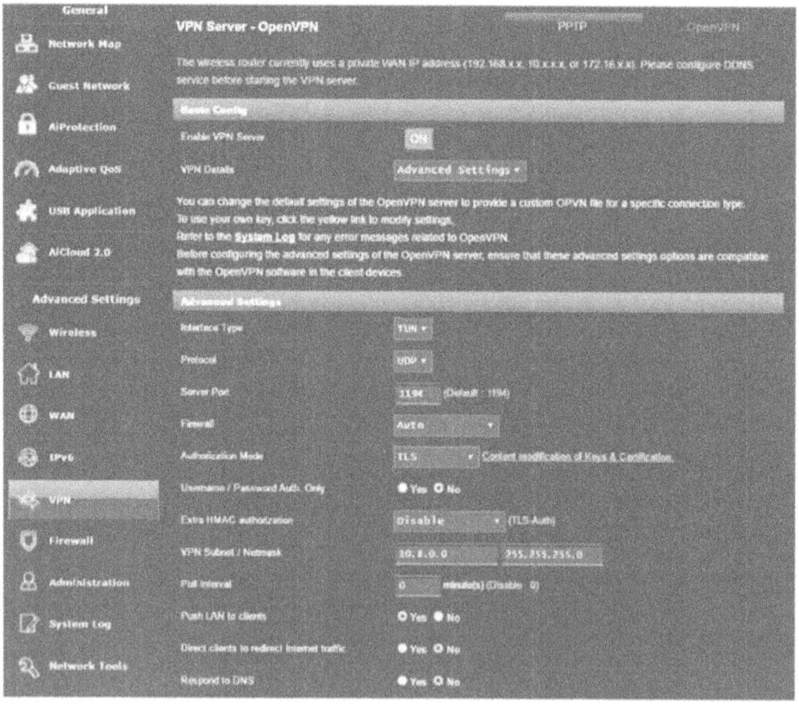

图 13.6 华硕 RT68U OpenVPN 设置

这两种设备都可以用来隔离功能并提供深度防御，而不是选择一种设备而选择另一种设备。隔离功能的一个例子是禁用 ISP 路由器上完成的无线，以便华硕路由器提供 WiFi。为了深入防御，华硕路由器可以通过防火墙关闭其与 ISP 路由器的以太网连接，这样如果 ISP 路由器受到损害，那么华硕路由器就是攻击者必须克服的下一层防御。为了更多的网络边界安全，可以在家庭网络路径中分层另一个防火墙，而购买另一个硬件设备，一些基于软件的防火墙也是免费的。

13.4.1.3 免费防火墙软件

最近销售产品的网络安全公司的一个趋势是为家庭用户提供免费服务。在防火墙市场上，有两个例子是 Sophos 和 Comodo，尽管它们都提供了基于软件的防火墙，但它们的“形式因素”是不同的。Sophos 提供的产品作为统一威胁管理（UTM）防火墙销售，并作为虚拟设备部署。安装需要一个虚拟环境，如 VMware ESX 主机来应用使用，但为了测试 VMware，可以使用播放器。Sophos 以“.iso”文件的形式分发 UTM 虚拟设备，该文件可以安装在 VMware Player 中进行启动。在启动映像并设置网络信息后，可以通过网络访问 Sophos UTM 虚拟机。

Sophos UTM 是一个功能齐全的产品，提供了多种网络安全选项。对于家庭用户，甚至是想为授权版本付费的企业。图 13.7 中显示的设置描述了这个实例

图 13.7　Sophos UTM 管理面板

被用作 HTML5SSL-VPN，VPN 规则设置为建立一个封闭的 VPN 隧道，以便互联网访问通过 VPN 连接路由，防火墙规则设置为内部网络连接的 VPN 客户端允许访问的边界。

Sophos UTM 和 Comodo 防火墙之间的区别在于，Comodo 为其防火墙提供了一个软件安装包，而不是一个完整的虚拟设备。与基于系统的防火墙（Comodo）相比，一种更简单的方法是基于网络的防火墙（Sophos）。Comodo 的软件包中内置了防火墙功能，还包括一个主机入侵预防（HIPS）组件、防病毒软件、沙箱和内容过滤。图 13.8 显示了一个阻止执行恶意二进制文件的 HIPS 示例。

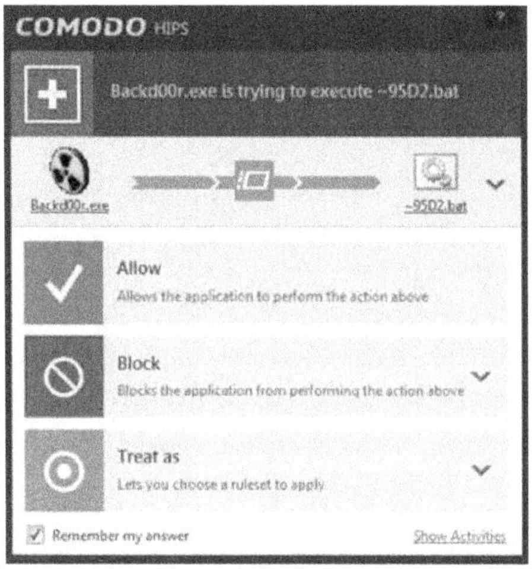

图 13.8　Comodo HIPS 防止恶意软件启动批处理脚本

Comodo HIPS 还会查找已知的注册表键操作，并对恶意注册表键操作发出警报和记录日志。警报为用户提供了一个与图 13.8 中类似的屏幕，提供了如何处理这种情况的选择。一旦用户确认了这个选择，这个事件就会被记录下来。在图 13.9 中可以看到一组具有代表性的 Comodo HIPS 记录的事件。

图 13.9　Comodo HIPS 记录事件

13.4.2　杀毒软件

目前，杀毒软件作为网络安全防御的一个重要组成部分几乎被忽视，它越来越不是软件的一个独立部分，而是作为一个子组件嵌入另一个软件解决方案中。也许有些人不认为它是防御的关键部分，反病毒仍然有助于防止脚本或其他使用已知恶意软件负载的恶意参与者。网络安全供应商似乎已经认识到保护单个机器需要的不仅仅是模式匹配，通过其他功能的分层，用新的和即将到来的短语来描述什么是防病毒保护被包围在“端点保护”之下。

反病毒工具领域的大公司包括许多已经流行起来的公司，如 TrendMicro、英特尔安全（McAfee）、卡巴斯基、赛门铁克和 Sophos 等公司。其中一个并不经常被提到，但作为另一个反病毒工具绝对值得一提，那就是 MalwareBytes。这些公司都提供了一些免费产品，以及提供反病毒保护软件的增强付费版本。

TrendMicro 通过他们的免费工具 HouseCall 提供防病毒功能，该工具还提供一种寻找系统漏洞的功能。针对利用 Rootkit 在系统中站稳脚跟的恶意软件，TrendMicro 还提供了一个名为 RootkitBuster 的免费工具来扫描和清除它们。TrendMicro 提供的另一个免费工具称为 HijackThis，可以发起注册表扫描并生成报告。发现的结果包括被正常软件和恶意软件操纵的文件。它可能不是一个流行的工具，因为它需要对发现结果进行手动分析，以确定是否应该忽略并将发现的项标记为正常行为，或者是否应该删除该项。使用该工具的一个实际方法是，在购买了系统后立即运行，这样所有已知的软件都可以标记为“良好”，以便下次使用 HijackThis 时可以使用基线。

英特尔安全（McAfee）免费提供他们的安全扫描附加工具，它经常被视为与其他安装包（如 Adobe Reader 和 Flash）捆绑在一起作为额外选项[①]。McAfee 提供的其他大多数免费工具要么是单一用途的，要么是传统的、更面向旧操作系统的卡巴斯基在安全扫描的名称下提供了一个类似于英特尔安全扫描加的工具[②]。当比较这两种工具时，名称似乎提供了这些工具的确切功能，即扫描。在扫描的最后，一份报告会显示系统的健康状况，或者带有购买完整软件的链接的恶意软件发现，这样恶意软件就可以被移除。卡巴斯基确实提供了一个病毒清除工具，但描述很模糊。它可能类似于 Intel Security 提供的一些单一用途的工具。像英特尔安全一样，卡巴斯基公司也提供其他免费工具，这些工具似乎是对整体网络安全的补充，但似乎这些工具与目前使用的系统有关[③]。

赛门铁克以清除特定恶意软件和犯罪软件的形式提供免费杀毒工具，恶意软件清除服务针对的是特定的恶意软件，而不是扫描整个系统[④]。

Sophos 以名为 Sophos Home 的产品的形式提供了防病毒保护，模仿了托管安全服务的一种趋势，即基于云的仪表板提供了一个管理界面，管理员可以通过该界面远程监控计算机，以观察到威胁并应用安全策略。Sophos Home 能够利用的安全功能包括反病毒和内容过滤，可以免费部署在多达 10 个个人设备上，目前只支持

① http://home.mcafee.com/downloads/free-virus-scan。

② http://www.mcafee.com/us/downloads/free-tools/index.aspx。

③ http://free.kaspersky.com/us。

④ https://www.symanrec.com/security_response/removaltools.jsp。

Windows 和 Mac。Sophos Home dashboard 视图如图 13.10 所示。

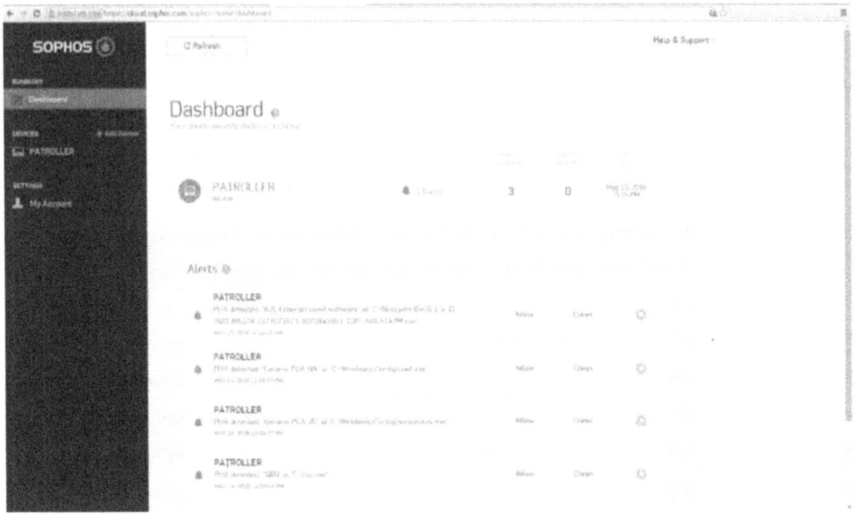

图 13.10　Sophos Home dashboard 视图

防病毒扫描可以由用户远程启动，也可以由设备本身启动。在仪表板上，可以将 Web 内容过滤策略设置为提供或阻止访问，或者在选择后提供一个警告页面，以便在用户继续操作之前向他们发布一条警告消息。如果不进行更细粒度的选择，在默认情况下，若选择了内容过滤，它将阻止带有 Sophos 的设备访问被 Sophos 知道含有恶意软件的网站而安装的家庭代理。

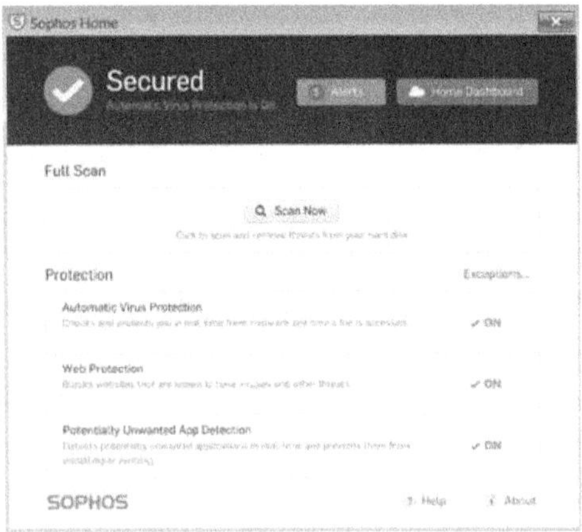

图 13.11　Sophos home 本地视图

首先必须使用 Sophos Home 指示板来部署代理，但随后部署的用户可以在安装的设备上发起扫描并在本地获得警报，这个本地视图如图 13.11 所示。

反病毒监控增加的方面包括对多个设备的免费远程管理和内容过滤。这里应该提到的是 Comodo 也为多个设备提供免费的远程管理，但是提供的服务稍有不同，一个例子是远程补丁管理。比较这些额外的免费服务以外的反病毒将留给读者练习。

13.4.3 内容过滤

说到网络内容过滤，首先值得讨论的是免费内容过滤产品应用的两个策略：

DNS 和代理。通过设置设备上的 DNS 服务器设置或通过 DHCP 设置提供 DNS 服务器，可以利用基于 DNS 请求的控制，以便每个设备在连接到网络时自动接收 DNS 设置。当这些设备收到配置指向 DNS 查询到提供保护的服务器时，任何时候 DNS 查询收到请求一个属于禁止类别的站点，DNS 响应提供一个 IP 地址，指示设备发起一个暂挂请求，为设备提供一个到页面的路径，该页面指示用户该请求由于内容过滤而被阻止。基于 DNS 的内容过滤的一个好处是，通过在 DHCP 服务器上设置 DNS 内容过滤服务器，可以集中配置所有接收 DNS 设置的机器。基于代理的控件通常是设备隔离的，这意味着应用内容过滤器控件的软件安装在每个设备上。代理软件在设备传输任何出站数据之前看到请求，并可以查询其内容过滤器数据库和/或云组件，以接收类别响应并应用策略，而不是使用 DNS 来审查预期的目的地。这种方法的一个优点是可以检查完整的请求，而不仅仅是 DNS 主机名查询。

为了说明这两种方法，一个是名为“shopthissiteforthingstobuy.com”的电子商务网站，最近被一个入侵者入侵，现在向毫无戒心的网站访问者提供恶意软件负载。恶意软件负载 URL 访问是在网页页脚内容作为一个图像链接从电子商务领域引用的层叠样式表（CSS）每个页面被加载期间。如果基于 DNS 的内容过滤解决方案认为网站主机名分类正确，那么有效负载交付的可能性很大。一旦 DNS 为基础的内容过滤解决方案意识到来自电子商务网站的恶意软件，则整个网站将被封锁。图 13.12 描述了一个基于 DNS 的内容过滤器工作流程。

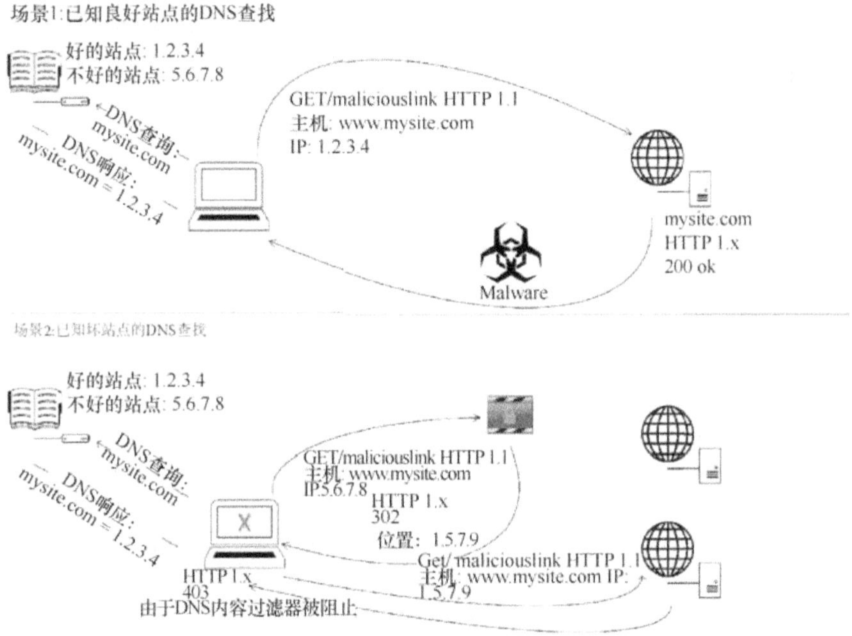

图 13.12　基于 DNS 的内容过滤流程

从代理内容过滤的角度解决方案，有效载荷只有通过特定的 URL，如果单独检查每个 URL，只在页脚的加载 URL 调用会阻塞，而其余的页面会显示，如图 13.13 所示。

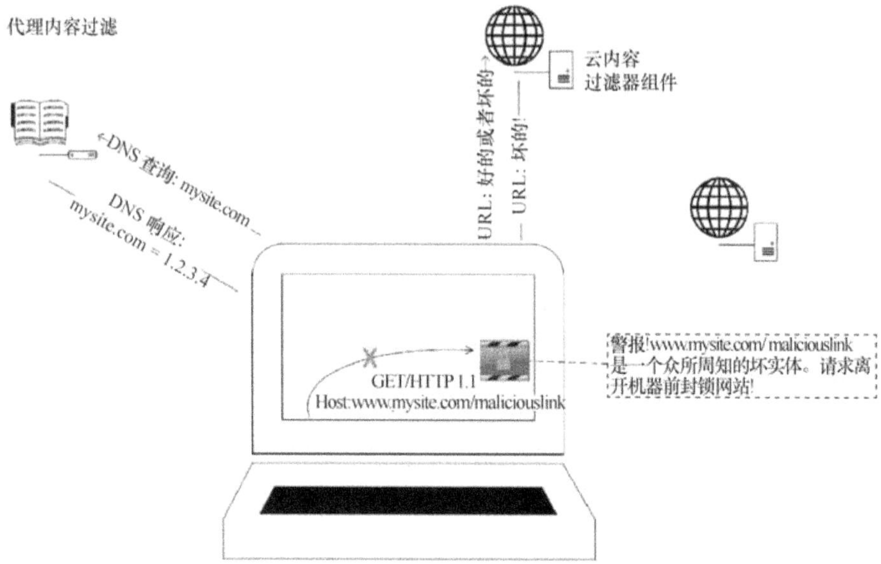

图 13.13　代理内容过滤

每种方法都有免费的解决方案，OpenDNS①（最近被思科公司收购）提供基于 DNS 的内容过滤，Blue Coat 提供代理内容过滤通过他们的 K9 网络保护②软件。免费内容过滤器解决方案对比见表 13.2。

表 13.2　免费内容过滤方案比较

解决方案	中央控制	细粒度的控制	供应商
DNS	是	是	OpenDNS.com
Proxy	否	否	Blue Coat

13.5　网络监控工具

在 13.4 节中，讨论集中在边界工具上，这些工具通常被视为企业边界保护解决方案套件的一部分。用于检查网络流量的工具是对网络安全保护和执行方面的补充。在保护和执法工具中应用的规则提供了边界；威胁行为者通常知道工具在这些

① http://www.opends.com/。

② http://www.k9webprotection.com/。

区域应用的基本边界，因此会试图在看似授权的网络流量内掩盖活动。网络安全专业人士意识到，威胁行为者也知道这一点，并已应用网络监控工具检查进出网络和/或设备的流量，以提供按需细粒度检查。提供网络检测功能的免费工具有Wireshark、NetWitness、Netminer、TCPView 等。

在讨论 Wireshark 的其他资源中已经提供了大量的信息[1]，因为它是目前为止最流行的免费网络流量分析工具。例如，很多网络安全认证和课程都讨论过端口扫描，但通常没有多少人真正看到过通过包捕获时，端口扫描是什么样子的。

图 13.14 所示为端口扫描捕获的流量。包 934 和包 935 显示一个开放端口（1099），而视图中的所有其他显示“受害者”机器正在扫描发送 reset [RST]包给“攻击者”机器。在许多扫描工具中，包 934 和包 934 仅仅显示为“端口 1099：打开”，这个包捕获揭示了扫描工具确定端口确实可用的机制。从不同的角度来看，这也揭示了扫描工具是多么的嘈杂，因为从“攻击者”机器接收到 RST 包的时间开始，没有延迟。

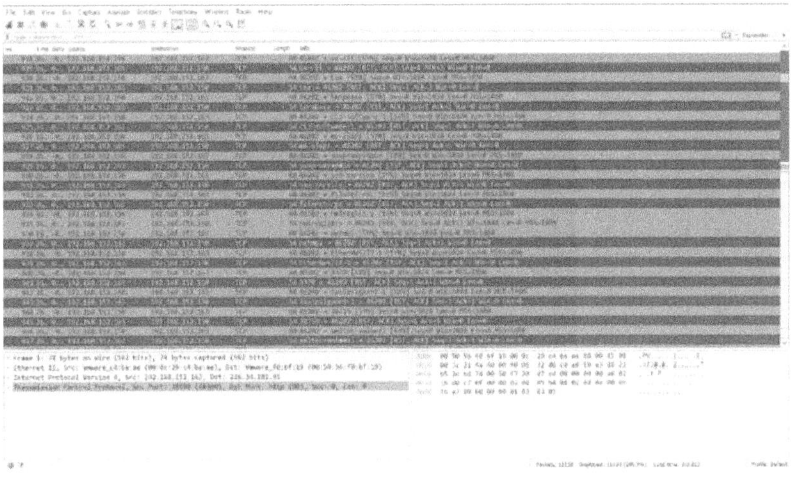

图 13.14　Wireshark 端口扫描显示

NetWitness[2]的操作方式与 Wireshark 不同，它似乎更倾向于在案例管理方面查看数据包捕获分析实例。要开始分析：必须首先将数据包捕获导入集合；然后对捕获进行解析，以定义容易的调查起点，分析人员可以从这个起点深入分析。图 13.14 所示的同一数据包的 NetWitness 视图如图 13.15 所示。

如果从数据包捕获中选择相同的攻击者 IP 地址作为起点，那么视图就会改变（图 13.16）。请注意，某些信息会立即解析出来，如观察到的操作（login、get）、

① https://www.wireshark.org/。

② https://register.netwitness.com/register.php。

观察到的用户账户（badmin、anonymous、vxu）和观察到的文件扩展名（.zip）。虽然显示了在容易单击的过滤器中解析出来的有趣信息，但端口扫描不以同样的方式可见。只有通过选择源或目标，才能查看使用了哪些 TCP 端口，并且一旦按会话排序，“Other”会提供 640 个条目。

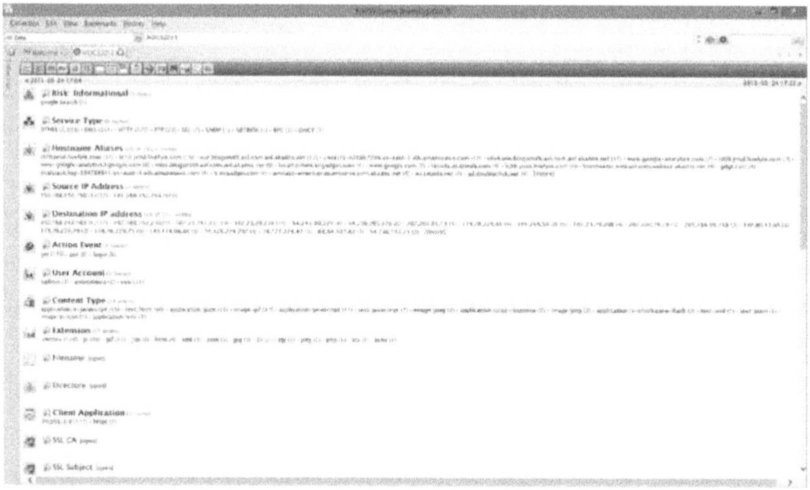

图 13.15 NetWitness 分析师的初步观点

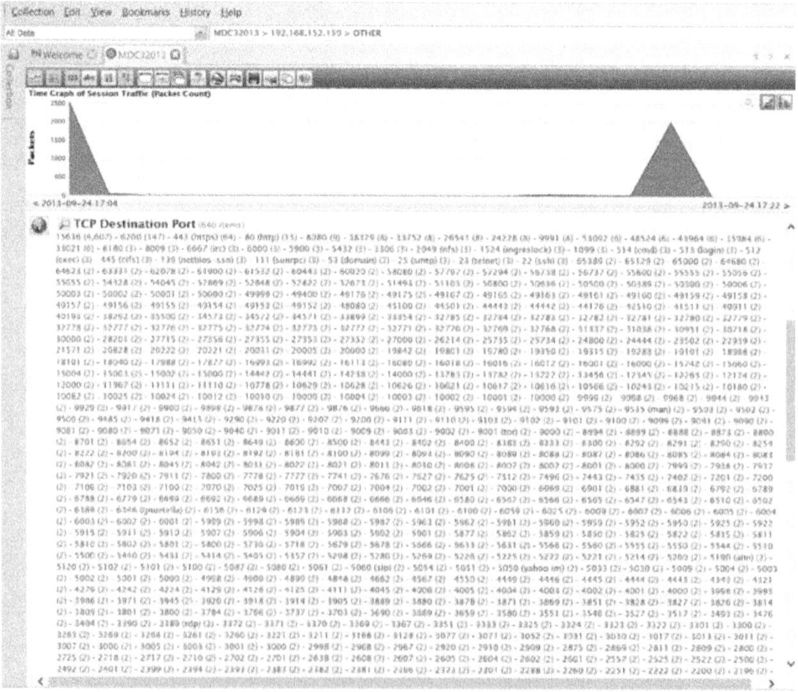

图 13.16 NetWitness 端口扫描视图

大多数表项只显示一个包的包数指示器，而端口 21 显示 21 个包。一旦路径被深入到其最感兴趣的“leaf”节点，单击数据包的数量就会出现一个会话视图，在该视图中，如果服务被识别，则在请求/响应分解中只表示字节到 ASCII 的明文转换。对于未识别的流量，原始字节将显示在相同的请求/响应细分中供审查。在这两者之间，似乎 Wireshark 最适合“从头开始”的视图，而 NetWitness 提供了“top down”视图。

一个提供另一种观点的工具是 NetworkMiner①，它在某方面类似于 NetWitness，试图通过在易于导航的菜单中从数据包捕获中提取信息来节省网络分析师的时间。采样相同的数据包捕获，端口扫描更容易识别，一旦“攻击者”的 IP 地址信息被扩大，该端口扫描证据如图 13.17 所示。

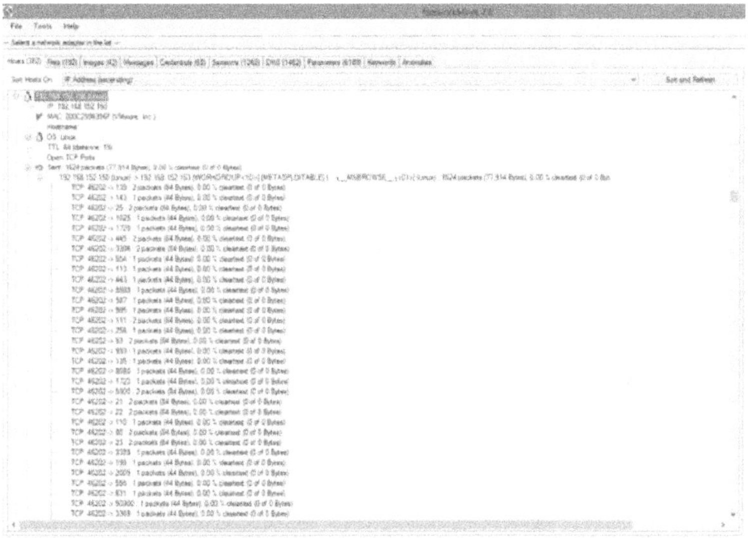

图 13.17　NetworkMiner 端口扫描证据

查看解析后的结果，NetworkMiner 显示使用相同端口的“攻击者”机器在不同端口上向“受害者”机器发送多个连接尝试。单击顶部的选项卡将自动显示与所选主题相关的解析信息，包括文件、图像、消息、credentials、会话、DNS、命令参数和异常信息。关键字可以十六进制格式预填充，以便 Network Miner 在第一次加载数据包捕获时作为过滤器。

到目前为止，这些网络分析工具都是独立于系统的，因为它们可以审查从任何组织的任何网段以包捕获格式捕获的网络流量。TCPView 与其他的不同之处在于，它在 Windows 系统上用于查看当前网络连接状态（图 13.18），包括产生连接

① http://www.netresec/?page=Network Miner。

的进程。如果在网络分析工作流程中发现 Windows 系统产生了可疑的网络

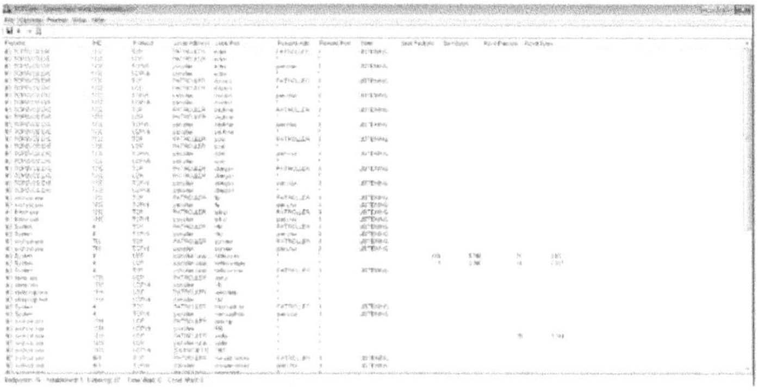

图 13.18 TCPView 显示当前网络连接状态

流量，那么这个免费的工具可以很好地补充上面的网络流量分析工具。无须立即从该系统删除网络连接，并假设它可以隔离到一个法医调查 LAN 段中，然后可以加载 TCPView 来观察产生可疑出站流量的进程。

如果从上游设备观察到神秘的网络流量，则使用 TCPView 可以验证怀疑，并审计新安装的应用程序的行为。偶尔，应用程序会使用生成网络监听器的设置进行安装，除非用户知道这些连接向量的存在，或者如果安装后的配置被更改，以便进程避免启用该功能，否则机器会无限期地打开这些端口。

13.6 Memory 防护工具系列

在 Windows 的世界里，微软的免费增强缓解体验工具包（EMET）①是应用于 Windows 内存保护的最佳防御之一——able。安装 able 后，EMET 管理员必须选择哪些应用程序将接受内存保护以及哪种类型的保护。部署 EMET 的几乎每个方面都是一个手动过程，因为如果不小心和正确地应用，它很可能破坏应用程序的功能。以图 13.19 为例，手动配置 Firefox 为 EMET 保护。

在 Linux 中，一个流行的空闲内存保护工具是 grsecurity②。然而，使用 grsecurity 需要安装它作为内核补丁，感兴趣的安装程序应该遵循任何发行版是选定的目标，以确定如何安装内核补丁。安装内核补丁之后，grsecurity 提供了许多 EMET 提供的内存保护选项，但这些选项在 Linux 系统中得到了体现。

① https://technet.microsoft.com/en-us/security/jj653751。

② https://grsecurity.net/。

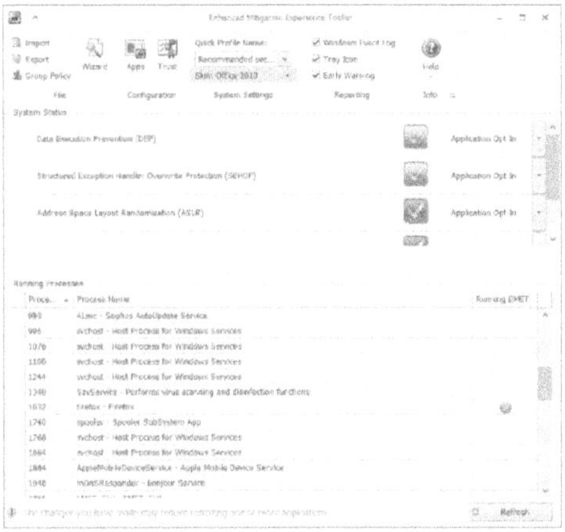

图 13.19 Microsoft 增强的缓解体验工具包

13.7 内存取证工具

在系统遭到破坏的情况下（或者正如许多人现在所说的那样），分析受感染机器的内存映像可能是有用的。这方面最流行的三个免费工具是 Volatility、Rekall 和 Redline。在进行分析之前，必须进行系统内存转储，快速搜索会发现一些免费工具来完成此操作。

很多备忘单都可以用于 Volatility①，一些博客文章也很有用能够描述它的用法，更不用说有 900 页的书——《记忆的艺术取证》(*The Art of Memory Forensics*)，所以我想说，在其他地方有更详细的介绍。图 13.20 包含了在目标机器上执行内存转储时观察到的进程的输出，可以简单地查看它所能揭示的内容。

Rekall②是另一个内存取证分析工具，使用类似于波动的插件，通过它到一个特定目标的信息目标可以被提取。在图 13.21 中，这个输出视图查看进程和父进程，以确定子进程是如何生成的，而不是通过帮助发现 rootkit 的方法查看进程。

Redline③是来自 Mandiant（Fireeye）的仅基于 Windows 的工具，同样可以分析内存转储。尽管如此，还是要做好准备，因为生成分析输出要比生成波动性或 Rekall 花费更多的时间。一旦记忆图像加载，红线将对其进行分析，并从调查的出发点提供选择，引导用户进入最可能进行调查的突出区域。图 13.22 提供了一个类似于 Rekall 提供的流程树输出的工作流视图。

① http://www.volatilityfoundation.org/。

② http://www.rekall-forensic.com/。

③ https://www.fireeye.com/services/freeware/redline.html。

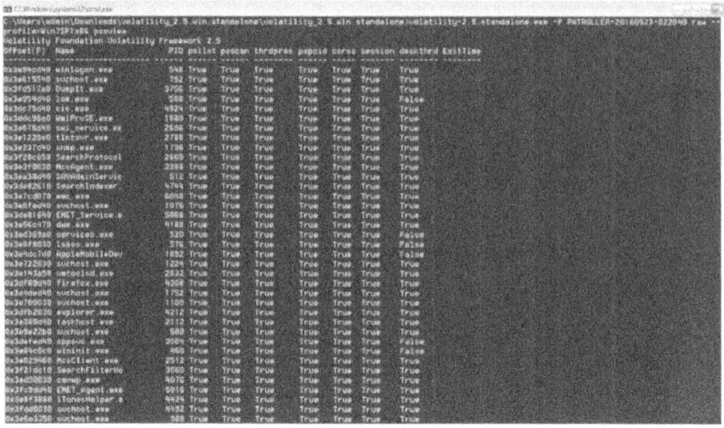

图 13.20　运行过程的波动性输出

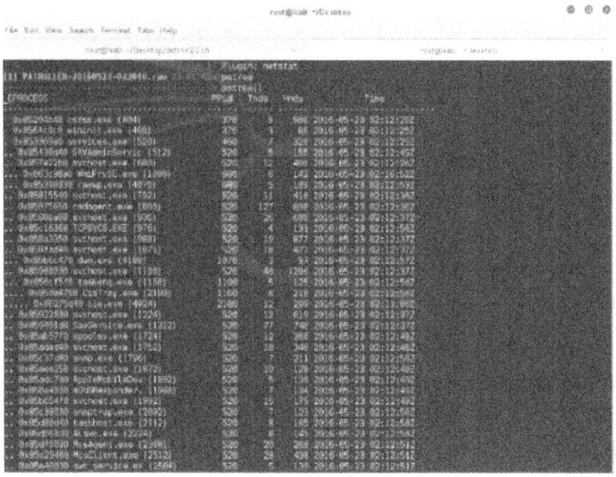

图 13.21　流程树插件的 Rekall 输出

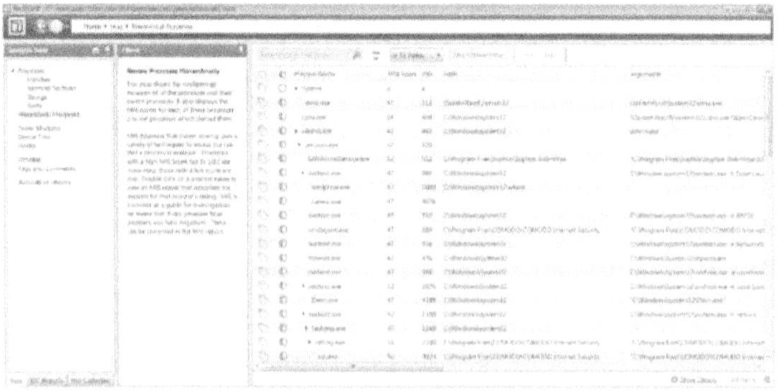

图 13.22　红线进程树视图

每个内存分析工具都有自己的优点，读者应该通过练习来确定每个人的工作流的有用优点。

13.8 密码管理

最实用的网络安全工具之一是使用密码管理工具。提供密码管理的工具基本上允许用户进行存储，所有密码都存入一个保险库，该保险库本身可以通过双因素身份验证进行加密和保护。这个类别的例子包括 LastPass、DashLane 和 KeePass。三者都提供了在各种操作系统、Web 浏览器和设备上使用的能力。使用密码管理员管理工具的最大好处是能够生成随机和安全的密码以满足复杂的密码安全要求，确保密码破解最困难。图 13.23 提供了生成 LastPass 安全密码的视图。

KeePass 可以安装到类似于 LastPass 和 Dashlane 的 Web 浏览器中，但首先安装时它提供了存储在本地系统上的密码数据库的视图，如图 13.24 所示。

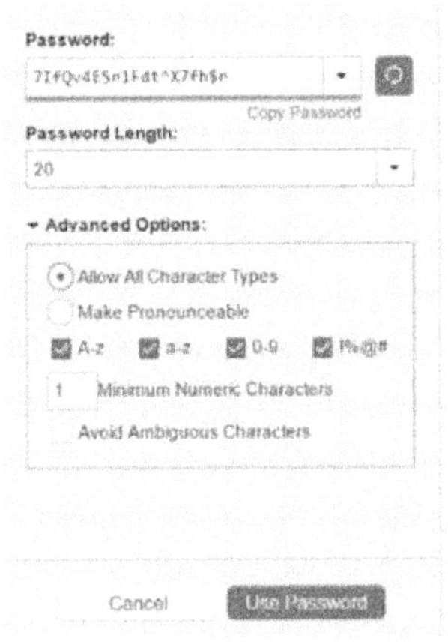

图 13.23 LastPass 安全密码生成器

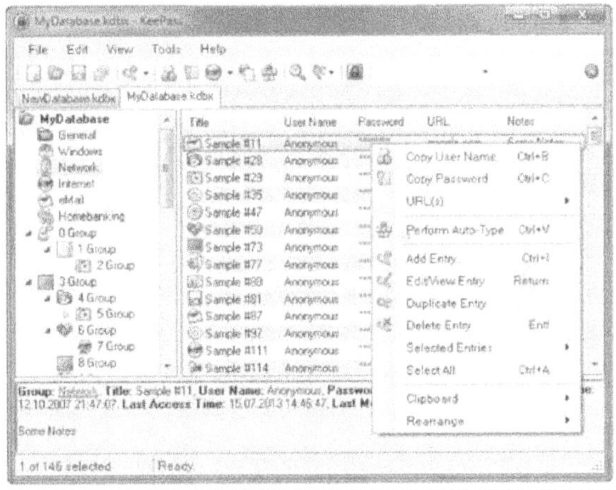

图 13.24 KeePass 数据库视图

为了减轻将所有密码存储在单个位置的担忧，每个相应的密码管理应用程序都提供了强大的保护，防止未经授权的尝试恢复存储的密码。除了密码库加密之外，启用双因素身份验证是确保即使公司遭到破坏，密码也无法在没有双因素令牌的情况下恢复的最佳方法。谷歌公司采用了双重身份验证它的许多服务，谷歌公司的双因素身份验证的代表性视图可如图 13.25 中所示。

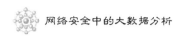

Enter this verification code if prompted during account sign-in:
221874
@gmail.com

图 13.25　谷歌公司的双因素身份认证

13.9　小　　结

这些工具只触及了现有工具的表面，由于考虑到内容的简洁性，网络安全中还有其他几个部分必须被排除在外。这包括诸如最佳实践分析程序、系统监控和无数可用的“红队”工具等领域。学习这些工具的最好方法是实践，幸运的是，在过去几年中，一个新兴的行业趋势是捕获旗帜竞争和建立合法的黑客环境，这使任何有兴趣的人可以在一个安全的环境中测试这些工具来对抗恶意工具。或者，如果愿意的话，读者可以安装虚拟化软件来启动一些虚拟机来部署这些工具，看看它们在正常情况下防御和受到攻击时是如何操作的。保持积极性和学习新知识的意愿将极大地帮助任何想要熟练使用各种网络安全工具的人。需要记住的一点是，即使部署了这些工具，也必须尽可能多地理解如何配置它们并理解它们的预期用途。工具的自动化程度是有限的，填补剩余的网络安全空白取决于人类填补剩余的网络安全缺口。

第 14 章　网络安全分析的数据和研究倡议

基于网络安全分析的大数据是一种以数据为中心的方法。其最终目标是利用现有的技术解决方案来理解丰富的相关网络数据，并将其转化为可操作的见解，用于改善网络运营商和管理人员的当前做法。其核心是数据。然而，就像在其他领域一样，获得访问和管理数据一直是一个难题。本章旨在介绍用于网络安全分析的相关数据来源，如用于网络安全评估和测试的基准数据集等。

14.1　网络安全数据来源

这些数据集可以根据它们从哪里收集（例如，网络/主机），它们从哪一层收集（如应用层/网络层），或者它们如何收集（例如，网络路由器/系统内核）来分类。为了避免重复，我们将按照文献[1]中给出的分类，列出来自操作系统、网络流量和应用程序的网络安全数据集。

14.1.1　来自操作系统的数据集

操作系统（OS）是管理计算机硬件和软件资源，为计算机程序提供通用服务的系统软件。所有的计算机程序都需要操作系统才能运行。OS 同时具有易失性和非易失性内存。与非易失性存储器相反，易失性存储器是一种计算机存储器，它需要功率来维持所存储的信息；它在通电的情况下保留内容，但当电源中断时，存储的数据会迅速或立即丢失。volatile 内存的例子包括非易失性数据的例子，包括硬盘驱动器、CD、USB 存储器和存储卡。非易失性内存通常用于长期持久存储。操作系统在非易失性内存中存储和使用许多文件。

这些文件是网络取证和网络安全应用数据集的宝贵来源。

（1）配置文件。配置文件或配置文件配置一些计算机程序的参数和初始设置。它们用于用户应用程序、服务器进程和操作系统设置。下面是一些非常值得分析的重要配置文件。

① 文件系统：文件系统挂载和卸载记录、系统当前加载的模块以及用于复制、创建目录、格式化等操作的配置。

② 系统管理：组和用户账户管理，超级用户（或 root）访问特权、包安装和

密码管理是系统管理的一些例子。

③ 网络：无线和有线网络接口、路由表、网关和当前网络可访问的网络、分布式文件系统访问和网络协议信息的配置。

④ 系统命令：系统命令是使系统协调工作的命令。一些例子包括登录，在用户和计算机之间提供交互的命令（如 bash in Linux）和引导命令。

⑤ 守护进程：守护进程是在非交互模式下运行的程序，或者换句话说，在后台运行。它们中的大多数以服务的形式运行，并且大多与网络区域相关。例如文件传输协议（FTP）和 Web 服务器，MySQL 服务器和定时服务器。

⑥ 用户程序：还有许多“用户”程序不是内核的一部分。它们包括关于程序如何运行的配置。例如，他们使用的字符集、时区或 UI 着色首选项。

（2）日志。日志文件包含操作系统组件记录的事件。这些事件通常是由操作系统本身预先决定的。系统日志文件可能包含有关设备更改、设备驱动程序、系统更改、事件、操作等信息，而数据服务日志文件记录运行数据服务的每个服务器请求的日志事件。操作系统日志文件示例如下。

① 系统事件：每个操作系统维护一些系统日志，通过通知系统管理员重要事件来帮助系统管理员。事件被写入日志文件。日志文件可以记录各种事件，包括系统错误消息、系统启动和系统关闭。

② 应用程序和服务事件：应用程序和服务事件包括应用程序和服务执行的操作，如启动、重启和关闭、应用程序故障和主要应用程序配置更改。

③ 命令历史：命令历史记录允许管理员查看以前在用户和组账户下运行的命令列表。

④ 文件系统访问：文件访问数据记录对文件系统的插入、写、读和删除操作。文件系统可以联网。文件访问可以通过流程或服务进行。

（3）应用文件。应用文件包括可执行文件、shell 脚本、配置文件、日志文件、历史文件、库、应用策略、用户自定义和多媒体。

（4）数据文件。数据文件是存储 applications 信息的主要来源。文本文件、文档处理文件、电子表格、数据库、post 脚本和 PDF 以及多媒体文件都是数据文件的例子。

（5）交换文件。操作系统使用交换文件作为文件，为从处理器内存中传输的程序提供空间。它们是世代的临时文件，一旦需要结束就会被删除。

（6）临时文件。临时文件，需要安装，或可用于恢复丢失的数据，如果程序或计算机异常停止。

（7）不稳定数据集。操作系统使用随机存取存储器（RAM）作为计算机数据存储器的一种形式，用来存储常用的程序指令，以提高系统的总体速度。RAM 允许在几乎相同的时间内读取或写入数据项，而不考虑数据在内存中的物理位置。下面是一些重要的 RAM 数据集示例。

① 网络配置：建立人际关系网是一个动态的过程。因此，一些网络配置是动态确定的，并存储在 RAM 中。

② 网络连接：由于可以使用 4G、LTE、WiFi 和蓝牙等无线连接，以及操作系统所使用的在线服务的数量，使用各种网络接口配置是非常常见的。

③ 运行过程：进程是正在执行的计算机程序的一个实例。另外，一个进程可以有多个线程，一个进程可以被另一个进程启动（例如，在 Linux 中使用“fork”）。识别正在运行的进程有助于识别应该禁用或删除的程序。

④ 打开文件：一个程序或服务通常在其执行过程中打开许多文件。例如，文档或电子表格在编辑时保持打开状态。对打开的文件进行跟踪，并限制对某些文件的访问，有利于系统的稳定性和安全性

14.1.2 来自网络流量的数据集

来自网络流量的数据可以用来检测基于网络的攻击、恶意程序的传播，以及网络管理。几乎所有的现代操作系统都使用 TCP/IP 通信堆栈，它由四个主要层组成（如果还包括物理层，那么就是 5 个主要层）。第一层是应用层，用于发送和接收应用程序的数据，如超文本传输协议（HTTP）、文件传输协议（FTP）或简单邮件传输协议（SNMP）。第二层是传输层，为网络组件和协议的分层体系结构中的应用程序提供端到端或主机到主机的通信服务。该层提供面向连接的数据流支持、可靠性、流控制和多路复用等服务。第三层是网络层，负责包的转发，包括通过中间路由器的路由。互联网协议（IP）是事实上的网络层协议。第四层是数据链路层，它在广域网（WAN）中相邻的网络节点之间或节点之间传输数据。

以下两个数据集对网络安全分析非常有意义。

（1）NetFlow 数据。在默认情况下，NetFlow 中的流量记录可以通过用户数据报协议（UDP）报文导出到用户指定的监测站：

① 传输协议表明连接已经完成（TCP FIN）；有一个小的延迟，以允许完成 FIN 确认握手。

② 通信不活跃超过 15s。

③ 对于保持持续活动的流，流缓存项每 30min 过期一次，以确保定期报告活动流程。

每个 UDP 数据报包含一个流报头和 30 条流记录。每个流是由几个字段的记录，包括源/目的 IP 地址、下一跳地址、输入和输出接口数量的数据包数量、总字节、源/目标端口、协议、类型的服务（ToS），源/目标自治系统（AS）号码，和 TCP 标志（累积或 TCP 标志）。注意，NetFlow 记录以聚合格式表示报文。每一行并不代表一个数据包的信息。相反，每一行表示流中所有包的信息（定义为在一段

时间内从源 IP 地址发送到目的 IP 地址的一系列包）。

（2）SNMP 数据。SNMP 是“用于管理 IP 网络上设备的 Internet 标准协议”。作为 Internet 协议套件的一个组成部分，SNMP 由一套网络管理的标准组成，包括一个应用层协议、一个数据库模式和一组数据对象。在典型的网络设备（如路由器、交换机、服务器、工作站、打印机、调制解调器机架等）的支持下，SNMP 被广泛应用于网络管理系统中，用于监控网络附属设备，以满足管理人员的需要。SNMP 提供了一种灵活而实用的方法来检索关于设备行为的信息，而无需求助于专有厂商的软件和驱动程序。

SNMP 是一种应用层协议，用于监控网络设备。SNMP 作为管理者/代理模型工作。管理员和代理使用一个管理信息库（MIB）和一个相对较小的命令集来交换信息。MIB 被组织成一个树形结构，其中有单独的变量，表示为分支上的叶子。一个很长的数字标签或 OID（object identifier）用来唯一地区分 MIB 和 SNMP 消息中的每个变量。

14.1.3 来自应用层的数据集

浏览器、文档处理软件、电子邮件和计算机游戏等应用程序以及 Web 服务器和数据库等服务使用并创建数据。从分析的角度来看，收集、检查和分析这个应用程序数据提供了一个很好的机会。在本节中，我们将研究哪些数据集可以从应用层收集，并有潜力进一步增强大数据分析。

（1）电子邮件。电子邮件仍然被广泛用于交换消息。电子邮件是一种异步的时间交流形式，与在线消息相反，发送者和接收者不必在线。除了电子邮件的内容（可能包括电子表格或图像等附件）之外，电子邮件元数据是一个有用的数据源，可以通过挖掘来提供对网络取证的见解。元数据存储在消息头中。消息的发送方和接收方可以包括 carbon-copied（CC’ed）或 blind-carbon-copied（BCC’ed）是必需的字段。此外，其他元数据（如消息标识号、电子邮件客户端类型、路由信息和消息内容类型）也可以在消息头中使用。

（2）网络使用。Web 使用数据包含关于用户浏览数据和元数据的信息，以及 Web 服务器日志。如使用浏览器元数据、浏览器类型信息、访问的网站信息、网站存储的 cookie 信息，Web 访问使用的操作系统或设备类型等，与网站和/或浏览器的交互可以被检索。Web 服务器日志包含有关请求的信息，包括客户端 IP 地址、请求日期/时间、请求的页面、HTTP 代码、提供的字节数、用户代理和引用者。

（3）即时消息和聊天。聊天和即时消息为聊天参与者提供了文本、音频和视频共享的环境。这可以通过点对点或使用服务器/客户端架构来实现。聊天和即时消息传递日志包含有关参与者之间共享的文件、音频和视频连接元数据以及其他应用程序特定元数据的信息。

（4）文件共享。文件共享可以通过点对点或客户端/服务器架构实现。传统上，文件共享客户端，如 FTP 通过启动到服务器的连接，对服务器进行身份验证（如果需要），检查可用文件列表（如果需要），然后传输文件到服务器或从服务器传输文件。在点对点文件共享下，文件共享应用程序通常有一个中央服务器，它向客户端提供其他客户端所在位置的信息，但该服务器不参与文件或文件信息的传输。

14.2 基准数据集

网络安全领域的一个常见做法是使用基准数据集来评估网络安全算法和系统。为此，网络安全研究人员和分析师一直在寻找有效管理基准数据集的方法[2-9]。下面我们回顾几个被社区广泛接受的基准数据集，以及它们的局限性。

14.2.1 DARPA KDD Cup 数据集

14.2.1.1 网站

https://www.ll.mit.edu/ideval/data/

14.2.1.2 简要说明

DARPA KDD 数据集[2,3]是第一个用于评估计算机网络入侵检测系统的标准语料库。它是由麻省理工学院林肯实验室的网络系统和技术组（前身是美国国防部高级研究计划局（DARPA）入侵检测评估组）在 1998 年、1999 年和 2000 年建造和出版的。这个数据集后来因为与人工注入和攻击流量数据类型到生成的数据集相关的问题而受到批评。这种方法的关键问题是它们不能反映真实网络流量数据，包含数据集中的不规范现象，如没有误报等，对于现代网络的入侵检测系统（IDS）的有效评估，无论是从攻击类型还是网络基础设施来看，都是过时的，并且缺乏实际的攻击数据记录。

通过处理 1998 年 DARPA IDS 评估数据集[10]的 tcpdump 部分创建了 KDD Cup 1999 数据集。网络流量记录是通过在军事网络环境中进行的模拟生成的，该网络环境包括正常的背景流量和攻击流量数据记录，其中两种类型合并在一个模拟环境中。尽管如此，该数据集已被广泛用作 IDS 数据集的基准；但是，它现在已经过时了，因为它的网络流量攻击和普通用户不能反映真实世界的流量模式。

14.2.2 CDX 2009 数据集

14.2.2.1 网站

http://www.usma.edu/crc/sitepages/datasets.aspx

14.2.2.2 简要说明

CDX 2009 数据集[4,5]是通过网络防御演习（CDX）2009 建立的，旨在为数据集的用户提供一种方法，使 PCAP 文件中找到的 IP 地址与 USMA（美国军事学院）内部网络主机的 IP 地址相关联。包括 3 天的 Snort 入侵检测日志，3 天的域名服务日志，24h 的 Web 服务器日志。该数据集表明，网络战争竞赛可以用来生成现代标记的数据集，具有真实的攻击和正常的使用。该数据被用作基准数据集。然而，它也变得有些过时，因为它不能提供足够的数量和多样性的流量，通常在生产网络中看到。

14.2.3 UNB ISCX 2012

14.2.3.1 网站

http://www.unb.ca/research/iscx/dataset/iscx-IDS-dataset.html。

14.2.3.2 简要说明

UNB ISCX 2012 数据集[6,7]由 New Brunswick 大学创造，代表了动态生成的反映网络流量和入侵的数据。这个数据集是使用实时测试平台收集的，它生成真实的流量（例如 HTTP、SMTP、SSH、IMAP、POP3 和 FTP）来模拟用户的行为。它也包含各种针对恶意流量的多级攻击场景，它建立在包含入侵细节的概要文件的概念之上。它使用两个配置文件 α 和 β 在数据集的生成过程中。α 型分布利用特定攻击的知识构建，β 型分布利用过滤后的交通轨迹构建。正常的后台流量是通过执行用户配置文件提供的，这些用户配置文件是在随机同步时间合成的，创建基于配置文件的用户行为。该数据集代表了研究界使用最广泛的数据集的良好样本；然而，它仍然缺乏真实的互联网背景噪声，整体正常流量无法与真实的网络进行比较。

14.3 研究资料库和数据收集网站

为了支持网络安全研究人员、技术开发人员和学术界、产业界和政府的决策者的研究和开发，已经建立了几个研究知识库[11-13]来共享真实世界的网络安全数据集、工具、模型和方法。此外，还有一些由个人或私人公司或大学维护的公共存储库或数据收集网站[14-16]，它们可以在互联网上免费获取。这些网站为网络安全研究人员提供了丰富的数据来源。我们意识到列出所有可用的数据存储库和数据收集站点是不可能的。下面我们只列举一些例子，并建议读者访问各种网站，寻找符合自己需求的相关数据。

14.3.1 影响（网络风险与信任政策和分析的信息市场）

14.3.1.1 网站

https://www.dhs.gov/csd-impact。

14.3.1.2 简要说明

IMPACT 由美国国土安全部（DHS）科学技术理事会（S&T）网络安全部门（CSD）建立并提供资金支持。它的前身程序是保护存储库，用于防御网络威胁的基础设施（PREDICT）。IMPACT 以一种安全、可控的方式向研究人员提供当前的网络运营数据，尊重互联网用户和网络运营商的安全、隐私、法律和经济问题。IMPACT 提供的三个关键功能如下。

（1）基于 Web 入口站点，对当前的计算机网络和操作数据进行编目，并处理数据请求。

（2）安全访问在互联网上收集的多个数据源。它提供标准化的政策和程序，将研究人员与提供者和主机的联盟联系起来，并提供一个中央界面和流程，以发现和访问工具以分析和/或使用来自 IMPACT 内部和外部的数据。它提供经过审查的数据源出处和中介访问权限，因此敏感数据与合法研究人员共享。

（3）促进 IMPACT 参与者之间的数据共享，以开发新的模型、技术和产品，从而提高网络安全能力。它在提供者、主机、研究人员和领域专家之间提供反馈机制，以改进和优化数据、工具、分析和集体知识。

IMPACT 不断增加响应网络风险管理（例如攻击和测量）的新数据，为研发社区提供及时、高价值的信息，以提高研究创新和质量。

14.3.1.3 示例数据集

（1）应用层安全数据。HTTPS 生态系统的扫描数据包括从 2012 年到 2013 年对 HTTPS 生态系统的定期和持续扫描，包括解析的 X.509 证书和原始证书，扫描主机的时间状态，以及 443 端口扫描的原始 ZMap 输出。该数据集包含了大约 4300 万个独立证书，来自 1.08 亿主机，通过 100 多个扫描收集。数据集的总大小为 120 GB。

（2）边界网关协议（BGP）路由数据。BGP 路由劫持事件数据集包括 BGP 控制平面数据（即路由更新），它捕获了几个路由劫持事件。该数据集可用于评估算法，旨在检测路由恶意行为或评估此类活动的影响（如这些更新在互联网上传播了多远）。数据集的总大小为 170MB。

（3）IDS 和防火墙数据。Firewall/IDS 日志数据集包括 1700 多个网络提交的日志（5 个全 B 类网络，45 个全 C 类网络，以及许多较小的子网）。这些日志提供了从各种防火墙和 IDS 平台（包括 BlackIce Defender、CISCO PIX 防火墙、

ZoneAlarm、Linux IPchains、Portsentry 和 Snort）获取的摘要。数据集的总大小为 2GB。

（4）Sinkhole 数据。来自 Flashback sinkhole 的客户端连接数据包括连接客户端（机器人）的 IPv4 地址，以及在 1min 内从该 IP 地址尝试连接的次数。尝试连接的数量是通过发送给客户端的 TCP SYN/ACK 数据包的数量来衡量的，作为 TCP 三向握手的第 2 步。数据集的总大小为 225MB。

（5）Synthetically Generated Data。来自 2016 年全国大学生网络防御竞赛（nccdc.org）的数据包。NCCDC 是一个多日的竞赛，特别侧重于管理和保护的操作方面现有的商业网络基础设施。本科生和研究生团队被提供了一个功能齐全（但不安全）的小型商业网络，他们必须保护、维护并抵御活跃的红队。参赛团队还必须对整个比赛过程中称为“注入”的业务任务做出响应。数据集的总大小为 1900GB。

（6）Traffic Flow Data。DNS AMPL DDoS DEC2015 是一个真实的分布式拒绝服务（DDoS）攻击，由 SFPOP 中 Merit 的边界路由器捕获。它是基于 DNS 协议的 DDoS 攻击的反射和放大。攻击发生在 ft-v05.2015-07-22.140000-0400。攻击对象应该出现在 204.38.0.0/21 下面。

（7）可扩展的网络监控程序流量。捕获 2014 年初几个月大型 NTP DDoS 攻击的 Netflow 数据。数据集的总大小为 1.5 GB。

14.3.2 CAIDA（应用互联网数据分析中心）

14.3.2.1 网站

http://www.caida.org/data/

14.3.2.2 简要说明

互联网应用数据分析中心（CAIDA）是一个分析和研究小组，位于加州大学圣迭戈分校的超级计算机中心。CAIDA 促进数据共享，提供隐私敏感数据共享框架，采用技术和政策手段平衡个人隐私、安全和法律问题与政府研究人员和科学家访问数据的需求，试图解决数据之间不可避免的冲突隐私和科学，它维护的服务器允许研究人员通过安全登录和加密传输协议下载数据。

CAIDA 的目标是：提供收集、管理、分析、可视化和传播最好的互联网数据集；提供对全球互联网基础设施行为的宏观洞察；提高互联网科学领域的完整性，提高运营互联网测量和管理的完整性；为科学、技术和通信公共政策提供信息。

14.3.2.3 示例数据集

（1）DDoS 攻击 2007。2007 年 8 月 4 日的一次 DDoS 攻击造成了一个小时的匿名流量跟踪。他的拒绝服务攻击类型试图通过消耗服务器上的计算资源和消耗将

服务器连接到互联网的所有网络带宽来阻止对目标服务器的访问。数据集的总大小为 5.3 GB（压缩；21GB 未压缩的）

（2）CAIDA UCSD IPv6 DNS 名称数据集。DNS 名称可用于获取有关构成互联网拓扑的路由器和主机的其他信息。例如，路由器的 DNS 名称通常对链路类型（骨干网与访问）、链路容量、接入点（PoP）和地理位置进行编码。该数据集是从 CAIDA 在 Archipelago（Ark）测量基础设施上运行的基于大规模跟踪路由的测量中收集的对基础设施的测量。

（3）The Dataset on the Witty Worm。该数据集包含研究诙谐蠕虫传播的有用信息。数据集分为两个 portions：一组公开可用的文件，其中包含不能单独识别受感染计算机的汇总信息；以及一组限制访问的文件，其中包含更敏感的信息，包括从传播诙谐蠕虫的主机接收到的完整 IP 和 UDP 头及部分有效负载的包跟踪。

（4）Internet Traces 2014 Dataset。该数据集包含来自 CAIDA 的 equinix-chicago 和 equinix-sanjose 监控器在高速互联网骨干链路上的匿名被动流量跟踪。这些数据有助于研究互联网流量的特征，包括应用崩溃、安全事件、拓扑分布、流量和持续时间。

14.3.3 公共可用的 PCAP 存储库集合 netresec.com

14.3.3.1 网站

http://www.netresec.com/?page=PcapFiles。

14.3.3.2 简要说明

这个站点由一个独立的软件供应商维护，提供了一个公共数据包捕获存储库的列表，这些存储库可以在互联网上免费获得，它提供以下类别的 PCAP 数据集。

（1）网络防御演习（CDX）：这个类别包括演习和比赛的网络流量，如 CDX 和红队/蓝队比赛。

（2）捕获旗帜比赛（CTF）：来自 CTF 比赛和挑战的 PCAP 文件。

（3）恶意软件流量：从蜜罐、沙箱或真实世界入侵中捕获的恶意软件流量。

（4）网络取证：网络取证培训、挑战和竞赛。

（5）SCADA / ICS 网络捕获。

（6）包注入攻击/旁观者攻击。

（7）未分类的 PCAP 存储库。

（8）单一 PCAP 文件。

14.3.3.3 示例数据集

1）CDX 下的数据集

（1）MACCDC—来自国家 CyberWatch 中-大西洋大学网络防御竞赛的 PCAP。

MACCDC 是大学生和大学生在竞争激烈的环境中测试他们的网络安全知识和技能的独特体验。MACCDC 2012 数据集是从 MACCDC 2012 竞赛生成的。它包括从扫描/侦察到利用的所有内容，以及一些 c99 shell 流量。约有 22694356 个连接。http://www.netresec.com /?page=MACCDC。

（2）S-PCAP 来自信息安全人才搜索。http:// www.netresec.com/?page=ISTS。

（3）取自美国军事学院信息技术作战中心（ITOC）参加的“2009 军种学院网络防御竞赛”。https://www.itoc.usma.edu/research /dataset/。

2）CTF 下的数据集

（1）DEFCON 捕获旗帜竞赛跟踪（来自 DEFCON 8、DEFCON 10 和 DEFCON 11）。http://cctf.shmoo.com/。

（2）DEFCON 17 捕获旗帜比赛的痕迹。

① http://ddtek.biz/dc17.html。

② https://media.defcon.org/torrent/DEF CON 17 CTF.torrent (torrent)。

③ https://media.defcon.org/dc-17/DEFCON 17 Hacking Conference——Capture the Flag complete packet capture.rar (direct download)。

3）Malware Traffic

（1）传染性恶意软件转储：PCAP 文件分类为 APT，犯罪或 Metasplot。

（2）恶意软件分析博客，共享恶意软件以及 PCAP 文件。http://malware-traffic-analysis.net/。

（3）GTISK PANDA Malrec——来自恶意软件样本的 PCAP 文件运行在熊猫上 http://panda.gtisc.gatech.edu/malrec/。

（4）Stratosphere IPS——带有恶意软件流量的 PCAP 和 Argus 数据集。https://stratosphereips.org/category/dataset.html。

（5）Regin malware PCAP files. http://laredo-13.mit.edu/～brendan/regin/pcap/。

（6）Ponmocup malware/trojan (a.k.a. Milicenso) PCAP. https://downlod。

4）网络取证

（1）实际网络取证——2015 年 1 月开始训练 PCAP 数据集。https://www.first.org/_assets/conf2015/networkforensics_virtualbox.zip(VirtualBox VM)，4.4GBPCAP 带有恶意软件，客户端和服务器端的攻击以及“正常”的互联网流量。

（2）Forensic Challenge 14——“Weird Python”（密网项目）. http://honeynet.org/node/1220。

5）SCADA / ICS 网络捕获

（1）4SICS ICS Lab PCAP files-60mb 的 PCAP 文件来自 ICS village at 4SICS。http://www.netresec.com/?page=PCAP4SICS。

（2）汇编的 ICS PCAP 文件索引的协议（来自杰森史密斯）。https:// github.com/automayt/ICS-pcap。

（3）DigitalBond S4x15 ICS Village CTF PCAPs。http://www.digitalbond .com/s4/s4x15-week/s4x15-ics-village/。

6）包注入攻击/入端攻击

（1）PCAP 文件来自 Gabi nakily 等的研究。[17] http://www.cs .technion.ac.il/~gnakibly/TCPInjections/samples.zip。

（2）针对 id1.cn 的数据包注入，由 Fox-IT 在 BroCon 2015 发布。https://github.com/fox-it/quantuminsert/blob/master/presentations/brocon2015/pcaps/id1.cn-inject.pcap。

（3）数据包注入到 www.02995.com，做一个重定向到 www.hao123. https://www.netresec.com/files/hao123-com_packet-injection.pcap。

14.3.4 公开可用的存储库集合 SecRepo.com

14.3.4.1 网站

http://www.secrepo.com/。

14.3.4.2 简要说明

这个站点由 Mike Sconzo 维护，提供了一个与安全相关的数据列表，包括网络、恶意软件、系统和其他类别。该数据在知识共享署名 4.0 国际许可下共享。它还提供到其他第三方数据存储库的链接集合。它为网络安全研究人员提供了丰富的数据来源。这里我们只列举了一些例子。

14.3.4.3 示例数据集

1）网络

（1）从各种 Threatglass 示例、利用套件、良性通信和未标记数据生成的 Bro 日志，6663 个样本。

（2）从各种 Threatglass 示例、利用套件、良性通信和未标记数据生成的 Snort 日志。两个数据集，5 MB 和 9 MB。

2）恶意软件

（1）Zeus 二进制的静态信息——来自 Zeus Tracker 的大约 8 k 样品的静态信息（JSON）。

（2）APT1 二进制文件的静态信息——来自 VirusShare 的 APT1 样本的静态信息（JSON）。

3）系统

（1）Squid 访问日志——来自多个源的组合（24 MB 压缩，约 200MB 未压缩）。

（2）Honeypot 数据——来自不同的 honeypots（Amun 和 Glastopf）用于下面贴出的各种附加演示。约 21.3 万个条目，JSON 格式。

4）其他

安全数据分析实验室日志包括（522 MB 压缩，3 GB 未压缩）约 2200 万个流事件。

5）第三方数据存储库链接

（1）网络。

① 互联网宽扫描数据存储库（https://scans.io/）——各种类型的扫描数据（许可信息：未知）

② 检测恶意网址（http://sysnet.ucsd.edu/projects/url/）——ICML-09 数据集的一个匿名的 120 天子集（470MB 和 234MB），包含大约 240 万个 URL（示例）和 320 万个特性（许可信息：未知）。

③ OpenDNS 公共域列表（https://github.com/opendns/public-domain-lists）——从全球范围内的 10000 个域名中随机抽取样本，按照受欢迎程度排序（许可信息：公共领域）。

④ 恶意网址（http://malware-traffic-analysis.net / ）——更新与恶意软件关联的域名和 URL 的每日列表（许可信息：在链接中发布的免责声明）。

⑤ 资讯保安卓越服务中心（ISCX）（http://www.unb.ca/research/iscx/dataset/index.html）——僵尸网络、Android 僵尸网络相关数据（许可信息：未知）。

⑥ 工业控制系统安全（https://github.com/hslatman /awesome-industrial-control-system-security）——与 SCADA 安全相关的数据许可信息：Apache License 2.0 [site]，数据：不同类）。

（2）恶意软件。

① 恶意软件捕获设施项目（http://mcfp.weebly.com/）——发布长期运行的恶意软件，包括网络信息。恶意软件捕获设施项目是捷克技术大学 ATG 小组的一项努力，旨在捕获、分析和发布真实的、长期存在的恶意软件流量（许可信息：未知）。

② Project Bluesmote（http://bluesmote.com/）——叙利亚蓝衣军团的代理日志。这些数据是在 2011 年末的 6 周时间里从叙利亚的公共 FTP 服务器上恢复的。该日志来自叙利亚 ISP 用于互联网审查和监控的 Blue Coat SG-9000 过滤代理（又称“深包检测”）。压缩后的数据集总大小约为 55GB，未压缩的数据集约为 1/TB（许可信息：公共领域）。

③ Drebin 数据集（https://www.sec.cs.tu-bs.de/～danarp/drebin/index.html）——Android 恶意软件。该数据集包含来自 179 个不同恶意软件家族的 5560 个应用程序。样本采集时间为 2010 年 8 月至 2012 年 10 月（许可信息：在网站上列出）。

（3）系统。

① Website Classification（http://data.Webarchive.org.uk/opendata/ukwa.ds.1/classification/）（许可信息：公共领域，现场信息）。

② 公共安全日志共享站点（http://data.Webarchive.org.uk /opendata/ukwa.ds.1/classification/）——该站点包含各种系统、安全和网络设备、应用程序等的各种免费可共享日志示例。日志是从真实的系统中收集的；有些包含了妥协和其他恶意活动的证据（许可信息：Public，站点来源）。

③ CERT 内部威胁工具（https://www.cert.org/insider-threat/tools/index. cfm）——一组合成的内部威胁测试数据集，包括合成的背景数据和来自合成的恶意参与者的数据（许可信息：未知）。

（4）威胁源。

① ISP 滥用电邮提要——Feed 显示来自各种滥用报告的 IOC（其他 Feed 也在网站上）（许可信息：未知）。

② 恶意软件域列表（https://www.malwaredomainlist.com/mdl.php）——标记恶意域和 IP（许可信息：未知）。

③ CRDF 威胁中心（https://threatcenter.crdf.fr/）——CRDF 反恶意软件检测到的新威胁列表（许可信息：开放使用）。

④ abuse.ch trackers（https://www.abuse.ch/）——ransome 跟踪软件，宙斯、SSL 黑名单、spyye、Palevo 和 Feodo（许可信息：未知）。

14.4 数据共享的未来方向

正如我们到目前为止所讨论的，由于计算机、移动设备、物联网和计算范式的最新进展，许多大型和丰富的网络安全数据集产生了。然而，访问它们并识别 suitable 数据集并非易事，这显然阻碍了网络安全的发展。此外，现在的数据是如此的庞大和多维，没有一个实验室/组织能够完全分析它。共享数据源的需求越来越大，以支持设计和开发网络安全工具、模型和方法。

一些研究计划和数据共享库已经建立，旨在提供一个开放但标准化的方式，在学术界、工业界和政府的网络安全研究人员、技术开发人员和政策制定者之间共享网络安全资源。还有许多由个人、私人公司或大学维护的公共存储库或数据收集网站，它们都可以在互联网上免费获得资源。

值得注意的是，目前的数据共享实践还没有完全满足日益增长的需求，原因如下。

（1）目前还没有完善的方法来保护数据访问权。目前的做法大多是向社区提供开放访问，这是不现实的，因为具有一定上下文的数据原始所有者（生成器或原始收集器）需要指定访问条件。特别是，贡献数据的实验室/研究人员应该能够确定什么时候和在什么程度上可以得到数据，以及在什么条件下可以使用数据（如谁、什么组织、什么时候等）。

（2）没有建立机制来监视和跟踪数据的使用情况。没有建立机制为共享数据提供信用，反之亦然，在竞争的情况下，共享的数据甚至可能被机密论文的评审人员不公平地使用。

（3）有许多数据格式，而且元数据没有标准。带注释的元数据通常是过时的，但非常重要。

（4）这些工具之间没有内在的联系。在网络安全社区中，有不同的研究人员和专家群体，不同的用户对数据共享有不同的关注和期望。在过去的十年里，公开可用和共享的网络安全数据数量大幅增加。然而，这些工具之间缺乏内部联系，限制了它们的广泛应用。

（5）没有简单的方式来分享和访问。一些现有的系统需要许多冗长的步骤（创建账户、填写表格、等待批准、通过 FTP 上传数据、共享服务或运输硬盘驱动器等）来共享数据，这可能会大大降低他们的参与度。有些系统只对某些用户提供有限的访问，这再次严重影响了它的采用。

（6）缺乏足够的网络安全评估和测试基准数据及基准分析工具。使用基准数据集来评估网络安全算法和系统是网络安全界的普遍做法。人们发现，最先进的网络安全基准数据集（如 KDD、UNM）不再可靠，因为他们的数据集不能满足当前计算机技术进步的预期。基准工具和指标还有助于网络安全分析师对其网络安全基础设施和方法的能力采取定性方法。该社区正在寻找新的基准数据和基准分析工具，用于网络安全评估和测试。

简而言之，数据共享是一项具有许多挑战的复杂任务。这需要正确地做。如果操作得当，所有相关人员都能从集体智慧中获益。否则，它可能会误导参与者或为对手创造一个学习的机会。

网络安全分析的最终目标是利用现有的技术解决方案来理解丰富的相关网络数据，将其转化为可操作的见解，用于改善网络运营商和管理员的当前做法。换句话说，网络安全分析实际上是在处理如何有效地从网络数据中提取有用信息，并利用这些信息为网络运营商或管理员提供明智的决策。随着越来越多的共享数据集、更标准化的共享方式和更先进的数据分析工具，我们预计当前的网络安全分析实践可以在不久的将来得到显著改善。

参考文献

1. Kent, K. et al. Guide to integrating forensic techniques into incident response, NIST Special Publication 800-86.
2. KDD cup data, https://www.ll.mit.edu/ideval/data/1999data.html.
3. McHugh, J. Testing intrusion detection systems: A critique of the 1998 and 1999 DARPA intrusion detection system evaluations as performed by Lincoln Laboratory, *ACM Transactions on Information and System Security*, 3(4): 262–294, 2000.
4. CDX 2009 dataset, http://www.usma.edu/crc/SitePages/DataSets.aspx.
5. Sangster, B., O'Connor, T. J., Cook, T., Fanelli, R., Dean, E., Morrell, C., and Conti, G. J. Toward instrumenting network warfare competitions to generate labeled datasets, in *CSET* 2009.
6. UNB ISCX 2012 dataset, http://www.unb.ca/research/iscx/dataset/iscx-IDS-dataset.html.
7. Bhuyan, M. H., Bhattacharyya, D. K., and Kalita, J. K. Towards generating real-life datasets for network intrusion detection, *International Journal of Network Security*, 17(6): 683–701, Nov. 2015.
8. Zuech, R., Khoshgoftaar, T. M., Seliya, N., Najafabadi, M. M., and Kemp, C. New intrusion detection benchmarking system, *Proceedings of the Twenty-Eighth International Florida Artificial Intelligence Research Society Conference*, 2015.
9. Abubakar, A. I., Chiroma, H., and Muaz, S. A. A review of the advances in cyber security benchmark datasets for evaluating data-driven based intrusion detection systems, *Proceedings of the 2015 International Conference on Soft Computing and Software Engineering (SCSE'15)*.
10. Tavallaee, M., Bagheri, E., Lu, W., Ghorbani, A. A detailed analysis of the KDD CUP 99 Data Set. In *Proceedings of the 2009 IEEE Symposium on Computational Intelligence in Security and Defense Applications (CISDA 2009)*, 2009.
11. https://www.dhs.gov/csd-impact.
12. https://www.caida.org/data/.
13. https://catalog.data.gov/dataset?tags=cybersecurity.
14. http://www.netresec.com/?page=PcapFiles.
15. http://www.secrepo.com/.
16. http://www-personal.umich.edu/~mejn/netdata/.
17. Nakibly, G. et al. Website-targeted false content injection by network operators. https://arxiv.org/abs/1602.07128, 2016.

贡献者名录

Nitin Agarwal
阿肯色大学小石城分校
阿肯色州，小石城

Julia Deng
智能自动化公司
马里兰州罗克维尔市

Samer Al-khateeb
阿肯色大学小石城分校
阿肯色州，小石城

Wenlin Han
阿拉巴马大学
阿拉巴马州，塔斯卡卢萨

Songjie Cai
加州圣塔克拉拉大学
加州，圣塔克拉拉

Lane Harrison
伍斯特理工学院
马萨诸塞州，伍斯特

Hasan Cam
美国陆军研究实验室
马里兰州阿德尔菲

Muhammad Hussain
阿肯色大学小石城分校
阿肯色州，小石城

Yinzhi Cao
理海大学
宾夕法尼亚州，伯利恒

Amin Kharraz
西北大学
马萨诸塞州，波士顿

Doina Caragea
堪萨斯州立大学
堪萨斯，曼哈顿

Engin Kirda
西北大学
马萨诸塞州，波士顿

Yi Cheng
智能自动化公司
马里兰州，罗克维尔市

Qun Li
威廉玛丽学院
弗吉尼亚州，威廉斯堡

Ruiwen Li
加州圣塔克拉拉大学
加州，圣塔克拉拉

Malek Ben Salem
埃森哲技术实验室
华盛顿（特区）

Yuhong Liu
加州圣塔克拉拉大学
加州，圣塔克拉拉

Onur Savas
智能自动化公司
马里兰州罗克维尔市

Magnus Ljungberg
麻省理工学院林肯实验室
马萨诸塞州，列克星敦

Alexia Schulz
麻省理工学院林肯实验室
马萨诸塞州，列克星敦

Song Luo
埃森哲技术实验室
华盛顿（特区）

Yan (Lindsay) Sun
罗德岛大学
金斯顿，罗德岛

Matthew Matchen
布兰克斯顿-格兰特技术公司
马里兰州，埃尔克里奇

Yang Xiao
阿拉巴马大学
阿拉巴马州，塔斯卡卢萨

Tung Thanh Nguyen
智能自动化公司
马里兰州罗克维尔市

Shanhe Yi
威廉玛丽学院
弗吉尼亚州，威廉斯堡

Akhilomen Oniha
美国陆军研究实验室
马里兰州，阿代尔费

Hui Zeng
智能自动化公司
马里兰州罗克维尔市

Xinming Ou
南佛罗里达大学
佛罗里达州，坦帕市

Yan Zhai
E8 安全公司
加州，雷德伍德城

Bob Pokorny
智能自动化公司
马里兰州罗克维尔市

作 者 简 介

奥努尔·萨瓦斯博士是一位位于马里兰州罗克维尔市的智能自动化（IAI）公司的数据科学家。作为一名数据科学家，他热衷于研究和开发，领导一个由数据科学家、软件工程师和程序员组成的团队，并为 IAI 公司不断增长的产品组合做出贡献。在网络安全、社交媒体、分布式算法、传感器和统计等领域，他拥有超过 10 年的研发专业知识。最近他致力于面向网络管理、网络安全和社交网络应用的大数据分析和云计算方面。奥努尔·萨瓦斯博士拥有波士顿大学的电气和计算机工程博士学位，并在著名期刊和会议上发表了大量文章。在 IAI 公司，他曾接受来自 DARPA、ONR、ARL、AFRL、CTTSO、NASA 和其他联邦机构的各种研发合同。他为 IAI 公司的社交媒体分析工具 scrawl 的开发和商业化做出了贡献。

朱丽亚·邓博士是位于马里兰州罗克维尔市的智能自动化（IAI）公司的首席科学家兼网络与安全组高级主管。她领导了一个由 40 多名科学家和工程师组成的团队，在 IAI 公司任职期间，在网络和网络安全方面的研究投资组合中她发挥着重要作用。在担任首席研究员和首席科学家期间，她发起和指导了机载网络、网络安全、网络管理、无线网络、可信计算、嵌入式系统、认知无线电网络、大数据分析和云计算等领域的许多研发项目。她拥有辛辛那提大学的博士学位，在优秀的国际期刊和会议论文集上发表了 30 多篇论文。